주한미군과 주일미군

UNITED STATES
FORCES
KOREA

KODEF
안보총서
113

★ 미국의 아시아 안보전략 ★

주한미군과 주일미군

임기훈 지음

UNITED STATES
FORCES
JAPAN

플래닛미디어
Planet Media

★
책을 쓰면서

2020년 여름에 시작하여 탈고하기까지 지난 20여 개월은 가슴 벅찬 여정이었다. 늦은 밤 퇴근 후 컴퓨터를 켜고 나의 경험과 지식을 한줄 한줄 채워나가는 것은 나에게는 또 다른 행복이었다. 그도 그럴것이, 한반도와 동북아 안보를 논함에 있어 주한미군과 주일미군의 역할을 이해하는 것이 필수적임에도 불구하고 지금까지 이를 체계적으로 분석한 연구는 거의 없었기 때문이다.

한미동맹과 미일동맹은 지난 70여 년 동안 아시아·태평양 지역의 안정과 평화를 보장하는 핵심축이었다. 그러나 현재 우리가 보고 있는 이 위대한 동맹은 많은 도전에 직면해 있다. 동북아 안보 상황의 불안정성은 날로 심화되고 있으며, 4차 산업혁명의 첨단과학기술로 무장한 주변국의 군사력은 더욱 큰 위협과 위험요인으로 다가오고 있다. 미국의 군사전략과 미군의 작전수행 개념이 바뀌고 있으며, 미군의 전력 구조 또한 변화의 흐름에 직면해 있다. 동북아 안보의 첨단에 섰던 주한미군과 주일미군 역시 그 기능과 역할의 혁신적 변화를 요구받고 있다.

그 어느 때보다 안보적 불확실성이 높은 시기, 대한민국의 안보를 보장하고 우리의 국익을 극대화하기 위해서는 정확한 현실을 이해하면서 미래에 대비해야 한다. 그런 측면에서 냉전기·탈냉전기 미국의 아시아 안보전략을 조명하고, 주한미군과 주일미군의 역할과 상관관계를 분석하는 것은 중차대한 과업이다.

필자는 다수의 미 국가안보전략 관련 자료와 연구논문 등을 통해 획득한 실증적 논거를 토대로 이 책을 집필했다. 아울러 한미 연합군사령부에서 RSOI/FE(추후 KR/FE), UFL(추후 UFG) 등의 연합연습에 참여하고 국방부에서 SPI·KIDD·SCM 등 수많은 한미 정책협의를 기획하고 회의자료를 작성하고 주한미군사령부와 미 국방부·국무부의 정책 담당관들과 함께 일하면서 축적한 필자의 경험과 지식을 이 책에 담았다.

이 책이 나오기까지 많은 도움을 받았다. 필자의 논문을 헌신적으로 지도해주신 김동엽 교수님, 세심한 배려와 가르침으로 논문의 완성도를 높여주신 조진구 교수님께 깊은 감사의 말씀을 드린다. 어려운 여건 속에서도 원고의 출간을 위해 각별히 신경써주신 도서출판 플래닛미디어의 김세영 대표님께도 감사를 드린다.

마지막으로 사랑하는 우리 가족, 자식에게 무한한 사랑만을 베풀기만 하셨던 나의 부모님, 항상 막내사위를 아끼고 응원해주신 장인·장모님, 군인의 아내로서 쉽지 않은 길이지만 늘 행복을 가져다준 나의 동반자 오성희 여사, 그리고 두 아들 재형, 재윤에게 존경과 감사의 마음을 전한다.

우리 대한민국이 처한 안보 환경 속에서 우리 국익을 증대시켜나가기 위해서 우리는 무엇을 해야 할까? 이러한 물음에 대해 영구불변의 정답은 없다. 아마도 끊임없는 고민을 통해 그 시대가 요구하는 최선의 선택을 찾는 것이 우리의 과업이지 않을까 한다. 이 책이 그러한 선택을 찾는 데 일조했으면 하는 바람이다.

2022년 3월

임 기 훈

| 차 례 |

| 표 차례 |

| 그림 차례 |

| 약어표 |

A2/AD   Anti-Access/Area Denial   반접근/지역거부

ARG   Amphibious Ready Group   상륙준비단

BMD   Ballistic Missile Defense   탄도미사일방어

BMDR   Ballistic Missile Defense Review   탄도미사일방어검토보고서

BUR   Bottom-Up Review   미군전력편성의 재검토

C4I   Command, Control, Communication, Computer, and Intelligence 지휘, 통제, 통신, 컴퓨터 및 정보체계

C4ISR   Command, Control, Communication, Computer, Intelligence, Surveillance, and Reconnaissance   지휘, 통제, 통신, 컴퓨터, 정보, 감시 및 정찰

CFA   Combined Field Army   한미 야전군사령부

CFC   ROK-U.S. Combined Forces Command   한미 연합군사령부

CODA   Combined Delegated Authority   연합권한위임사항

COTP   Condition-based Operational Control Transition Plan   조건에 기초한 전작권 전환계획

COTWG   Condition-based Operational Control Transition Working Group 조건에 기초한 전작권 전환 공동실무단

DEFCON   Defense Readiness Condition   방어준비태세

DSC   Deterrence Strategy Committee   억제전략위원회

DTT   Defense Trilateral Talks   한미일 안보토의

EASI	East Asia Strategic Initiative	동아시아 전략구상
EASR	East Asia Strategic Report	동아시아 전략보고서
ESR	Expeditionary Strike Group	원정강습단
FMS	Foreign Military Sales	대외(해외)군사판매
FOTA	Future of the ROK-U.S.Alliance Policy Initiative	미래 한미동맹 정책구상
GBI	Ground-based Interceptor	지상발사요격미사일
GPR	Global Defense Posture Review	범세계적 방위태세 검토
IAEA	International Atomic Energy Agency	국제원자력기구
ICBM	Intercontinental Ballistic Missile	대륙간탄도미사일
INF	Intermediate Range Nuclear Forces Treaty	중거리핵전력조약
IRBM	Intermediate Range Ballistic Missile	중거리탄도미사일
ISR	Intelligence, Surveillance, and Reconnaissance	정보, 감시, 및 정찰
JAM-GC	Joint Concept for Access and Maneuver in the Global Commons	범세계적 접근 및 기동을 위한 합동개념
KIDD	Korea-U.S. Integrated Defense Dialogue	한미통합국방협의체
LPP	Land Partnership Plan	연합토지관리계획
MAD	Mutual Assured Destruction	상호확증파괴
MC	Military Committee	군사위원회
MEF	Marine Expeditionary Force	해병기동군
MEU	Marine Expeditionary Unit	해병기동부대
MLRS	Multiple Launch Rocket System	다연장로켓체계
MOB	Main Operating Base	주작전기지

MRBM	Medium Range Ballistic Missile	준중거리탄도미사일
MRC	Major Regional Contingency	주요지역분쟁
NATO	North Atlantic Treaty Organization	북대서양조약기구
NDS	National Defense Strategy	국가방위전략(국방전략)
NEO	Non-Combatant Evacuation Operation	비전투원후송작전
NMS	National Military Strategy	국가군사전략
NPR	Nuclear Posture Review	핵태세검토보고서
NPT	Nuclear Nonproliferation Treaty	핵확산방지조약
NSC	National Security Council	국가안전보장회의
NSS	National Security Strategy	국가안보전략
PAC	Patriot Advanced Capability	패트리어트 성능개량
PKO	Peace Keeping Operations	평화유지활동
PPH	Power Projection Hub	전력투사근거지
PSI	Proliferation Security Initiative	확산방지구상
RSOI	Reception, Staging, Onward Movement, Integration	수용, 대기, 전방이동, 통합
QDR	Quadrennial Defense Review	4개년 국방검토보고서
QRF	Quick Reaction Force	신속대응부대
SACO	Special Action Committee on Okinawa	오키나와 시설구역에 관한 특별행동위원회
SALT	Strategic Arms Limitation Talks	전략무기제한협상
SAREX	Search and Rescue Exercise	탐색 및 구조 연습
SCM	Security Consultative Meeting	한미안보협의회의

SDI   Strategic Defense Initiative   전략방위구상

SLBM   Submarine-Launched Ballistic Missile   잠수함발사탄도미사일

SPI   Security Policy Initiative   안보정책구상

SRBM   Short Range Ballistic Missile   단거리탄도미사일

START   Strategic Arms Reduction Treaty   전략무기감축조약

THAAD   Terminal High Altitude Area Defense   종말단계고고도방어

UNC   United Nations Command   유엔군사령부

WMD   Weapons of Mass Destruction   대량살상무기

YRP   Yongsan Relocation Plan   용산기지이전계획

서 론

미국의 아시아 안보전략을 이해하는 데 있어서 주한미군과 주일미군은 중요한 요인이다. 냉전이 태동한 이래 지금까지 주한미군과 주일미군은 한반도와 동북아 안보의 첨병尖兵으로서 미국의 아시아 안보전략을 뒷받침해왔으며, 21세기 들어 미중 간 전략적 경쟁이 본격화되면서 주한미군과 주일미군의 역할과 중요성은 더욱 과중해졌다. 그러나 주한미군과 주일미군의 역할이 긴밀하게 연계되어 있음에도 불구하고 이를 같은 시좌視座에서 고찰하려는 노력은 거의 없다고 해도 과언이 아니다. 이러한 문제의식에서 출발하여, 필자는 주한·주일미군의 역할과 상관관계를 분석하고 이를 독자들에게 소개하고자 이 책을 집필하게 되었다.

　주한미군은 6·25전쟁 이후 1953년 '한미상호방위조약' 체결로 한국에 주둔하게 된 모든 미군을 말한다. 한미상호방위조약은 1953년 10월 1일에 워싱턴에서 서명되었고, 1954년 11월 18일부로 발효되었다. 정식 명칭은 '대한민국과 미합중국 간의 상호방위조약'이다. 한미상호방위조약은 전문과 6개조로 구성되어 있으며, 제4조에 '한국의 영토 내와 그 주변'에 미국의 육·해·공군의 배치를 명시하고 있다.

주일미군은 '미일안전보장조약'에 근거하여 일본에 주둔 중인 모든 미군을 말한다. 미일안전보장조약은 1951년 9월 8일 체결되었으며 1952년 4월 28일에 발효되었다. 정식 명칭은 '일본과 미합중국 사이의 안전보장조약'이다. 이 조약은 1960년 1월 19일 새로운 '미일 상호협력 및 안전보장 조약'이 체결되면서 효력을 상실했다. 신新조약은 1960년 6월 23일에 발효되어 현재에 이르고 있다. 일반적으로 1951년에 체결된 조약을 구舊'미일안보조약'으로, 1960년에 체결된 조약을 신新'미일안보조약'으로 칭한다.

주한미군은 해방 이후 일본군 무장해제를 위해 일본에 주둔 중인 미 육군을 한반도에 이동시키면서 태동했다. 미 군정기에는 한국군의 창설을 지원했고, 6·25 전쟁 시에는 북한의 남침에 맞서 싸웠으며, 이후 한미 연합방위체제를 구성하는 핵심 전력으로서 한반도 안보의 한 축을 담당해왔다. 주한미군은 한미상호방위조약 체결로 맺어진 한미동맹의 상징이자 미국의 대한對韓 안전보장 공약을 실질적으로 뒷받침하는 핵심 자산이다. 또한 지난 반세기 이상 한국군의 현대화를 견인함으로써 한미 연합방위력의 증강을 촉진시켜왔다. 그에 따라 한미상호방위조약, 한미안보협의회의SCM, Security Consultative Meeting와 함께 한미동맹을 형성하는 3대 축으로 자리매김하고 있다.

주일미군의 역사는 1945년 태평양전쟁에서 승리한 미국이 일본군의 무장해제 등 신속한 전후 처리를 위해 일본 전역에 미 육군과 해병대 전력을 배치한 것으로 시작되었다. 이후 1950년 6·25전쟁이 발발하자 일본에 주둔 중이던 미 육군 4개 사단이 가장 먼저 한반도에 투입되었고,

미국은 6·25전쟁 수행을 위해 일본의 후방기지 역할이 필요하다고 판단하여 1951년 일본과 안보조약을 체결했다. 미일안전보장조약의 체결은 6·25 전쟁으로 인해 동북아의 안보환경이 불안정한 시기에 일본에 미군 주둔을 법제화함으로써 일본의 안보 우려를 해소하고, 미국과 일본이 그동안의 적대관계에서 동맹관계로 전환하게 되었음을 의미하는 것이었다. 미국이 일본의 안보를 책임지고 일본은 미군의 일본 내 기지 사용을 허락함으로써, 주일미군은 한반도에 전력을 제공하는 예비대로서, 주일미군 기지는 유사시 한반도 증원을 위한 병력·장비·물자를 수용·재편성하는 후방기지로서의 기능을 담당하게 된 것이다.

주한미군과 주일미군은 '동북아 안보의 균형자'이자 미국의 '범세계적 안보전략의 실행자' 역할을 수행하고 있다. 냉전기에는 동북아시아에서 소련 및 공산주의의 군사적 팽창에 대항하는 지역방위 부대로서 임무를 수행했고, 냉전 이후에는 범세계적 차원의 미국의 안보전략을 뒷받침하고 아시아·태평양 지역에서의 군사적 균형을 유지하는 전략적 억제력이자 신속대응전력QRF, Quick Reaction Force 으로서 역할을 수행하고 있다. 미국은 한미동맹과 미일동맹을 미국의 아시아·태평양 전략의 요체로 설정했으며, 주한미군과 주일미군의 역할 변화는 미국의 안보전략의 진화와 맥을 같이하고 있다.

미국의 안보전략의 진화를 유발하는 지배적 요인은 대외 안보환경의 변화이다. 냉전기에는 소련과 공산주의 세력의 팽창을 봉쇄하고 군사적 위협에 대응하는 것이 안보전략 수립의 가장 큰 고려사항이었으나, 냉전 종식 이후에는 범세계적 테러에 대응하고 아시아·태평양 지역에서 중국의 부상을 견제하는 것이 최우선 고려사항이 되었다. 이러한 안보전략에 따라 미 국방부는 군사력을 건설하고 운용하는 국방전략을 수립하고, 합동참모본부는 군사전략을 수립한다. 이렇게 수립된 국방·군사전략은 아시아·태평양 지역 안보의 핵심을 담당하는 주한·주일미군의 역할을 규정한다.

주한미군과 주일미군의 역할은 미국의 국방·군사전략 뿐만 아니라, 주둔국인 한국과 일본의 대미對美 동맹전략에 의해서도 영향을 받는다. 한국과 일본은 주한·주일미군이 주둔한 이래 미국과 방위협력을 가속화하면서 자국의 군사력 증강을 꾀했다. 다양한 분야에서 동맹 차원의 지원을 아끼지 않으면서 안보적 자율성을 확대하려는 노력을 병행해나갔다. 한국의 전시작전통제권 전환 요구, 주한미군 재배치, 일본의 '미일 방위협력지침' 개정 등은 이러한 주둔국의 대미 국방전략의 산물로 볼 수 있다.

이 책은 냉전기, 그리고 탈냉전기 미국의 안보·국방전략과 한국과 일본의 대미 동맹전략, 주한미군과 주일미군의 역할 변화, 주한미군과 주일미군의 상관관계 등에 대해서 개관했으며, 총 4장으로 구성했다.

제1장에서는 미국의 국가안보전략 체계와 국제정치 이론을 다루었다. 미국의 국가안보전략과 국방전략의 체계, 미국이 인식하는 국제질서와 미국의 국방전략 수립의 배경을 설명하기 위한 국제정치 이론, 한미동맹과 미일동맹의 형성 동기와 역할 등을 설명하는 동맹이론을 소개했다. 제2장에서는 냉전기 미국의 국방전략과 주한미군과 주일미군의 역할에 대해 살펴보았다. 필자는 냉전기보다 탈냉전기에 보다 많은 비중을 두고 이책을 기술했다. 그러나 탈냉전기 주한미군과 주일미군의 역할과 상관관계를 이해하기 위해서는 냉전기 주한미군과 주일미군의 역할에 대한 이해가 필수적이기 때문에 본 장에서 냉전기 미국의 국방전략과 주한·주

일미군의 역할에 대해 설명했다. 제3장에서는 탈냉전기 미국의 국방전략과 주한미군 및 주일미군의 역할에 대해 분석했다. 이를 위해 한국과 일본의 대미 동맹전략의 변화, 주한·주일미군의 병력규모 및 전력구조, 연합연습·훈련 등을 고찰했다. 제4장에서는 제3장의 분석을 토대로 탈냉전기 주한미군과 주일미군의 역할 변화 및 상관관계에 대해 설명했다.

아무쪼록 이 책이 미국의 아시아 안보전략의 핵심인 주한미군과 주일미군에 대한 이해를 제고하는 데 도움이 되기를 바란다.

UNITED STATES FORCES KOREA

CHAPTER 1

미국의
국가안보전략 체계와
국제정치 이론

UNITED STATES FORGES JAPAN

1
★
미국의 국가안보전략 체계

(1) 국가안보전략과 국방·군사전략

미국의 국가안보전략과 국방전략은 주한미군과 주일미군의 역할에 심대한 영향을 미친다. 왜냐하면 주한미군과 주일미군은 국방전략에서 제시한 전략적·작전적 차원의 역할을 수행하고 있기 때문이다. 따라서 주한미군과 주일미군의 역할과 상관관계를 체계적으로 이해하기 위해서는 역대 미 행정부가 처한 전략환경과 미국의 안보전략, 이를 실현하기 위한 국방전략을 살펴보는 것이 필요하다.

일반적으로 전략은 '국가전략National Strategy – 국가안보전략National Security Strategy – 국가군사전략National Military Strategy – 전구전략Theater Strategy – 작전Operation 및 전술Tactics'의 체계로 이루어진다.

국가전략 혹은 대전략이란 국가 차원의 목표 달성을 위한 전략이다. 국가의 생존·번영을 위한 정치·외교·사회·문화·경제 등 다양한 분야에서의 국가정책 방향을 제시하고 국가의 총체적 역량을 활용하기 위한 전략이다. 국가안보전략은 국가전략의 하위 전략으로서, 국가의 안전보장과 국익 증진을 핵심 목표로 설정한다. 국가군사전략은 국가안보전략에 기여하기 위해 군사적 차원에서 어떤 목표를 달성하고, 어떠한 군사적 자원·수단을 사용할 것인지에 대한 전략이다. 그리고 이러한 군사전략을 수행하기 위해 보다 낮은 수준에서 작전적·전술적 수준의 계획을 수립한다.[1]

국가전략 체계는 반드시 일정한 기준에 따라 정해진 것은 아니다. 미국처럼 전 세계에 군사력을 전개하는 국가의 경우는 '국가전략, 국가안보전략, 국가방위전략, 국가군사전략, 전구전략, 작전술, 전술'(가장 높은 수준부터 가장 낮은 수준 순)로 구분하고, 한국과 같이 대부분의 군사력을 국내에서 운용하는 나라의 경우는 '국가전략, 국가안보전략, 군사전략, 작전술, 전술'로 구분하기도 한다.[2]

위의 국가전략 체계는 비교적 전통적 접근방식을 적용하고 있다. 그러나 최근에는 국가안보의 개념이 군사안보뿐만 아니라 외교·경제·사회적 안보까지 확대되고, 정치·외교·경제·정보·사회 제 분야의 정책을 국가안보전략의 수단으로 간주하고 있어 국가전략과 국가안보전략을 동일한 전략으로 간주하고 있다. 그 예로 1996년 클린턴[Bill Clinton] 행정부의 '개입과 확대의 국가안보전략서[A National Strategy of Engagement and Enlargement]'를 보면, 국가안보 증진, 군사력의 운용, 대량살상무기[WMD, Weapon of Mass Destruction], 확산 방지, 군비통제, 평화작전 등의 군사안보 분야뿐만 아니라 미국의 경쟁력 강화, 외국시장에 대한 접근 증대, 에너지 안보, 민주주의 추구 등 경제·사회·에너지·민주주의 등 다양한 영역에서의 개입과 확대를 미국의 국익 증진을 위한 국가안보의 핵심 요소로 제시하고 있다.

국가안보전략의 범위와 수단이 확대됨에 따라 국방 분야에서의 국가 목표 달성을 위한 국가방위전략NDS, National Defense Strategy이 요구되고 있다. 이에 따라 미국은 국가방위전략을 별도로 작성한다. 국가방위전략(국방 전략)은 미 국가안보전략서에 명시된 국가이익을 실현하기 위한 국방 분 야의 기준 문서로서 국가군사전략NMS, National Military Strategy에 지침을 제공 한다. 2008년 발행한 미 국방전략서의 경우 전략환경 평가, 국방전략 목 표, 국방 목표 달성 방법, 국방부의 능력·수단, 도전 요소의 관리 등으로 구성되어 있다. 국가군사전략NMS은 국가안보전략서에 명시된 국가이익 과 국방전략 및 4개년 국방검토보고서의 국방 목표를 군사적으로 지원 하기 위한 지침으로 미국은 합동참모본부에서 작성한다. 미 군사용어사 전에는 국가군사전략을 "국가안보전략과 국방전략 지침 목표를 달성하 기 위한 군사력의 배분과 적용을 위해 합참의장이 승인한 문서"로 규정 하고 있다.[3] 국가군사전략서는 전·평시 군사력의 운용과 평시 어떻게 군 사력을 건설하고 유지할 것인가를 포괄하는 전략문서로서 예하 통합전투 사령부가 전구전략을 수립하기 위한 지침을 제공한다.

(2) 미국의 국방전략 문서

미국의 국가안보전략은 백악관에서, 국방전략은 국방부에서 수립하며, 이를 기초로 합동참모본부(합참)에서 군사전략을 작성한다. 국방전략과 군사전략서는 각 전구Theater를 담당하는 통합전투사령관이 전구전략을 수립하는 데 지침을 제공한다. 미국의 국가안보·군사전략 수립체계를 도식화하면 〈그림 1-1〉과 같다.[4]

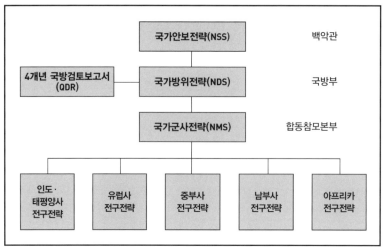

* 출처: 필자 작성
〈그림 1-1〉 미국의 국가안보·군사전략 수립체계

미국의 국가안보전략[NSS]은 1986년 '골드워터·니콜스 법'에 따라 미 행정부가 의회에 제출하도록 법제화되었다. 골드워터·니콜스 법은 1986년 골드워터[Barry Goldwater] 상원의원(공화당)과 니콜스[William Nichols] 하원의원(민주당)이 공동 발의한 법안으로, 정식 명칭은 'Goldwater-Nichols Department of Defense Reorganization Act of 1986'이다. 이 법은 1947년 제정된 국방개혁법 이래 가장 큰 규모의 개혁을 강제하는 법안으로, 주로 국방조직 개편과 국방개혁을 담고 있으며, 합참의장과 합동참모의 역할 강화, 통합군사령관의 권한과 책임 강화, 문민통제체제 유지, 국방조직 진단의 제도화를 규정했다. 이 법에 따라 국가안보전략은 1987년에 최초로 작성되었으며, 이후 레이건 행정부 시절 2회(1987, 1988), H. W. 부시 행정부에서 3회(1990, 1991, 1992), 클린턴 행정부에서 7회(1994, 1995, 1996, 1997, 1998, 1999, 2000), W. 부시 행정부에서 2회(2002, 2006), 오바마 행정부에서 2회(2010, 2015), 트럼프 행정부에서 1회

(2017) 발간되었다.

미국의 국방전략[NDS] 역시 1986년 골드워터·니콜스 법에 의거해 미 국 방부가 4년 주기로 작성하여 의회에 제출하도록 법제화되었다. 그러나 최초 발간은 2005년에 이루어졌고, 2008년에 두 번째 NDS가 발간되었으며, 트럼프 행정부 들어 2018년에 세 번째 NDS가 발간되었다. 미국의 국방 관련 전반적인 사항은 미 국방부가 4년 주기로 작성하는 4개년 국방검토보고서[QDR, Quadrennial Defense Review]를 통해 제시되고 있다. QDR은 1996년 9월 23일에 통과된 국방수권법[National Defense Authorization Act]에 의거해 1997년에 최초로 발간된 이래 2001년, 2006년, 2010년, 2014년까지 총 다섯 차례 발간되었다. 미 국방부는 전략환경 평가, 전략목표, 잠재적 군사 위협 등을 담은 QDR을 발간해 의회에 제출하고 있는데, 2006년 QDR부터는 미 국방예산 요구사항도 포함하고 있다. QDR은 2017년 국방수권법에 따라 NDS로 대체되었다.

미 국가군사전략[NMS]은 합참의장이 통합전투사령관과 협의하여 미 군사역량의 주노력 및 우선순위를 제시하고, 전략환경, 국제적 안보위협, 군사력 운용, 최종상태·방법·수단 등을 망라하여 상·하원 군사위원회에 제출하는 전략문서이다. NMS 또한 1986년 골드워터·니콜스 법에 따라 2년 단위 작성이 법제화되었으나, 1995년 최초 발간 이래 1997년, 2004년, 2015년, 2018년까지 총 다섯 차례 발간되었다.

그 외에도 미 국방부는 핵태세검토보고서[NPR, Nuclear Posture Review], 미사일 방어검토보고서[MDR, Missile Defense Review] 등의 전략문서를 발간하여 미 국방전략을 뒷받침하고 있다. 이러한 미국의 전략문서 체계는 한정된 국방자원에 따라 국방조직을 재편하고 군사력 운용을 감독함으로써 유동적 안

⟨표 1−1⟩ 미국의 국가안보전략 체계

전략문서	작성	주요 내용
국가안보전략서 (NSS)	백악관	• 1986년 '골드워터−니콜스 법'에 의거해 의회에 제출하도록 법제화됨. • 1987년 최초로 작성되어 일반에 공개되었으며, 이후 − 레이건 행정부 시절 2회(1987, 1988) − H. W.부시 행정부 시절 3회(1990, 1991, 1992) − 클린턴 행정부 시절 7회(1994~2000년까지 매년) − W. 부시 행정부 시절 2회(2002, 2006) − 오바마 행정부 시절 2회(2010, 2015) − 트럼프 행정부 시절 1회(2017) 작성되었음.
국가방위전략서 (NDS)	국방부	• 1986년 '골드워터−니콜스' 법에 의거해 미 국방부가 4년 주기로 작성하여 의회에 제출하도록 법제화됨. • 그러나 최초 발간은 2005년 이루어졌으며, 2008년에 두 번째 NDS가 발간되었고, 트럼프 행정부 들어 2018년에 세 번째 NDS가 발간됨.
4개년 국방검토보고서 (QDR)	국방부	• 1996년 9월 '국방수권법'에 의거해 4년 주기로 발간하도록 법제화됨. • 1997년 최초로 발간되었으며, 이후 2001년, 2006년, 2010년, 2014년에 발간되어 지금까지 다섯 차례 발간됨. • 2017년 국방수권법에 의거해 QDR은 NDS로 대체됨.
국가군사전략서 (NMS)	합참	• 1986년 '골드워터−니콜스 법'에 의거해 미 합참이 2년 주기로 작성하여 의회에 제출하도록 법제화됨. • 1995년에 최초로 발간된 이후 1997년, 2004년, 2015년, 2018년에 발간되어 지금까지 다섯 차례 발간됨.

* 출처: 필자 작성

보환경에 대비하려는 미 의회의 노력의 결실이라고 평가할 수 있다.

앞에서 기술한 바와 같이 미국의 안보·국방전략 문서는 1980년대 후반부터 법제화되어 공식적으로 작성되었다. 1980년대 이전에는 국가전략문서로 명명된 공식 문서는 없었으며, 미 국가안전보장회의NSC, National Security Council 자료, 대통령 지시 등 다양한 문서를 통해 국가안보전략과 국방전략을 제시하고 있다. 따라서 미 국가안전보장회의 결정문이나 대통령의 의회 연설 또한 미국의 국가안보전략을 공식 천명한 자료로서 평가할 수 있으며, 미 국무부·국방부에서 발간하고 있는 외교·국방 관련 문서 역시 미국의 안보전략과 국방전략을 설명할 수 있는 유용한 근거가 된다고 볼 수 있다.

2
★
공격적 현실주의 이론

제2차 세계대전 이후 지난 70여 년 동안 미국이 직면했던 시대적 안보환경과 공화당과 민주당 정권의 성향에 따라 미 행정부의 안보전략은 수시로 변화의 과정을 겪었다. 또한 미국의 안보전략은 아시아, 유럽, 중동 등 각 지역의 전략적 환경과 미국의 안보 목표에 따라 지역별로도 상이하게 설정되었다. 따라서 하나의 이론을 가지고 미국의 안보전략의 동기를 완전하게 설명하는 것은 불가능하다.

그럼에도 불구하고 동북아 지역을 대상으로 한 미국의 안보전략, 특히 탈냉전기 미국의 국방전략을 이해하는 데 있어 '공격적 현실주의' 이론은 유용한 틀을 제공한다. 미국은 냉전기에 소련의 위협에 맞서 전략적 중심을 서유럽에 두었고, 동북아에서는 소련과 중국 공산주의 세력의 확산을 차단하는 데 중점을 두었다. 그러나 냉전 종식 이후에는 전략적 중심을 아시아 지역으로 전환하면서 중국의 위협에 적극적으로 대응하는 방향으로 대아시아 국방전략을 설정했다. 이런 측면에서 '공격적 현실주의'

이론은 탈냉전기 미국이 인식하는 국제질서를 설명하는 데 적절한 논거를 제공한다.

(1) 미어샤이머의 '공격적 현실주의' 이론

탈냉전기 미국 내에서는 신보수주의적 관점과 중동에서의 민주주의 정착·확산을 도모하는 민주평화론 등 현실주의와 자유주의적 정치사상이 혼재되면서 국가안보전략이 수립되었다. 그러나 동북아 국제체제에 대한 설명은 존 미어샤이머John Mearsheimer의 공격적 현실주의 이론을 적용하여 설명하는 것이 매우 설득력이 있다.

공격적 현실주의는 현실주의 이론의 한 부류이다. 현실주의는 국제정치학의 주도적 이론 중 하나로서 국제관계를 힘의 관점에서 설명한다. 현실주의는 국제정치의 기본 단위는 국가이며, 국제 사회는 무정부 상태로서, 각 국가는 무정부 상태의 국제체제에서 권력과 안보를 추구하기 위해 경쟁한다고 가정한다.[5]

현실주의는 고전적 현실주의Classical Realism, 구조적 현실주의Structural Realism, 신고전적 현실주의Neo-classical Realism로 구분되며, 구조적 현실주의는 또다시 방어적 현실주의Defensive Realism와 공격적 현실주의Offensive Realism로 나눌 수 있다.

고전적 현실주의는 국제정치는 인간 본성에 기초한 권력을 향한 끊임없는 투쟁으로 설명 가능하다는 이론으로, 모겐소Hans J. Morgenthau와 같은 학자들이 주장한다. 구조적 현실주의는 국제체제에서의 갈등과 경쟁을 인간 본성이 아닌 국제체제의 무정부 상태 때문이라고 보는 이론으로, 월츠^{Kenneth N. Waltz}, 미어샤이머와 같은 학자들이 주장한다. 신고전적 현실주의는 구조와 함께 지도자의 인식, 정부 역량 등 개별 국가 수준의 변수를 고려해야 한다는 이론으로, 슈웰러^{Randall L. Schweller} 등의 학자들이 주장하고 있다.

미어샤이머의 공격적 현실주의 이론은 구조적 현실주의의 한 형태로서 국가의 권력 추구적 속성을 강조한다. 즉, 국가는 체제 내에서 가장 강력한 국가가 되기 위해 끊임없이 노력하며, 이로 인해 강대국 간 경쟁과 갈등이 지속될 수 밖에 없다는 것이다. 미어샤이머는 이러한 강대국들의 행동은 국제체제의 구조 때문이며, 다음과 같은 다섯 가지 국제체제의 구조적 측면으로 인해 각 국가가 서로를 두려워한다고 주장한다.[6]

① 국제체제란 무정부 상태이다.
② 강대국은 본질적으로 서로 상대방을 해치거나 혹은 파멸시킬 수 있는 수단이 될 수 있는 어느 정도의 공격적인 군사력을 보유하고 있다.
③ 어느 나라도 상대방의 의도를 확실하게 알 수 없다.
④ 강대국의 가장 중요한 목표는 생존이다.
⑤ 강대국들은 합리적 행위자이다.

이러한 국제체제의 구조적 측면으로 인해 국가들은 자신의 국력을 증강시키거나 다른 나라를 제압할 수 있는 능력을 갖추기 위해 노력한다. 이런 측면에서 미어샤이머는 어느 나라라도 패권국가가 되는 것이 그 나라의 안보를 위한 최선의 방법으로, 공세적인 군사력을 보유하고 운용하는 것이 대단히 중요하다고 주장한다. 또한 잠재적 패권국가들이 여러 존재하는 다극체제가 가장 위험한 국제체제라고 평가한다.[7] 미어샤이머가 언급하는 패권국가는 전 세계를 지배하는 '세계패권국'과 자기 지역을 지배하는 '지역패권국'으로 구분할 수 있다. 그러나 엄밀하게 특정 국가가 전 세계를 지배하는 '세계패권국'으로 등극하는 것은 사실상 불가하므로, 결국 국가들이 현실적으로 지향할 수 있는 정책은 '지역패권국'이 되는 것이다.[8]

(2) 월츠의 '방어적 현실주의'와 비교

구조적 현실주의의 또 다른 부류인 방어적 현실주의는 국제체제를 무정부 상태라고 보는 인식에 동의한다. 그러나 각 국가는 체제 내에서 권력을 추구하기보다는 자국의 안전보장을 극대화하는 방향으로 행동하고, 현 상태의 권력균형을 중시한다고 주장한다. 공격과 수비의 관점에서 보면, 일반적으로 공격이 수비보다 어렵기 때문에 각 국가는 방어적 현실주의 전략을 채택한다는 주장과 맥을 같이한다.

방어적 현실주의와 공격적 현실주의의 대별 요소는 국가가 얼마만큼의 권력을 추구하는가에 있다. 국가는 안보의 극대화를 추구하며 안보를 위한 수단으로서 적절한 수준의 권력을 추구한다는 것이 방어적 현실주의의 논점이라면, 공격적 현실주의의 논점은 국가는 다른 국가들보다 상대적으로 더 강한 권력을 추구한다는 것이다. 따라서 방어적 현실주의의 입장에서 국가는 국가안보를 위해 국가 간 협력을 추구할 수 있으며, 국제체제의 현상 유지를 위해 노력한다. 그러나 공격적 현실주의는 국가 간 협력을 비관적으로 보고, 다른 국가보다 더 많은 권력을 얻기 위한 첨예

〈표 1-2〉 방어적 현실주의와 공격적 현실주의 이론의 차이점

구 분	방어적 현실주의	공격적 현실주의
국가들이 힘을 위해 경쟁하는 이유는?	국제체제의 구조	국제체제의 구조
국가들은 얼마만큼의 힘을 원하는가?	• 그들이 현재 보유하는 것보다 그다지 크지 않다. • 국가들은 세력균형을 위해 분투한다.	• 획득할 수 있는 모든 힘 • 국가들은 상대적 힘을 극대화시키려 하며 패권적 지위가 궁극적 목표이다.

* 출처: 존 J. 미어샤이머, 이춘근 역, 『강대국 국제정치의 비극: 미중 패권경쟁의 시대(The Tragedy of Great Power Politics)』, p. 62.

한 갈등과 경쟁을 정당화한다.[9]

냉전기에 미국이 동북아 체제를 바라본 시각은 방어적 현실주의의 시각과 맞닿아 있다. 냉전기 서유럽에 대한 공산세력의 확장을 봉쇄하는 것을 최우선시한 미국은 무정부 상태의 국제체제 속에서 동북아에서의 안정적 세력균형을 갈구할 수밖에 없었다.

미국은 미일동맹과 한미동맹을 결속하여 동북아에서 세력균형을 통해 공산주의 위협에 대응했다. 세력균형은 국제체제를 무정부 상태로 인식하는 현실주의적 사고로서, 힘의 균형을 통해 체제의 안정을 유지할 수 있으며, 군사동맹을 가장 중요한 힘의 분배 메커니즘으로 인식한다.[10] 세력균형의 개념은 동북아에서 현상 유지와 안보 추구가 중요하다는 미국의 인식 하에 한미·미일 군사동맹의 태동과 주일미군·주한미군의 역할을 설명하는 데 기초를 제공한다. 세력균형의 개념은 서로 대립하는 2개의 블록 사이에 힘의 균형이 존재할 때 전쟁의 억지와 지역적 평화를 유지할 수 있으며, 이러한 논리적 기반 하에서 동북아 지역에서 한국과 일본의 부족한 힘을 보완하기 위한 장치로서 한미동맹과 미일동맹이 태동했다고 본다. 즉, 두 동맹이 소련과 중국을 중심으로 한 공산주의 위협으로부터 힘의 균형을 유지하기 위한 동맹이었다고 본다.

반면, 탈냉전기 소련의 해체와 중국의 부상으로 인한 동북아 지역의 역동성은 동북아 지역을 바라보는 미국의 인식이 바뀌는 계기가 되었다. 미국은 동북아 국제체제를 공격적 현실주의 시각으로 인식하고, 이를 바탕으로 한국과 일본을 포함한 동북아 국방전략을 수립·시행했다.

(3) 공격적 현실주의 이론의 탈냉전기 동북아 국제체제 적용

미국의 아시아 전략의 특징은 시기와 상관없이 아시아에서 지역패권국가의 등장을 방지하기 위해 외교적·군사적·경제적 수단들을 일관되게 활용해온 점이다.[11] 미국은 1990년대 초부터 중국을 동아시아의 잠재적인 불안정 요인으로 인식하고 있었다. 그렇기 때문에 중국의 국력신장과 군사력 확충은 자연스럽게 미국의 경계심을 고조시켰다. 미국은 정치적·외교적 수단을 통해 중국의 확장을 경계하고 군사적 투명성을 촉구했으며, 2000년대 이후에는 아시아·태평양 재균형 전략을 본격적으로 추진하여 중국의 부상을 견제했다. 그러나 중국이 강대해지면서 미중 간 경쟁과 갈등은 더욱 심화되었다. 중국은 아시아·태평양 지역에서 미국의 영향력을 약화시키고, 미국은 중국의 세력을 봉쇄하여 아시아·태평양 지역에서의 지배권을 여전히 확보하려 하고 있다.[12]

공격적 현실주의 이론이 인식하는 국제정치의 본질은 충돌이다. 공격적 현실주의 이론은 국가 간 진정한 협력을 통해 안보 딜레마를 해소할 가능성은 존재하지 않으며, 상대국의 세력을 약화시켜야 생존할 수 있다고 본다.[13] 이러한 인식은 미국은 그 어떤 나라도 아시아·태평양 지역에서 지역패권국가로 등장하는 것을 원하지 않으며, 경쟁국가가 지역패권국가로 부상하는 것을 저지하기 위해 첨예한 안보경쟁을 벌이게 된다는 논리로 귀결될 수 있다.[14] 이런 측면에서 미국은 냉전기에는 방어적 현실주의 관점에서 동북아시아의 국제정치체제를 평가하고 이에 대응한 국방전략을 구상했다면, 탈냉전기에 들어서는 미국의 지역패권을 굳건히 유지하면서 중국의 지역패권화를 저지하려는 전략으로 기조를 전환했다.

탈냉전기에 미국은 공격적 현실주의에 기반하여 아시아 국방전략을 수립했으며, 이를 이행하기 위해 한미동맹과 미일동맹을 진화시켰다. 아시아 지역에서 신속하고 유연한 군사력 운용을 보장하기 위해 주한미군과 주일미군의 전략적 유연성을 확대했으며, 동맹국·우방국과의 광범위한 네트워크 체계를 구축하고 있다. 또한 주한미군과 주일미군이 지역적·세계적 수준의 기동군으로서 역할을 수행할 수 있도록 광범위한 투자를 통해 전력을 증강하는 등 군사적 변환을 추진하고 있다.

3

★

동맹이론

미국의 동북아 국제정치체제에 대한 인식은 미국의 대한반도 전략 및 대일본 전략에도 투영되어 주한미군과 주일미군의 성격과 임무에 결정적 영향을 미치고 있다. 반면, 주둔국의 입장에서 볼 때 자국의 안보·국방전략은 미국의 대동맹 전략과 긴밀한 연계성을 갖고 발전되므로 이를 이해하는 것도 주한미군과 주일미군의 역할과 상관관계를 이해하는 데 중요하다. 동맹이론은 한미동맹과 미일동맹의 성격과 형성 동기, 미국과 한국·일본의 동맹에 대한 기본 인식을 설명하는 데 유용하다.

(1) 동맹의 정의와 유형

여러 학자들이 동맹에 대한 개념을 제시하고 있다. 홀스티^{Ole R. Holsti}는 동맹을 "2개 이상의 국가들이 국가안보 문제에 대해 협력하기로 하는 공식적인 합의"[15]로 정의하고 있으며, 월트^{Stephen M. Walt}는 동맹에 대해 "2개 또는 그 이상의 국가들 간의 군사협력을 위한 공식적 또는 비공식적 관계"로 정의하고 있다.[16] 나이Joseph S. Nye는 "국가가 각자의 안보를 확보하기 위해 맺는 공식적 또는 비공식적 협정"으로 동맹을 정의한다.[17] 이러한 정의들은 공통적으로 동맹을 '국가들 간 안보증진을 위해 맺는 상호협력관계'라는 폭넓은 개념으로 보고 있으며, 공식적 또는 비공식적 합의를 전제로 한다. 대부분의 동맹은 상호원조조약과 같은 공식적 합의를 통해 형성되나, 미국과 이스라엘은 명시적 협약 없이도 실질적 동맹으로 간주된다. 따라서 당사국 간 공식적 합의가 없더라도 비공식 합의가 있는 경우 동맹으로 보는 것이 적절하다.[18] 대부분의 동맹관계는 안보 또는 군사적 이유로 맺어지는 군사동맹의 형태를 띠고 있으나, 동맹은 비군사적 이유로도 체결할 수 있다. 경제적 이해관계, 이데올로기 등도 동맹을 맺는 이유 중 하나인데, 오늘날 나타나고 있는 경제동맹, 관세동맹 등과 같은 다양한 형태의 동맹은 이를 잘 뒷받침해준다.

국제정치이론에서 가장 많이 거론되는 군사동맹military alliance은 "둘 이상의 국가들 간 군사협력을 위한 공식적·비공식적 합의"로 정의할 수 있다. 한국과 미국은 군사동맹을 통해 상대국의 군사적 적대행위에 대해 공동 대응하고 있으며, 서유럽 국가들과 미국은 북대서양조약기구NATO, North Atlantic Treaty Organization의 구성원으로서 국제적 공조체제를 유지하고 있다. 합의의 성격과 방식에 따라 동맹으로 규정짓는 군사협력의 유형에는 상호원조조약, 불가침조약, 중립, 협상, 연합이 있다. 상호원조조약은 군사동맹 중 가장 일반적 유형으로, 동맹국 상호 간 군사적 원조를 약속하는 것이다. 한미상호방위조약, NATO 등이 대표적 예라 할 수 있다. 불가침조약은 조약 체결국 간 서로 공격하지 않기로 약속하는 것으로, 1939년 독일과 소련 간 체결된 불가침조약이 대표적 예이다. 중립은 전쟁 발발 시 상호 중립을 지키기로 약속하는 것이다. 협상은 군사적 위기 상황 발생 시 협조적으로 논의함으로써 상호 간 협력을 제도화하는 것으로, 제 1차 세계대전 시 영국·프랑스·러시아가 맺었던 삼국협상이 대표적 사례이다. 연합은 특정 목표 달성을 위해 일시적으로 힘을 합치는 것으로, 1991년 걸프전과 2003년 이라크전 당시 미국을 중심으로 구성되었던 다국적군이 그 예이다.

동맹은 안보능력과 자율성에 따라 대칭 동맹symmetric alliances과 비대칭 동맹asymmetric alliances으로 분류한다. 비슷한 국력을 가진 국가들끼리 형성하는 동맹을 대칭 동맹이라 하며, 상대적 국력의 격차가 큰 강대국과 약소국 간 체결하는 동맹을 비대칭 동맹이라 한다. 그러나 국력에 따른 동맹의 구분은 국력을 구성하는 국가의 경제력·군사력·인구 등과 같은 가변적 요소들에 따라 시대적으로 또 상대적으로 다르게 평가되어질 수도 있다. 따라서 동맹의 대칭성 판단 시 국가의 국력·크기뿐만 아니라 다른 요소들도 고려할 필요가 있다. 비대칭 동맹은 강대국과 약소국 간 서로 상이한 목적에 의해 성립되는 것이 일반적이다. 약소국의 입장에서는 강대국과 동맹을 맺음으로써 자신의 안보를 확보하는 것이 동맹의 주 목적이고, 강대국의 입장에서는 약소국의 안전을 보장해주면서 약소국의 정책 결정에 영향을 미쳐 국제 사회에서 정치적 지지를 확보하는 것이 동맹의 주 목적이라고 할 수 있다.

이런 정의를 대입해볼 때 한미동맹과 미일동맹은 모두 당사국 간 군사협력을 위한 공식적 합의에 기초한 동맹으로, '상대방의 적대행위에 대하여 상호 군사적 지원을 명시한 공약'을 근거로 하는 군사동맹이다.[19] 또한 동맹의 형성 과정에서 서로 상이한 목적을 가지고 출발한 비대칭 동맹 관계로 정의할 수 있다. 이러한 한미동맹과 미일동맹의 비대칭성은 한국과 일본이 자국의 안전보장을 위해 미국에 많이 의존해왔으며, 미국은 자국의 영향력을 확대하고 동맹 파트너 국가인 한국과 일본의 정책 결정에 상당한 영향을 행사하게 된 근원으로 작용했다.

(2) 동맹의 형성 동기

국제체제에서 동맹은 왜 형성될까? 동맹의 형성 근원에 대해서는 다양한 이론이 제시되고 있다. 대표적 현실주의 학자인 월츠와 월트는 동맹 형성의 가장 중요한 동기를 '균형'으로 설명한다. 월츠는 무정부 상태의 국제체제에서 국가는 생존을 위해 다른 국가들과 동맹을 체결하여 가장 강력한 국가를 견제하며, 동맹은 가장 강력한 국가와 군사력을 공유하여 안보를 추구하는 효과적 정책수단이라고 주장한다.[20] 월트는 세력균형 측면에서 동맹의 형성 동기를 설명한 월츠의 주장에 기본적으로 동의한다. 그러나 그는 동맹은 힘이 아니라 위협에 기초하여 구축되는 것으로, 국가들은 가장 강력한 국가가 아닌 가장 위협적인 국가에 대항하기 위해 동맹을 결성한다고 주장한다. 월트는 특정한 국가가 얼마나 위협적인가에 대한 평가는 그 국가의 총체적 국력뿐만 아니라 해당 국가의 지리적 인접성, 공격적 군사력과 공세적 의도가 영향을 미치며, 냉전기 소련의 위협에 대응하기 위해 결성한 NATO가 이러한 논리를 대변한다고 설명한다.[21]

동맹을 형성하는 또 다른 동기는 다른 국가에 대항하는 것이 아니라, 동맹을 맺음으로써 해당 국가의 위협을 제거하거나 그 국가를 관리하기 위해서이다. 즉, 위협적 국가의 위협을 감소시킬 목적으로 그 국가와 동맹을 맺거나, 또는 동맹국의 정책에 영향을 미치거나 동맹국을 관리·통제할 목적으로 동맹을 체결하는 경우이다. 이러한 형태의 동맹 요인을 'Tethering', 즉, 구속 또는 묶어두기라고 한다. 제2차 세계대전 이후 소련의 위협에 대응하기 위한 목적 외에도 독일을 하나의 동맹체제 안에 묶어두어 독일의 군국주의를 방지하려는 이차적 목적을 가지고 NATO가 설립되었다는 점에 주목할 필요가 있다.[22] 이는 그 국가가 처한 외부의 위협에 주목했던 월트의 이론과 달리, 국가가 직면하고 있는 내부의 위협 또한 동맹의 결집 요인이 될 수 있으며, 분쟁을 예방·관리하기 위해 서로에게 위협이 되는 국가들 간에도 동맹이 형성될 수 있다는 측면에서 주목할 만하다.

안보를 보장받는 또 다른 형태의 동맹은 약소국이 강력한 힘을 가진 국가에 편승bandwagoning하는 것이다. 국제 정세상 강한 편의 입장에 서는 것이 보다 유리하다는 판단 하에 강대국에 편승하는 것은 일반적인 현상이다. 따라서 약소국의 입장에서는 강대국에 편승하는 것이 더 큰 위협을 가져올 수 있으나, 단기적 위협을 해소하기 위해서는 어쩔 수 없다는 것이다. 앞에서 언급한 편승이 다소 방어적 전략이라면, 보다 공세적인 편승전략은 약소국이 강대국과 동맹을 맺어 이익을 꾀하는 동맹이다. 이는 일반적으로 국가가 동맹을 맺는 동기가 안보보다는 동맹을 통해 얻을 수 있는 이익에 기초한다는 주장[23]에 근거한다.

동맹 형성의 또 다른 동기는 특정한 군사적 목표 달성을 위해서이다. 공세적 외교정책 수행을 위해 일정 기간 상호 군사원조를 약속하는 경우와 특정 군사적 임무 수행을 위해 필요한 군사력을 획득하기 위한 경우를 들 수 있는데, 2003년 이라크전을 위해 미국을 중심으로 다국적군이 결성된 것이 대표적 사례이다.

동맹 형성의 동기는 역으로 동맹 붕괴의 요인이 되기도 한다. 동맹국 간 위협 인식이 변화하거나 동맹을 이끄는 강대국의 리더십이 약화될 때, 혹은 동맹의 목적이 달성되거나 동맹국 상호 간 신뢰가 저하될 때 동맹은 약화되거나 붕괴될 수 있다. 이런 측면에서 동맹은 필요한 경우 언제든 체결할 수 있고 언제든 붕괴될 수 있는 변화의 가능성을 안고 있다.

(3) '자율성-안보 교환'의 동맹 모델

약소국이 강대국에 편승하여 자국의 안보를 보장받는 동맹의 가장 기본적인 모델은 '자율성-안보 교환 모델Autonomy-Security trade-off model'이다. 알트펠드Michael F. Altfeld[24]와 모로우James D. Morrow 등이 주장한 이 모델은 약소국의 자율성의 양보 정도가 동맹의 강도를 좌우하는 가장 큰 요소임을 강조한다. 즉, 약소국이 자국의 자율성을 많이 양보할수록 강대국의 안보지원 의지는 강해져서 동맹이 더욱 견고해지고, 그 반대로 약소국이 자율성의 양보를 주저하게 되면 강대국의 안보지원도 그만큼 약해져서 동맹의 약화로 이어질 가능성이 높다는 것이다. 이러한 '자율성-안보 교환 모델'은 비대칭 동맹에서 두드러진다.

비대칭 동맹을 체결하고 있는 경우, 약소국은 자국의 안보를 위해 강대국과 동맹을 유지하는 것에 필사적으로 매달리나, 강대국은 약소국만큼 동맹을 유지하고자 하는 동기가 없다. 이런 이유로 약소국은 자국의 안보적 자율성을 일정 부분 양보하는 것이 불가피하고, 강대국은 약소국에게 안보 지원의 대가로 정책적 영향력을 행사한다.

알트펠드와 모로우가 주장하는 '자율성-안보 교환 모델'은 냉전시대 미국과 소련이라는 초강대국에 의해 형성된 비대칭 동맹을 설명하는 데 유용하다. 한국과 미국, 일본과 미국, 소련과 동유럽 국가 등이 맺은 비대칭 동맹에서 약소국은 자국의 군사기지를 강대국에 제공하고 자국군의 군사적 자율성을 제한받았지만, 그 대가로 미국과 소련이라는 강대국으로부터 군사·경제적 원조를 받아 자국의 안보이익을 지켰다. 모로우는 이러한 '자율성-안보 교환 모델'을 적용하여 1815~1965년에 형성된 164개의 동맹을 비교·분석했다. 78개의 비대칭 동맹과 86개의 대칭 동맹을 비교·분석한 결과, 비대칭 동맹은 평균 15.69년, 대칭 동맹은 평균 12.21년 존속했다. 또한 동맹을 구성하는 개별 동맹국가의 상대적 능력 변화가 클수록 동맹이 더 쉽게 와해되었다.[25] 즉, 비대칭 동맹이 대칭 동맹보다 동맹을 결성하기에 더 용이하고 보다 오래 지속되며, 동맹을 구성하는 개별국가의 능력의 변화가 클 경우 동맹의 와해 가능성이 증가한 것이었다.

강대국과 약소국 간 형성된 '자율성-안보 교환 모델' 형태의 동맹은 강대국이 약소국의 자주성을 제한한다는 측면에서 잠재적 갈등의 근원을 안고 있다. 약소국의 경우 안보적·경제적 자주성의 확대를 기본 목표로 설정하고, 주권유지와 안보에 영향을 미치는 강대국의 영향력을 약화시키고 자국의 자주성을 강화시키려 할 수 있다.[26] 만일 약소국이 느끼는 위협 수준이 감소하는 등 안보환경이 변화하거나, 혹은 약소국의 국력이 신장되어 자신의 능력으로 어느 정도의 안보 위협을 감당할 수 있다고 인식할 경우, 약소국은 강대국과의 동맹관계에 있어 안보적 자주성은 증가시키고 강대국의 영향력은 약화시키려 노력한다. 대표적인 예로서 한미동맹의 경우, 1990년대 이후 한국의 국력증대 등 안보환경의 변화로 한국은 미군이 보유하고 있던 작전통제권을 한국군으로 전환하는 것을 추구했으며, 이는 동맹을 결성하고 있는 한국의 국력이 증대하면서 안보적 자주성을 확대하려는 노력으로 볼 수 있다.

반면, 약소국의 국력이 증대되고 대외환경이 변하더라도 동맹국 상호 간 안보협력 방식의 즉각적인 변화나 약소국의 적극적인 안보 자주성 확대 요구로 이어지지 않는 경우도 있다. 이는 약소국이 직면하고 있는 위협 인식, 강대국에 대한 군사적 의존성의 수준, 약소국의 정치적 이념 등 다양한 이유에 기인한다. 또한 약소국이 강대국의 안보 지원에 편승함으로써 얻는 안보적 이익이 클 경우 약소국의 안보 자주성의 요구는 소극적으로 나타날 수 있다.

'자율성과 안보 교환 모델'은 비대칭 동맹 하에서 강대국의 행동을 설명하는 데도 적용될 수 있다. 즉, 강대국은 약소국에 대해 자국의 이익을 실현하기 위해 지속적으로 영향력을 행사하고 싶어하며, 이를 위해 강대국에 대한 약소국의 안보 지원 의존도가 계속 유지되도록 행동한다는 것이다.[27] 비대칭 동맹에서 통상 강대국의 안보 지원과 약소국의 자율성은 반비례 관계를 형성한다. 강대국은 안보 지원의 정도와 수단을 갖고 약소국의 자율성에 대한 제약 정도를 결정하는데, 이러한 설명은 국제정치에서 약소국과 강대국 간 관계, 동맹의 유지를 위한 강대국의 행동을 설명하는 논리로도 활용되고 있다.

(4) 한미동맹과 미일동맹의 성격

한미동맹과 미일동맹은 기본적으로 그 속성을 같이한다. 둘 다 방어적 동맹이며, 전·평시 모두 적용된다. 동맹 체결 이후 반세기가 넘도록 유지되고 있고, 동맹의 결속력 또한 강하다. 한미동맹은 한미상호방위조약에 의해 형성된 군사동맹이며, 미일동맹은 미일안전보장조약을 근거로 형성되었다. 한미동맹과 미일동맹 모두 동맹국 간의 군사력과 정치적 영향력이 현격하게 두드러지는 비대칭 동맹으로 출발했다. 그러나 동맹의 태동 후 지금까지 정치·경제적 이데올로기, 민주·시장경제 체제 등을 공유하고 있으며, 이는 오랜 기간 한미·미일동맹이 동맹의 갈등을 해소하고 협력적 분위기 속에서 동맹을 유지해온 원동력이기도 하다.

한국은 미국과의 군사동맹을 통해 북한의 위협에 대비하고, 일본은 자국의 안보를 미국에 위탁하고 경제발전에 주력하고 있어, 한국과 일본 입장에서 보면 미국과의 동맹은 전형적인 편승 동맹의 형태라고 말할 수 있다. 한국은 미국이 제공하는 안전보장의 확약을 위해 주한미군 주둔을 요구했고, 유사시 미국의 군사적 지원을 확보하기 위해 미국의 정책·전략에 편승했다. 일본 역시 소련의 위협에 대비하고 일본의 역할을 점진적으로 확대하기 위해서는 미국의 안보 지원에 의존할 수밖에 없었다. 이러한 한국과 일본의 편승전략은 북한과 소련이라는 공통의 위협이 있었기 때문에 지속적으로 유지되었다.[28] 반면, 미국의 동맹 형성 동기는 동북아에서 공산주의 위협에 대한 세력균형을 유지하면서 한국과 일본을 묶어두려는 '균형과 구속'의 동기가 강하다. 이는 한미·미일동맹과 같은 비대칭 동맹에서의 세력균형 개념은 강대국과 약소국 간 차이가 있음을 보

〈표 1-3〉 한미동맹과 미일동맹의 성격

구 분	한미동맹	미일동맹
근 거	1953년 한미상호방위조약	1951년 미일안보조약 → 1960년 개정
동맹의 체결 목적	한국 방위	미일 간 상호협력과 안전보장
조약상 규정된 의무	미 육·해·공군의 한국 내 및 그 부근에 배치 허용	미 육·해·공군의 일본 내 시설·구역 사용 허용
대칭성	비대칭적	비대칭적
동질성	이데올로기, 정치체제, 시장경제 등 동질성 공유	
동맹의 형성 동기 (미국 입장)	● 균 형 ● 구속(묶어두기)	● 균 형 ● 구속(묶어두기)
동맹의 형성 동기 (한국과 일본 입장)	편승(Bandwagoning)	편승(Bandwagoning)

* 출처: 필자 작성

여준다. 강대국은 범세계적 세력균형을 유지하기 위해, 상대적 약소국은 자국이 속해 있는 지역에서의 세력균형이 주관심사라는 것이다.[29] 미국은 한미·미일 동맹을 통해 동북아의 지정학적 불확실성에 대비하고, 한국과 일본의 안보정책에 상당한 영향력을 발휘하면서 국제적 지원을 확보하려는 의도를 실현했다. 주한미군 철수 사례와 같이 동맹 당사국인 한국과 일본의 의사와는 상관없이 미국이 자국의 국가이익과 세계전략에 따라 대한국, 대일본 정책과 전략을 시행한 경우가 많았음은 이를 반증한다.

(5) '자율성-안보 교환 모델'의 탈냉전기 한미동맹과 미일동맹 적용

한미·미일동맹은 전형적인 비대칭 동맹이며, 동맹의 모델 중 '자율성-안보 교환 모델'을 적용하여 설명할 수 있다. '자율성-안보 교환 모델'은 동맹을 통해 안보와 자율성 간 일정한 교환관계가 형성됨을 주목한다. 즉, 상호방위조약 등 동맹 간 공약에 의해 안보를 증대시킬 수 있지만, 한편으로는 공약을 이행하기 위해 어느 정도 자율성이 희생된다는 것이다. 냉전기 미국은 동맹 파트너국인 한국과 일본의 안전보장을 위해 주한미군과 주일미군을 배치했고, 한국과 일본에 미국의 국방전략 이행을 강요했으며, 한국과 일본은 안전보장의 대가로 안보적 자율성을 일정 부분 양보했다.

그러나 탈냉전기 들어 한국과 일본은 일부 자율성을 양보하는 대가로 여전히 미국의 안보 지원을 받는 측면에서는 별 차이가 없었으나, 동맹의 자율성을 확대하려는 측면에서는 상이한 접근방식을 취했다. 한국은 국력이 신장되면서 자율성과 안보 교환 모델의 수정을 요구하는 의견을 제기하면서 상호 호혜적이며 보완적 동맹관계로의 변화를 적극적으로 모색했다. 반면, 일본은 한국처럼 적극적으로 자율성의 확대를 요구하지 않았으며,[30] 오히려 미국의 전략에 편승하면서 미일 협력의 틀 속에서 안보적 자율성을 확대하는 정책을 선택했다. 한 예로 미국의 중요한 동맹 과업인 탄도미사일 방어체계를 구축함에 있어, 한국은 한국형 미사일방어체계의 구축을, 일본은 미국과 미사일방어체계의 상호 공유를 선택했다. 한국군과 미군의 상호운용성 확대 측면에서도 한국군은 미군과 점진적·단계적 상호운용성 확대를, 일본은 자위대와 주일미군 간 일체화를 지향하는 적극적 접근방식을 선택했다. 또한 한미·미일 간 군사협력의 확대와 관련하여, 한국은 안보적 자율성을 보다 더 확대해야 한다는 전제 하에 미국과의 군사협력 확대를 추구한 반면, 일본은 미국과의 군사적 일체화를 지향하면서 미일 간 군사협력을 확대해나갔다. 이러한 대미對美 동맹 인식은 동맹의 결속력에도 영향을 미쳤다. 탈냉전기 한미동맹은 대북정책·전작권 전환·주한미군 기지이전 등의 동맹 현안을 관리하면서 동맹의 결속력에 영향을 주지 않도록 세심한 노력을 기울였던 반면, 미일동맹은 걸프전쟁 발발 시 일본의 안보 협력 방식을 놓고 한때 미국과 갈등이 있었으나 이후 미일동맹을 복원하고 동맹의 협력을 적극 시행하면서 자위대의 능력을 확장하는 노력을 꾸준히 해나가고 있다.

한국과 일본이 느끼고 경험했던 안보적 자율성의 딜레마는 한국·일본의 안보·군사주권 확대를 위한 국방전략과 미국에 대한 동맹전략에도 반영되었으며, 이는 주한미군과 주일미군의 임무와 역할에도 상당 부분 영향을 미쳤다.

동맹이 태동한 이래 반세기가 지난 지금 한미동맹과 미일동맹은 안보 및 군사 분야의 협력에만 국한된 기존 동맹의 틀을 벗어나, 자유민주주의 이념과 가치관을 확산시키고 자유시장경제 모델을 전 세계에 전파하는 등 지역을 넘어 세계적 수준의 동맹을 지향하고 있다. 주한미군과 주일미군은 한미·미일동맹의 협력 범위와 수준에 비례하여, 과거 한반도·동북아 지역에 국한되었던 역할에서 벗어나 아시아·태평양 지역 전역의 안보질서를 유지하는 수준으로 그 역할이 크게 확대되었으며, 그에 따라 주한·주일미군의 상호 연관성 또한 더욱 긴밀해지고 있다.

UNITED STATES FORCES KOREA

CHAPTER 2

냉전기 미국의 국방전략과 주한·주일미군의 역할

UNITED STATES FORCES JAPAN

1
★
냉전기 미국의 국방전략

(1) 1950년대 : 트루먼 독트린, 뉴룩 전략 및 대량보복전략

범세계적 안보전략

1945년 일본의 항복과 더불어 제2차 세계대전은 종전을 고했으나, 국제 질서는 미국을 중심으로 한 자본주의 세력과 소련을 중심으로 한 공산주의 세력과의 대결로 특징 지워지는 냉전으로 접어들었다. 이 시기 미국의 안보전략은 공산주의 세력의 팽창을 저지하는 봉쇄전략이었다.

봉쇄전략은 제2차 세계대전 이후 소련과의 협력을 토대로 세계주의를 구현하려 했던 루즈벨트^{Franklin D. Roosebelt} 대통령이 서거하고, 대통령직을 승계한 트루먼^{Harry S. Truman}이 집권하면서 태동하게 되었다. 봉쇄전략의 탄생에 산파 역할을 한 인물로는 케넌^{George Kennan}을 꼽을 수 있다. 트루먼 행정부 출범 당시 모스크바 주재 미국 공사였던 케넌은 1946년 2월 22일 국무장관에게 보내는 '장문의 전보^{Long Telegram}'를 통해 소련을 중심으로 한 공산주의 세력의 위협을 경고하면서 범세계적 공산주의에 강력하게 대응해야 한다고 권고했다.

"우리는 미국과 생활양식modus vivendi을 공유할 수 없다고 광적으로 확신하고 있는 정치세력과 대치하고 있다. 이 정치세력은 우리 사회의 내적 평형을 깨뜨리고, 우리의 일상적 생활양식을 파괴하며, 세계적으로 우리 국가의 권위를 서서히 약화시키는 것이 바람직하다고 광적으로 확신하고 있다."[31]

케넌은 또한 대소對蘇봉쇄전략을 추진함에 있어 미국이 전략적으로 중시해야 할 5대 중심부로서 미국, 영국, 독일과 중부유럽, 소련, 일본을 꼽았다. 트루먼 대통령의 대소봉쇄전략의 원칙, 즉 '트루먼 독트린Truman Doctrine'은 1947년 3월 12일 미국 상·하원 합동회의 연설에서 보다 분명하게 제시되었다. 그는 "미국의 정책은 무력을 가진 소수 혹은 외부의 압력이 자신을 종속하려는 시도에 맞서는 자유국민을 지원해야 한다"[32]고 천명했다. 소련 또는 동유럽 공산세력을 '무력을 가진 소수 또는 외부의 압력'으로, 그에 대항하는 자유주의 세력을 '외세의 압력에 저항하고 있는 자유국민'으로 칭하면서, 공산주의 팽창을 저지하기 위해 자유와 독립 유지에 노력하며 공산주의에 반대하는 세계 여러 나라에 군사적·경제적 원조를 제공한다는 원칙을 분명히 한 것이다. 미국의 봉쇄전략은 경제적으로는 마셜 플랜Marshall Plan[33]과 마셜 플랜을 추진하기 위한 유럽경제협력기구OEEC, Organization for European Economy Cooperation[34]의 창설로 이어졌고, 군사적으로는 북대서양조약기구NATO, North Atlantic Treaty Organization와 서유럽동맹

WEU, Western European Union의 출범으로 실천되었다.

  트루먼 행정부의 대소봉쇄전략은 1950년 4월 'NSC^{National Security} Council(국가안전보장회의) 68 보고서'를 통해 구체화되었다. 미 NSC는 소련은 근본적으로 소련과 소련 통제 하에 있는 영토의 절대적 통치를 확고히 하기 위해 비소련 국가의 사회 및 통치구조를 전복시키는 것을 추구하고 있으며,[35] 소련을 억제하는 유일한 방법은 육·해·공군의 재래식 무기와 핵능력, 방공능력의 대대적인 증강[36]이라고 트루먼 대통령에게 보고했다. 트루먼은 NSC 68의 권고들을 정책으로 채택했고, 1953년까지 대규모 군사력 증강을 도모했다.

  트루먼 독트린으로 표방되는 미국의 대소봉쇄전략은 소련의 위협으로부터 자유세계를 보호하기 위해 우방국과의 관계를 돈독히 하고 미국의 정치·경제·군사적 능력을 증강시키는 데 역점을 두었다. 이에 따라 미국은 영국과 프랑스 등 우방국가들과 우호적 관계를 공고히 하면서 자유주의 세계의 결속을 도모했고, 군사적 대비태세를 강화하기 위해 재래식 군사력과 핵능력을 보강했다. 그러나 트루먼 독트린은 서유럽 지역으로 소련의 팽창을 저지하는 데 중점을 둔 유럽 우선주의 전략으로, 상대적으로 아시아의 전략적 중요성을 간과하는 전략적 오판으로 이어졌다. 1950년 1월 12일 미 국무장관 애치슨^{Dean Acheson}은 전미국신문기자협회에서 행한 연설[37]에서 미국의 극동 방어선, 일명 애치슨 라인^{Acheson line}을 '알류샨 열도-일본-오키나와-필리핀을 연결하는 선'으로 선언했다. 애치슨의 선언은 애치슨 라인 밖의 한국과 대만에 대한 외부의 군사적 공격에 대해 미국이 대응하지 않을 것이라는 의미로 해석되어 북한의 남침을 초래했다는 비판을 받고 있다.

1950년대 초 트루먼 행정부의 안보전략의 대강을 제시했던 NSC 68은 소련의 재래식 분쟁 유발 가능성을 억제하기 위해 유럽에서 재래식 군사력 증강에 중점을 두었다. 그러나 3년여의 6·25전쟁과 소련의 핵능력 발전은 종래 트루먼 행정부가 추구해온 대소봉쇄전략의 한계를 인식하게 된 계기가 되었다.

트루먼의 뒤를 이은 아이젠하워Dwight D. Eisenhower 대통령은 트루먼 행정부의 봉쇄전략이 수세적이며, 공산주의자들에게 주도권을 내주는 것이라고 비판하면서[38] 대외정책의 기조를 보다 공세적으로 추진해야 한다고 인식했다. 또한 아이젠하워는 3년여의 6·25전쟁에서 탈출하고 싶어했으며, 더 이상 대규모 지상군을 파견하여 지상전을 수행하는 것을 원하지 않았다. 아이젠하워는 장기간의 전쟁 수행으로 인한 재정 적자를 우려했고, 소련의 군사력이 날로 신장됨에 따라 소련과의 장기적 경쟁에 대비해야만 했다. 소련이 1953년 8월 8일 열핵폭탄thermonuclear 성공을 발표하자 아이젠하워는 대규모 지상군의 해외파병을 배제한 가운데 재정적 균형을 도모하면서 소련의 핵위협에 대처할 수 있는 방법을 찾아야만 했다.

아이젠하워는 핵무기와 공군력의 운용이라는 새로운 시각에서 해법을 찾았으며, 1953년 10월 30일 'NSC 162/2'를 통해 뉴룩New Look 전략을 미국의 공식적인 전략으로 채택했다. NSC 162/2는 미국의 공세적 보복 능력과 충분한 방어력만이 소련의 지속적인 핵능력 증가와 중소동맹의 위험을 최소화할 수 있으며, 이를 위해서는 충분한 핵무기와 투발 수단이 필수적이라는 점을 분명히 했다.

미국이 보유한 압도적인 핵 우위를 활용한 뉴룩 전략은 소련 또는 중국이 수적으로 우세한 재래식 무기로 자유세계를 공격하면 미국은 대량

〈표 2–1〉 미 NSC 162/2에서 제시한 위협과 정책적 권고

일반적 위협	• 미국에 대한 소련의 위협은, 　– 비공산주의 세계에 대한 소련의 적대감 　– 소련의 거대한 군사력 　– 소련의 국제 공산주의 세력 통제 등이 결합되어 있음. • 미국에 대한 소련의 핵무기 공격능력은 계속 증가하고 있음. • 중국 공산정권은 굳건한 통치체제를 유지하고 있고, 　가까운 미래에 중국 공산정권이 약화될 것 같지 않음. • 중소동맹은 공통의 이데올로기와 공산주의 이익에 근거하고 있음.
정책 권고	• 적절한 공세적 보복능력과 방어력에 중점을 둔 강력한 안보태세 유지를 통해 　소련의 공격 위험을 최소화할 수 있음. • 충분한 핵무기와 효과적인 투발 수단은 미국의 안보에 필수적이며, 　전략적 공군능력을 보유하기 위해서는 동맹국 기지확보가 필요함. • 분쟁 발발 시, 미국은 핵무기를 가용 수단으로 고려해야 함. • 극동지역에서 일본은 주요한 능력의 요소로서, 미국은 일본을 지원해야 하며, 　한국과 동남아시아의 방어력을 발전시켜야 함. • 현 상황에서, 유럽이나 극동에서 대규모 미군 철군은 이 지역에 대한 미군의 이익이 　감소했다는 잘못된 신호를 줄 수 있음.

* 출처: 필자 작성

핵능력으로 응징한다는 개념으로, 종래 대규모의 재래식 전력 증강에서 대량보복을 통한 봉쇄전략으로의 전환[39]을 의미했다. 뉴룩 전략은 덜레스John Foster Dulles 국무장관에 의해 대량보복Massive Retaliation전략으로 진화했다. 그는 보다 공세적인 정책으로 공산주의를 격퇴해야 한다고 주장하면서 소련의 위협을 억제하기 위해서는 대량의 핵무기를 건설해야 한다고 역설했고, 이에 기초한 대량보복전략을 신봉했다.

덜레스 국무장관은 1954년 1월 연설에서 미국은 공산주의의 침략이 있을 경우 "우리가 선택하는 수단과 장소에" 즉각적으로 대규모 보복을 가할 것이라고 했다. 이는 만일 한국에서 6·25전쟁과 같은 전쟁이 다시 발발할 경우 미국은 소련과 중국 본토에 핵무기를 투하할 것이라고 경고하는 것이었다. 이러한 전략은 1961년 케네디^{John F. Kennedy} 취임 전까지 미국의 공식적인 정책으로 유지되었다. 1957년 8월 소련이 첫 번째 ICBM 발사에 성공하고, 1957년 10월 4일 소련이 스푸투니크^{Sputnik} 인공위성을 발사함으로써 세계는 미사일 시대에 접어들게 되었다. 스푸트니크 발사는 소련이 반경 4,000마일 이내 지역에 치명적인 핵무기를 투하할 수 있는 능력을 확보했음을 의미하는 것으로, 서구 세계는 소련의 핵 위협이 현실화되는 것으로 인식하게 되었다. 아이젠하워는 대량의 미국 핵무기로 대응 가능하다고 판단했고, 실제로 미국은 1958년부터 1960년까지 핵무기를 6,000기에서 1만 8,000기로 증강했다.

동북아시아 전략

미국의 대소봉쇄전략은 전후 서유럽의 경제 재건과 NATO를 통한 집단안보체제의 구축 등 서유럽 우선주의의 기조 아래 추진되었다. 그러나 아시아에서 미국의 봉쇄전략은 일본을 대소봉쇄를 위한 전력 기지로 활용하되, 집단안보체제보다는 일본, 한국, 동남아 국가들과 개별적 우호동맹 관계를 구축하여 아시아에서 미국의 영향력을 유지하는 방향으로 추진되었다.

케넌이 봉쇄전략을 위한 5대 중심부의 하나로서 일본의 중요성을 언급했듯이, 트루먼 행정부는 일본의 지리적 위치, 경제적 능력, 전쟁을 경험한 잠재적 병력 등 전략적 가치[40]에 주목했다. 이에 따라 아시아에서 대소봉쇄전략은 일본의 방위를 굳건히 하는 것을 최우선적으로 하되, 미국의 군사력이 충분치 않다는 점을 감안하여 한국을 포함한 여타 국가들에 대해서는 직접적인 군사적 개입을 최소화하는 대신 재정적 · 경제적 지원을 하는 방향으로 추진되었다. NSC 8 및 NSC 8/2를 통해 한국에서 미군의 철수를 권고하고 애치슨 미 국무장관이 아시아 · 태평양 지역 방위선을 설정한 것은, 이러한 맥락 하에 추진된 미국의 대^對동북아시아 국방전략에 따른 것이다.

아이젠하워 행정부가 채택한 뉴룩 전략은 핵과 전략 공군력에 기반한 대량보복전략으로, 트루먼 대통령의 봉쇄전략에 비해 더 공세적이고 적극적인 대소전략이었다. 동북아에서 뉴룩 전략은 일본을 보호하기 위한 연안도서 방어선을 계속 유지하면서 동맹국 · 우방국의 방어력을 보강하는 방향으로 추진되었다. 이러한 전략에 따라 미국은 한국, 대만, 일본과 상호방위조약을 체결했고, 일본과 한국을 미국의 핵우산으로 보호하면서 한국 및 일본에 주둔하고 있는 미군을 유사시 자유세계가 공격을 받을 때 제2의 공격전력second strike force으로 사용한다는 전략을 유지했다.[41]

대한국 국방전략

미군의 한반도 주둔은 1945년 9월 해방 이후 북위 38도선 이남의 일본군을 무장해제시키기 위해 일본에 있는 미 육군 24군단이 인천항에 상륙하면서부터 시작되었다. 한반도에 주둔한 미군정은 소련의 지원 아래 북한의 군대 창설이 본격적으로 추진되자, 한반도 정세의 불확실성과 남북한 간 군사력 균형을 고려하여 한국군 창설을 추진했다. 1948년 8월 15일 한국군이 창설되면서 미국은 한국 정부에 물질적 지원은 계속하되 군사적 개입은 최소화하는 방향으로 정책을 전환하면서 주한미군의 철수를 고려하게 되었다.

1948년 4월 2일 미국 국가안전보장회의^{NSC}(이하 NSC로 표기)는 트루먼 대통령에게 NSC 8을 통해 미국의 대^{對}한국 국방전략의 대강을 제시했다. NSC 8은 가능한 한 조속한 기간 내 한국민의 자유의사가 완전히 반영된 주권국가로서 한국을 건설하고, 독립된 민주국가로서의 필수적 기반인 경제와 교육 시스템의 정착을 위해 미국이 지원해야 함을 포괄적인 정책 목표로 제시했다. 그리고 이와 함께 보다 긴급한 목표로서 미군이 1948년 12월 31일까지는 철군할 수 있도록 제반 여건과 상황을 창출해야 함을 명시했다.[42] 주한미군 철수 움직임은 한국 내 반발을 불러일으켰고, 그 와중에 일어난 여수·순천 반란사건(1948년 10월)은 한국 내 안보불안에 대한 미국의 우려를 자아냈으며, 이러한 사태로 인해 미군의 철수는 잠시 연기되었다. 그러나 1948년 12월 12일 유엔에서 한국에 대한 승인, 1948년 12월 25일 소련군의 철수 완료 발표가 이어지자, 미 행정부 내에서는 주한미군의 철수 목소리가 다시 높아졌다.

미국 NSC는 한국에 대한 미국의 입장을 재평가하여 1949년 3월 22일 NSC 8/2를 트루먼 대통령에게 보고했다. NSC 8/2는 한국과 관련된 미국의 포괄적 정책 목표를 NSC 8과 동일하게 제시했으나, 1949년 6월 30일 이전까지 한반도 주둔 미군의 철군 준비가 완료되어야 하고, 한국 정부에 보안군용(육군, 해안경비대, 경찰) 장비와 6개월분의 정비 보급품을 이양하며, 추후 상황 전개에 따라 한국 정부가 6만 5,000명의 육군, 4,000명의 해안경비대, 3만 5,000명의 경찰력을 보유할 수 있도록 해야 한다고 명시했다. 또한 미국은 한국에 미국의 군사고문단을 편성하여 한국 육군·해안경비대·경찰에 대한 훈련 및 지원 역할을 수행해야 함을 권고했다.

NSC 8
(1948년 4월 2일)
	• 미국의 대한국 정책 목표
	   - 통일되고 독립된 주권국가로서의 한국 수립
	   - 한국민의 자유 의지를 대변할 수 있는 정부 설립
	• 당면 목표로 '가장 빠른 시기에 한국으로부터 미군 철수'

NSC 8/2
(1949년 3월 22일)
	• 한국 정부에 경제·기술·군사적 지원을 지속 제공
	• 1949년 6월 30일까지 미군 철수 준비를 완료
	• 1950 회계연도 기간 한국 정부에 군사적 지원
	   * 6만 5,000명의 육군, 4,000명의 해안경비대 양성
	   * 3만 5,000명의 경찰 병력을 위한 소화기 및 탄약 지원 등

* 출처: 필자 작성

이러한 결정은 미 국방부가 한국의 전략적 가치를 일본에 비해 상대적으로 낮게 평가한 것에서 기인한 것이다.[43] 미군은 한반도 진주 초기 7만 명에 달했으나 1948년 3월경 3만 명으로 감축되었고, 1949년 초에는 7,500여 명 수준으로, 그리고 1949년 6월 말에는 500명의 '주한미군사 고문단The U. S. Military Advisory Group to the Republic of Korea'만 남긴 채 모두 철수했다.

그러나 6·25전쟁이 발발하자 미국은 자신들의 오판을 깨닫고 한반도 문제에 대해 적극적인 개입정책으로 선회했다. 6·25전쟁 기간 최고 32만 명에 달하는 군대를 파견했으며, 미군과 유엔군 파견을 위해 수백억 달러에 이르는 전비를 사용했다. 또한 한국군에게는 연간 3~4억 달러에 이르는 군수물자를 지원했다. 아울러 본격적으로 한국군의 증강을 추진하여 1953년 8월까지 한국군은 20개 사단으로 확대되었다.

6·25전쟁이 장기화되면서 트루먼의 뒤를 이은 아이젠하워는 명예롭게 6·25전쟁을 종식시키는 것을 최우선 정책 목표로 설정했다.[44] 아이젠하워는 휴전을 통한 6·25전쟁 종료를 위해 이승만 대통령을 설득하면서

한미상호방위조약을 체결하고, 한미상호방위조약 체결 이후에도 한반도 방위를 위해 핵 억제전략을 채택했다. 그러나 여전히 미국의 동북아시아 전략의 중심은 일본이었으며, 6·25전쟁 종전 후 점진적인 주한미군의 철수를 준비했다. 이에 따라 6·25전쟁이 종료될 당시 한국에 주둔하고 있던 미군 8개 사단(육군 7개 사단과 해병대 1개 사단) 약 32만 명은 1954년부터 본격적으로 철수를 시작하여, 1957년에 주한미육군은 2사단과 7사단을 포함한 7만 명 정도만 한국에 주둔하게 되었다. 주한미군 철수는 상대적으로 한반도에 남게 된 주한미군 전력의 현대화를 촉진하는 계기가 되었다. 주한미지상군에게 신형 장비 및 헬리콥터가 배치되었고, 일본 주둔 미 공군기들이 한국에 이동배치되었다.

아이젠하워의 뉴룩 전략은 주한미군에 핵무기를 배치하는 것으로 이어졌다. 주한 미 7보병사단을 펜토믹Pentomic(Pentagon과 Atomic을 합성한 용어) 사단으로 개편하여 한국에 전술핵무기를 배치했다.[45] 1958년 1월, 미국은 4, 5개의 전술핵무기 투발체계와 150여 기의 탄두를 한국에 배치했는데, 여기에는 어니스트 존Honest John 지대지미사일과 280밀리 대포와 8인치 자주포 등이 포함된다. 또한 핵폭탄을 투하할 수 있는 폭격기를 한국에 전개하여 주한미군의 8전투비행단에 배치했다. 전술핵무기는 제한된 사거리로 인해 북한 침략 억제를 위한 것이었으나, 어디서든 핵폭탄을 투하할 수 있는 핵폭격기는 북한 침략 억제 목적 외에도 전략적 임무를 수행하기 위한 것으로 판단되었다. 당시 군산기지의 8전투비행단은 일본 오키나와沖繩와 가데나嘉手納 공군기지의 18전투비행단, 필리핀 클라크Clark 공군기지의 3전투비행단과 함께 하나의 통합작전계획에 따라 운용되었고, 그중 8전투비행단은 베이징北京과 상하이上海와 1,000킬로미터,

블라디보스톡^{Vladivostok}의 소련 태평양함대로부터 890킬로미터 떨어져 있어 중국과 러시아의 위협에 대한 신속대응부대로서의 역할이 부여되었던 것으로 알려졌다.[46]

대일본 국방전략

태평양전쟁에서 승리한 이후 일본군의 무장해제 등 전후 처리를 위해 일본에 상륙한 미군은 6·25전쟁 발발 이전까지 소련의 팽창 위협을 봉쇄하기 위한 상시 주둔 전력으로서 역할을 수행했으며, 일본의 치안을 담당하여 일본이 경제적 부흥에 집중할 수 있도록 안전보장을 제공했다.[47]

1950년 6·25전쟁이 발발하면서 일본에 주둔 중이던 미 육군은 한반도에 투입되었고, 자연스럽게 일본은 6·25전쟁 기간 미군과 유엔군의 병력·장비·물자를 공급하는 후방기지로서의 역할을 수행하게 되었다. 미국은 대소봉쇄를 위한 후방기지로서의 일본의 중요성을 인식하여 1951년 9월 8일 일본과 안보조약을 체결했다.

'미일안전보장조약'(구舊안보조약)에 따라 미군의 일본 주둔이 공식화되었다.[48] 미군은 극동아시아의 안전에 기여하고 외부의 무력공격으로부터 일본의 안전을 지키기 위해 군사력을 사용할 수 있게 되었다. 이듬해인 1952년 2월 28일에는 조약에서 규정된 행정협정을 조인하여 주일미군에 대한 형사재판권, 방위비분담금 지불, 미일 협의체제 구축 등에 관한 사항을 합의했다. 이로써 일본은 미국과의 적대관계를 청산하고 동맹으로서 새로운 관계를 수립하게 되었다.[49]

미일안전보장조약 체결로 미일동맹은 소련과 중국의 군사적 위협에 대한 봉쇄전략의 한 축으로 그 전략적 가치가 제고되었으며, 1952년에는 26만여 명의 미군 병력이 일본 각지에 주둔하게 되었다. 초기 일본군의 무장해제를 위해 일본에 주둔한 주일미군은 구안보조약 1조에 따라 일본 방위의 핵심 전력이자 유사시 한반도와 같은 극동지역에 투입될 수 있는 전력으로 그 역할이 전환되었다. 소련을 중심으로 한 공산주의의 이데올로기적·군사적 위협이 가시화됨에 따라 일본을 포함한 극동지역 방위의 중추 전력으로서 역할을 담당하게 된 것이다. 이렇듯 구안보조약은 미국의 전략적 필요성에 따라 미국의 요구에 의거해 성립되었다. 미국은 구안보조약에 따라 일본에 대한 안전보장은 물론, 부흥원조, 기술이전 등을 통해 극동지역에서 일본이 강국이 될 수 있는 기반을 제공했다. 1957년 미 국방부 계획에 의거해 극동사령부[FECOM, Far East Command][50]가 태평양사령부에 병합되고 지역별 통합전투사령부가 편성되면서 주일미군사령부가 창설되었다.

아이젠하워 행정부가 들어선 이후 미국은 1954년 3월 8일 일본과 '상호방위지원협정[U. S. and Japan Mutual Assistance Agreement]'을 개정하여 미국의 대일對日 군사적 지원에 대한 제도적 틀을 마련했고, 1957년 미일 정상회담을 통해 일본의 방위력 증강을 추진하면서 주일미군의 감축[51]을 추진했다. 또한 '미일안보조약'을 개정하여 1960년 1월 19일에 새로운 '미일 상호협력 및 안전보장조약[Treaty of Mutual Cooperation and Security between the United States of America and Japan]'을 체결했다. 신新미일안보조약은 미일 양국이 일본 방위를 위해 공동 대처하고, 일본의 안전과 극동지역의 평화와 안전유지에 기여하기 위해 일본 내 미군기지 설치를 공식화했다.[52]

(2) 1960년대 : 유연대응전략과 상호확증파괴

범세계적 안보전략

제2차 세계대전 이후 미국의 대외정책은 공산주의 위협을 봉쇄하고, 자본주의 시장경제 체제의 확산에 중점을 두었다. 케네디^{John F. Kennedy} 행정부가 표방한 유연대응^{Flexible Response}전략 또한 이러한 정책 방향을 공유하고 있었다. 그러나 케네디 대통령의 상황 인식은 달랐다. 케네디는 소련과 중국 등 공산주의 세력에 대처하기 위한 지난 정부의 안보전략이 정치·경제·사회·문화 등 제 분야에 걸친 포괄적 대응보다는 군사적 대응에 치중했다고 생각했으며,[53] 특히 전임 아이젠하워 행정부의 안보전략을 핵무기와 공군력에 의존하는 단조로운 전략이라고 평가했다. 케네디 행정부는 공산주의 위협 양상이 제3세계에까지 확산되었다고 평가했다. 기존 서유럽에 집중되었던 소련의 군사 위협은 어느 정도 감소된 반면, 제3세계를 대상으로 한 소련의 선전·선동은 더욱 적극적으로 전개되어 제3세계에서의 공산주의 위협을 새로운 도전으로 인식했다.[54] 미소 간의 대결이 아시아·아프리카·중남미 등 제3세계에까지 확산되었고, 이러한 상황 변화로 인해 아이젠하워 행정부의 핵무기 기반 대량보복전략보다는 미국식 가치와 제도를 제3세계에까지 확대하는 것이 더 중요하다고 판단한 것이다.

케네디의 유연대응전략은 그의 국가안보담당 부보좌관인 로스토우^{Walt Rostow}가 제시한 근대화 이론에 뼈대를 두고 있다. 그는 "공산주의 세력의 확산을 방지하기 위한 근본 정책은 해당 지역을 정치·경제적으로 근대화시키는 것이며, 미국의 제3세계 원조는 군사 분야뿐만 아니라 경제적 발전을 도모할 수 있도록 지원되어야 한다"고 주장했다. 로스토우의 근대화 이론에 입각한 케네디의 유연대응전략은 정치·경제·외교·군사적 수단 등을 적용하여 다양한 군사적·비군사적 안보 위협에 유연하게 대응하는 것으로 정의할 수 있다.

케네디 행정부의 유연대응전략에 따라 미국의 국방전략 역시 변화했다. 케네디 행정부는 아이젠하워 행정부의 핵무기에 기반한 대량보복전략에서 탈피하여 핵뿐만 아니라 재래식 전력에 대한 미국의 능력을 강화함으로써 그 어떤 핵·비핵 위협에 대해서도 유연하게 대응할 수 있도록 국방전략을 수정했다.

로스토우와 함께 케네디 행정부의 안보전략을 수립했던 맥나마라Robert McNamara 국방장관은 케네디 행정부의 유연대응전략을 군사적으로 구현했다. 그는 소련 침략 시 1차적으로 재래식 전력으로 대응하되, 확전이 될 경우 전술핵무기로 대응하고 필요한 경우 소련을 직접 겨냥하는 전략핵무기로 대응한다는 핵무기 운용전략을 제시했다. 맥나마라는 2개의 기본 원칙에 입각하여 전략핵능력의 재편을 추진했다. 첫째는 상대국으로부터 치명적 일격을 당하더라도 충분히 보복할 수 있는 핵능력을 보유하고, 둘째는 소위 '노-시티즈 독트린No-cities doctrine'이라 불린 것으로 다수 민간인이 거주하는 도시에 대한 공격을 회피하고 적 무력을 파괴하는 데 집중한다는 것이었다.[55] 이에 따라 핵 전력의 경우 기존 전략폭격기 위주의 전력에서 벗어나 미니트맨Minuteman 등 대륙간탄도미사일ICBM, Intercontinental Ballistic Missile과 폴라리스Polaris 등 잠수함발사탄도미사일SLBM, Submarine-Launched Ballistic Missiile 등의 다양한 핵 투발 전력을 갖추게 되었다.

맥나마라의 유연대응전략은 1962년 5월 5일 NATO 이사회 연설에서도 잘 나타난다. 그는 소련의 재래식 공격으로 인한 분쟁이 발발하면, 초기 우선적으로 NATO 동맹국들의 비핵전력으로 대응해야 하며, 전술핵무기의 사용 의지와 의도를 과시함으로써 재래식 분쟁이 더 큰 분쟁으로 확전되지 않도록 관리하고, 만일 NATO의 재래식 전력으로 소련의 공격을 감당할 수 없을 경우 핵전력을 사용한다는 개념을 제시했다.[56] 케네디 행정부 들어 미국의 핵전력이 지상·해상·공중 등 다양한 전력으로 재편되면서 케네디 행정부의 핵전략은 '상호확증파괴MAD, Mutual Assured Destruction', 즉 적이 핵 공격을 가할 경우 생존해 있는 보복 핵능력을 이용해 상대편도 전멸시킨다는 핵전략으로 진화했다. 케네디는 미국과 소련이 전략핵 균형을 이룰 경우 상호간 핵전쟁을 피할 수 있다는 전제 하에 상호확증파괴를 추구했고, 실제로 쿠바 미사일 위기 당시 소련의 위협에 대한 미국의 조치는 그의 이러한 신념에서 비롯되었다.[57]

1963년 케네디 대통령이 조기에 서거함에 따라 대통령직을 승계한 존슨Lyndon B. Johnson은 맥나마라 국방장관을 포함한 케네디 행정부 주요 각료들을 대부분 유임시켜 케네디 행정부의 대외 전략을 계승했다. 그러나 당시 소련은 핵폭탄과 대륙간탄도미사일, 전략폭격기 등 핵전력의 증강을 추진하여 미국 우위의 핵전력 질서에 도전했다. 1962년 기준으로 미국은 120기의 대륙간탄도미사일, 1,600여 대의 장거리 전략폭격기, 144기의 폴라리스 잠수함발사탄도미사일을 배치했으며, 소련은 1961년 10월 50메가톤급 수소폭탄 실험을 했고, 1962년 기준으로 25~70기의 대륙간탄도미사일, 175대의 전략폭격기 등을 배치했다.[58]

아울러 국제 사회에서 미국의 경제력이 상대적으로 하락하기 시작했고, 미국 중심의 동맹국 진영 내부에서도 갈등이 표출되기 시작했다. 그러던 차에 1964년 8월 통킹만 사건$^{Gulf of Tonkin Incident}$^{59}이 일어나면서 미국은 베트남에 대한 군사개입을 모색하지 않을 수 없었다. 1964년 10월 17일 공산주의 중국이 핵실험을 감행함에 따라 미국은 아시아에서 핵을 보유한 중국과도 맞서야만 했다. 미국은 서구 국가들과 협력을 통해 소련 및 바르샤바 조약기구$^{Warsaw Treaty Organization}$의 군사적 위협에 공동으로 맞서 핵무기와 재래식 무기를 혼합한 유연대응전략으로 임한다는 전략을 가지고 있었으나, 아시아에서는 미국과 아시아 국가들 간의 공고한 협력 관계가 구축되지 못했다. 이러한 차에 중국의 부상은 미소 강대국의 핵무기 독점체제를 깨는 한편, 공산주의 중국 세력이 아시아권 국가들에까지 확장될 수 있다는 우려로 이어졌다.

이러한 배경으로 인해 존슨$^{Lyndon Baines Johnson}$ 행정부의 대아시아 정책의 최우선 과제는 공산주의 중국의 확장 저지와 베트남전쟁이었다. 1965년 4월 7일, 존슨은 존스홉킨스 대학$^{Johns Hopkins University}$ 연설에서 "북베트남이 독립국가인 남베트남을 공격했고, 공산세력이 베트남전에서 승리할 경우 인근 지역으로 공산세력이 확장할 것이고, 궁극적으로 전 아시아가 공산주의 지배 하에 놓이게 될 것"이라는 도미노 이론$^{domino theory}$을 제시하면서 "아시아 지역에 공산주의 중국의 짙은 그림자가 드리워져 있으며, 베트남전쟁의 배후에 중국이 있다"고 주장했다.[60] 그해 7월 28일 기자회견에서 존슨은 다시 한 번 북베트남의 배후에 공산주의 중국이 있음을 강조하고 베트남전 확전을 통해 중국의 위협을 봉쇄하겠다는 의지를 표명했다.

베트남전 승리를 통한 중국 공산주의 위협의 격퇴, 공산주의의 아시아·태평양 지역으로의 확산 방지를 위한 존슨 대통령의 노력은 재임 기

간 존슨 행정부의 안보상 최우선순위가 되었다.

동북아시아 전략

미국과 서구 NATO 국가들은 소련의 군사적 위협에 맞서 핵무기와 재래식 무기를 혼합하여 유연하게 대응한다는 유연대응전략에 대해 공감대를 형성했다. 그러나 동북아시아 지역에서는 미국의 유연대응전략이 효과적으로 작용할 만한 토대가 마련되지 못했고, 그 와중에 중국이 새로운 군사강국으로 등장했다. 1960년대에 중국이 세계 3위의 군사비지출국으로 부상하고[61] 동북아에서 중국의 군사적 위협이 가시화되면서, 중국과 북한의 위협에 효과적으로 대응하는 것이 미국의 동북아 국방전략의 기조가 되었다.

반면, 일본은 미국의 안전보장조약의 틀에 국방을 맡기면서 군사비 지출을 최대한 억제하려 했고, 한국은 여전히 북한의 위협에 대응할 수 있는 재래식 전력을 구축하지 못한 상태에서 정치적·사회적 불안정이 계속되고 있었다.

케네디 행정부는 전임 행정부와 마찬가지로 한국과 일본 등 아시아 국가들과의 양자관계에 기반한 대소련 및 대중국 전략을 취했다. 다량의 핵무기를 일본과 한국에 배치하여 핵 대응능력을 유지하는 한편, 주한미군과 주일미군이 보유한 미국의 첨단전력으로 동북아 안보를 담당하게 했다. 한국에 대한 경제적 원조를 계속함으로써 한국군의 전력 증강을 꾀했고, 일본과는 1960년 체결된 미일 신新안전보장조약을 토대로 일본의 군사적 지출을 점차적으로 늘리면서 일본이 경제성장에 전념할 수 있도록 지원했다.

1964년 중국의 핵실험은 동북아의 안보 지형을 획기적으로 바꿔놓은 일대 사건이었다. 소련의 핵전력은 지속적으로 증강되고 있었고, 중국의 핵 무장은 아시아에서 또 다른 강력한 위협 세력의 등장을 예고하는 것이었다. 미국의 모든 군사적·경제적 자산을 베트남전에 집중하고 있던 시기에 미국은 아시아에서 중국의 위협을 봉쇄하기 위해서 아시아 국가들과 상호 협력을 공고히 하는 한편, 동북아시아 첨단에 배치된 주일미군과 주한미군의 전력 증강을 도모해야만 했다. 그러나 한정된 국방예산과 대규모 미군 병력의 베트남전 파병은 동북아에서 현 군사력 수준을 유지하는 데도 상당한 제약 요인으로 작용했다. 이에 따라 육군이 주축인 주한미군의 감축을 고려하지 않을 수 없었다. 미국은 주한미군 감축을 통해 주한미군 운영예산을 절약하면서 육군 전력 운용의 융통성을 확보하되, 해·공군 전력이 주축인 주일미군의 수준을 유지하면서 주일미군을 동북아 안보의 중심군으로 운용하는 것으로 정리했다.

이를 위해 미국은 한일관계 개선을 지속적으로 요구했다. 1960년대 중반 일본은 이미 미국의 두 번째로 중요한 무역 파트너가 될 만큼 경제력이 신장되었다. 반면, 한국은 5만 8,000명 내외의 주한미군이 주둔하고 있었으나 여전히 미국의 경제적·군사적 원조에 크게 의존하고 있었다. 미국은 이와 같은 한국에 대한 막대한 원조를 영구히 지속할 수 없는 딜레마에 봉착했다. 미국은 한일관계가 개선될 경우 일본의 자본과 기술이 한국에 이전되면서 그만큼 한국에 대한 미국의 경제적·군사적 지원 부담이 경감될 것으로 판단했다. 한일관계 정상화는 경제적으로는 한국의 산업 기반 구축을 촉진시키면서 한일 양국이 경제적 동맹으로 발전할 수 있는 동기를 부여하고, 군사적으로는 일본과 공산세력 간 완충지대로서 공산세력의 확장을 저지할 수 있는 한국의 지정학적 가치를 제고할 수 있는 방안이었던 것이다.

대한국 국방전략

케네디 대통령 재임 기간 한국에서는 1960년 4·19 혁명 이후 사회질 서의 혼란이 계속되고 있었고, 케네디가 취임한 1961년에는 5·16 군사 쿠데타라는 정변이 있었다. 미 행정부는 한국 사회의 혼란과 부정부패의 심각성을 인식하고, '한국임무단'을 결성하여 한국에서의 위기발생을 방 지하기 위한 방안을 6월 5일 NSC에 보고했다. 보고서는 5·16 군사 쿠 데타 세력에게 헌정질서를 조속히 확립하도록 요구하고, 이러한 미국의 요구가 받아들여질 경우 박정희를 초청하여 정상회담을 개최하며, 한국 정부에 '3,500만 달러의 국방원조, 전력산업 확장 지원, 잉여 농산물과 장비 및 기술지원, 한국의 5개년 발전계획 실행을 위한 재원 제공' 등의 방안을 권고[62]했다.

케네디 행정부는 로스토우의 근대화 이론에 입각하여 제3세계에 대한 경제적 지원을 냉전 전략의 큰 축으로 여겼으며, 이는 한국에서의 5·16 군사 쿠데타를 용인하는 결과로 이어졌다. 당시 주한유엔군사령관인 매 그루더^{Carter Magruder}와 주한미대리대사인 그린^{Marshall Green}은 5·16 군사 쿠데타에 대한 반대의사를 표명했으나, 케네디는 5·16 군사 쿠데타가 한국의 리더십 교체를 통해 한국 사회의 정치·경제적 불안정을 해소할 수 있는 기회가 될 수 있을 것으로 기대했다. 케네디 행정부는 5·16 군 사 쿠데타가 한국 사회 변혁을 위한 기폭제, 즉 한국의 부패 문제를 해결 하고 미국의 원조를 통한 한국의 경제발전이 정치적 안정과 민주주의 발전으로 이어져 궁극적으로 공산주의에 도전할 수 있는 역량을 키울 수 있다고 인식했던 것이다.

존슨 대통령 재임 기간 미국의 대한반도 정책은 한국군의 베트남 파병과 긴밀히 연관되어 있다. 5·16 군사 쿠데타를 통해 집권한 박정희는 미국의 절대적인 지지가 필요했다. 미국은 한반도 상황의 안정적 관리를 위해 박정희 정부를 용인하면서 한국에 군사적·경제적 원조를 지속하는 대가로 한국군의 베트남 파병을 요청했다. 한국은 이미 1964년 9월 130명의 이동외과병원 요원과 10명의 태권도 교관으로 구성된 1차 파병을 했고, 1965년 3월 2,000명 규모의 비전투병력을 추가 파병 중이었다. 그 와중에 1965년 5월 18일 워싱턴에서 열린 한미 정상회담에서 박정희 대통령은 주한미군 철수는 없다는 미국의 공약을 희망했지만, 존슨 대통령은 "미군의 감축을 희망하지 않으나, 만일 주한미군을 감축하게 된다면 한국과 사전에 충분히 협의할 것"[63]이라는 애매모호한 태도를 보였다.

미국의 이러한 애매모호한 태도는 박정희 대통령의 안보 우려를 해소시켜주지 못했고, 이러한 상황은 한국이 베트남에 전투부대를 추가로 파병하는 것으로 귀결되었다. 1966년 11월 2일 서울에서 개최된 한미 정상회담에서 미국은 "북한과 공산주의 중국이 한국과 주변 지역의 안보에 중대한 위협이므로, 미국은 한미 상호방위조약에 따라 한국에 대한 무력공격 시 즉각적이고 효과적으로 격퇴하도록 지원할 것이며 주한미군의 현 수준을 감소할 계획이 없음"[64]을 확인했다. 결과적으로 한국은 베트남 파병을 통해 한미 군사동맹관계를 공고히 하고, 주한미군의 지속 주둔을 보장받았으며, 한편으로는 한국군의 전력과 장비를 보강할 수 있게 되었다.

존슨 행정부는 베트남전쟁을 수행하면서도 동북아시아 안보를 위한 한국의 전략적 중요성을 간과하지는 않았다. 미국은 한국 방위를 위한 경제적·군사적 부담을 완화하기 위해 한국과 일본의 관계 정상화를 추진하는 한편, 한국군의 베트남 파병 결정 이후 주한미군 감축 논의를 중지하면서 동북아 안보를 위한 미국의 강력한 의지를 천명했다. 이는 동북아에서 북한의 도발을 억제하는 것 못지않게 중국 공산주의 세력 확산을 저지하는 전략적 전진기지로서 한국의 중요성과 주한미군의 역할이 중요함을 인식했기 때문이다.

대일본 국방전략

일본은 미국과의 안전보장조약을 축으로 주일미군에 일본의 방위를 위임했다. 그러나 일본의 대미對美 안보 의존도가 높아질수록, 역설적으로 미국은 일본의 군비 증강을 기대했다. 또한 미국은 일본의 경제성장으로 일본과 중국의 경제적·문화적 교류가 활발해질수록 일본이 미일 안보라는 틀 속에서 중국과의 관계를 조절해나가기를 희망했다. 이러한 맥락 하에서 1960년대 미국의 대일본 전략은 일본과 공산주의 중국과의 관계를 조절하고, 일본의 베트남전 지원 등 미일 간 협력을 공고히 하는 데 중점을 두었다. 케네디 대통령 이후 들어선 존슨 행정부는 케네디 행정부의 안보전략을 대부분 계승했다. 당시 미국과 일본 양국 간에는 류큐 제도 Ryukyu Islands(오늘날 오키나와 제도)[65]와 보닌 제도Bonin Islands[66], 공산주의 중국 및 대만, 태평양 지역 방위, 남베트남 등의 다양한 안보 현안이 있었으나, 일본은 류큐 및 보닌 제도의 반환과 중국과의 관계, 미국은 중국과 베트남 문제를 가장 중요한 관심사로 인식하고 있었다. 당시 공산주의 중국은 장제스蔣介石의 중국 정부를 대신하여 유엔에 진출하려 했고, 일본은 경제·무역 분야에서 중국 본토와 관계를 확대하고 있었으나 외교적·정치적 관계는 여전히 대만과 유지하고 있었다. 따라서 이러한 상황에서 공산주의 중국의 유엔 가입이 승인될 경우 심각한 문제에 직면하게 될 것이 분명했다. 실제로 일본에게 중국 사안은 시급하고 중요한 문제로 인식되고 있었다.

미국은 일본이 원할 경우 핵 억제력을 일본에 제공할 용의가 있음을 표명하면서 일본의 안보 우려를 불식시키려 했고, 베트남전 수행을 위해 일본의 지원을 요구했다.[67] 일본은 베트남전 지지에 대한 반대급부로 류큐 및 보닌 제도의 반환을 원했으나, 미국은 극동아시아의 안보를 이유로 동 제도의 반환에 회의적이었다.[68] 그러나 류큐 제도(오키나와 제도) 반환을 갈구하는 일본 정부와 국민 여론은 커져만 갔고, 1967년 11월 15일 워싱턴에서 열린 미일 정상회담에서 이 문제는 다시 한 번 공론화되었다. 양국 정상은 중국의 핵능력 증가에 대한 우려 표명과 함께 공산주의 중국의 위협을 용인할 수 없다는 데 뜻을 같이하면서 극동아시아 평화와 안보를 위해 일본이 보다 적극적인 노력을 기울일 것임을 확인하고 류큐 제도(오키나와 제도)의 일본 반환을 위해 구체적 논의를 진행하기로 합의했다.[69]

사토 에이사쿠佐藤栄作 총리는 1967년 12월 11일 중의원 예산위원회에서 '비핵 3원칙'을 선언했다. '비핵 3원칙'이란 일본은 "일본 헌법에 따라 핵을 보유하지도, 생산하지도 않으며, 일본 내 핵무기의 반입을 허용하지 않는다"는 것이다. 이 원칙은 오키나와 제도를 반환하면서 미군이 핵무기를 배치한 채 반환하는 것을 거부한다는 여론에 힘입어 사토 총리가 천명한 원칙으로서, 오늘날까지 일본의 국시國是처럼 유지되고 있다.

(3) 1970년대 : 닉슨 독트린과 베트남화 전략, 카터 독트린

범세계적 안보전략

닉슨Richard M. Nixon 행정부가 출범할 당시 국제 상황은 더 이상 미국의 세계 지배가 당연시되는 상황이 아니었다. 베트남전쟁의 장기화로 인해 미국의 재정적·경제적 상황은 더욱 어려워져갔으며, 6·25전쟁 절정기 때보다 더 많은 병력이 베트남에 투입되고 있었다. 아울러 소련, 중국, 일본 등이 미국의 정치·경제적 경쟁자로 부상하면서 국제 사회에서 미국의 입지는 약화되어갔다. 미국은 베트남전쟁의 명예로운 마무리를 위해 골몰해야 했으며, 기존의 미소 주도의 양극체제와는 다른 전환기적 국제 정세에 대비해야만 했다.

이러한 전환기적 안보 상황을 맞이한 닉슨은 당시 하버드 대학Harvard University 정치학 교수이자 현실주의적 정치학자인 키신저Henry Kissinger를 국가안보보좌관으로 임명하여 현실주의적이면서 실용주의적 외교정책을 추진했다. 닉슨과 키신저는 이전 정부 시절 추구했던 범세계주의적 개입 확대 정책을 비판하면서 국제적 긴장완화를 통해 소련과 중국을 봉쇄하고 미국의 힘을 유지하기 위한 방책으로 데탕트détente[70] 정책을 취했다. 닉슨과 키신저의 데탕트 정책은 네 가지 중대한 산물로 나타났다.

첫 번째로 닉슨은 중소분쟁[71]을 계기로 소련에 대한 영향력을 강화하고 지정학적 세력균형을 위해 미중관계 개선을 적극 추진했다. 1960년대 후반 소련의 핵전력은 미국과 균형을 이룰 정도로 증강되었다. 소련은 미국에 필적하는 핵능력을 바탕으로 1967년 아랍-이스라엘 분쟁에서 이집트와 시리아를 지원했고 1968년 체코의 민주화운동을 진압하는 등 동구권과 제3세계의 분쟁에 적극 개입하고 있었다. 미국은 소련을 봉쇄하기 위한 새로운 전략이 필요했으며, 키신저는 중국과의 관계 개선을 통해 소련의 영향력을 차단하는 방안을 모색했다. 키신저는 비밀리에 중국을 방문하여 관계 개선의 길을 열었고, 이어 1972년 2월 닉슨이 중국을 방문하여 미중 간 경제·문화 교류에 합의하는 공동성명을 발표했다.

두 번째는 미소 간 협상 시대로의 전환이다. 닉슨 행정부 초기 미국의 힘의 한계를 인식하고 있던 키신저는 소련이 미국에 협력하도록 함으로써 소련에 대한 견제와 봉쇄를 유지할 수 있다고 보고 소련의 외교정책을 변화시키기 위한 수단으로 소련과의 데탕트를 추구했다.[72] 이러한 협력적 자세는 미국과 소련이 군비경쟁을 안정시키기 위해 전략무기제한협정을 체결하는 결과로 이어졌다. 미국과 소련은 1969년 11월부터 1972년 5월까지 전략무기제한협상SALT, Strategic Arms Limitation Talks을 통해 양국 핵전력의 균형을 추구했다.

세 번째는 '닉슨 독트린Nixon Doctrine'이라 불리는 새로운 아시아 정책의 천명이다. 닉슨은 베트남전쟁을 명예롭게 종결시키면서 범세계적으로 배치되어 있는 해외 주둔 미군 전력의 재조정을 통해 군사력 운용의 효용성을 도모하고자 했다. 이는 막대한 군사비에 따른 재정적 부담을 감소시키면서 소련과 중국을 봉쇄하고자 했던 전략적 고민의 결과이다. 1969년 7월 25일 닉슨은 아시아 순방 중 괌에서 가진 기자회견에서 "미국은 베트남전쟁과 같이 아시아 국가들이 미국에 너무 의존하여 미국을 전쟁에 끌어들이게 했던 정책을 피할 것이며, 미국은 조약에 따른 지원과 핵우산을 지원할 것이나, 아시아 국가들의 방위 책임은 그들 자신에게 있음"[73]을 표명했다.

마지막으로 베트남화^{Vietnamization} 전략이다. 닉슨 행정부는 베트남전에 대한 미국의 개입을 완화하면서 명예로운 미군 철수를 갈망했다. 이에 따라 1969년부터 베트남에서의 전투를 남베트남군에 넘기고 미군을 철수시키는 '베트남화' 전략을 추진했다. 이에 따라 닉슨 취임 당시 거의 50만 명에 육박한 베트남 주둔 미군 병력은 1969년 말부터 단계적으로 철수하기 시작했으며, 1971년까지 거의 전 미군의 철수를 마무리하고, 1973년 1월 파리평화협정이 체결되자 3월에 베트남에서 모든 미군이 철수함으로써 미국이 참여하는 베트남전은 종결되었다.

워터게이트 사건^{Watergate Affair}으로 실각한 닉슨 대통령의 뒤를 이은 포드^{Gerald R. Ford} 대통령은 재임 기간이 2년 165일(896일)에 불과하여 뚜렷한 외교적·경제적 성과를 찾아보긴 힘들다. 포드 대통령은 전임 닉슨 대통령이 추진했던 소련·중국과의 데탕트를 계속 진행시켰다. 1974년 미국 대통령으로서는 처음으로 소련을 방문했으며, 브레즈네프^{Leonid Brezhnev} 공산당 서기장과 새로운 핵무기제한협정을 체결했고, 1975년 12월에는 중국을 방문하여 덩샤오핑^{鄧小平}과 정상회담을 가졌다. 포드 대통령은 1973년 1월 파리에서 체결된 평화협정에도 불구하고 다시 전쟁이 시작되자, 남베트남에 대한 군사적·인도주의적 지원을 꾸준하게 시행했다. 그러나 월맹의 대공세로 1975년 4월 남베트남이 항복하자, 베트남에서 미국인 구출을 끝으로 사실상 베트남전 참전을 종식시켰다. 이렇듯 포드 대통령의 안보전략은 사실상 전임 닉슨 행정부의 연속선상에서 이루어졌으며, 베트남전에 투입된 전쟁비용으로 경제가 거의 파탄 지경에까지 이르자 포드 행정부는 더 이상 국민적 신임을 받지 못하고 단명했다.

포드 행정부에 이어 들어선 카터^{Jimmy Carter} 행정부 역시 대외정책은 혼

선과 난맥을 거듭했던 것으로 평가된다. 당시 미국 사회는 닉슨-키신저 외교에 대한 반감과 베트남전 패배의 충격으로 미국의 지도력에 대한 의구심이 확산되고 있었으나, 카터는 미국의 도덕적 각성, 인권과 협력을 강조하는 역대 미국 대통령 중 가장 이상주의적인 성향을 지니고 있었다.

카터는 소련과 1979년 6월 빈Wien에서 전략무기제한협정SALT II, Strategic Arms Limitation Talks II을 정식 조인함으로써 미소 간 무기경쟁 문제를 해결하고자 했다. 협정은 양국의 전략무기 운반수단인 대륙간탄도미사일, 잠수함발사탄도미사일, 전략폭격기, 공대지탄도미사일의 총 보유수를 1980년 말까지 2,250기 이하로 감축하고, 새로운 공격용 전략무기 개발을 금지하는 것을 골자로 했다.[74] 비록 이 협정이 1979년 말 소련의 아프가니스탄 침공으로 미 상원의 비준을 받지는 못했으나, SALT II는 전임 행정부의 데탕트 정책을 계승하여 소련과 전략무기 제한에 합의했다는데 큰 의의가 있다. 그러나 소련의 아프가니스탄 침공으로 미소관계는 다시 대결구도로 회귀되었고, 카터 대통령은 1980년 1월 23일 연두교서에서 대소련 강경 전략을 천명했다. 그는 소련의 아프가니스탄 침공이 중동지역의 안정, 전 세계 원유 수급에 심각한 도전임을 지적하고, 중동지역을 장악하기 위한 외부 세력의 공격에 대해 모든 수단을 다해서 격퇴할 것임을 선언했다.[75] '카터 독트린Carter Doctrine'으로 명명된 대소련 및 대중동전략은 1983년 중동지역을 관할하기 위한 미군의 중부사령부 창설로 뒷받침되었다.

카터 행정부의 인권정책은 인권 문제를 국제화했다는 측면에서 주목된다. 주한미군 감축의 원인으로 제기되었던 인권 문제는 소련의 영향 아래 있던 동유럽 국가들의 인권과 민족주의 의식을 부각시켜 소련을 경계하게 만들려는 의도가 내포되어 있었다. 또한 국제 사회와 미국 내에 카터 행정부의 도덕성을 선전하여 실추된 미국의 명예를 회복하고 인권 대통령으로서 카터의 이미지를 구축하려는 의도도 있었다.

그러나 카터 행정부의 범세계적 안보전략은 여러 측면에서 일관성이 결여되어 있다는 비판을 받고 있다. 인권정책을 추진하면서 평화론을 옹호했으나, 한편으로는 소련과의 강경책을 고수했으며, 한국의 인권탄압을 이유로 주한미군 감축 카드를 활용한 것도 전략적 일관성이 결여된 조치라고 평가할 수 있다.

동북아시아 전략

닉슨 행정부 시기 데탕트 정책으로 중국과의 관계 개선을 위한 외교적 노력과 더불어 소련과의 전략무기제한협상을 진행했음에도 불구하고, 공산주의 소련과 중국의 세력 확장은 여전히 봉쇄의 대상이었다. 그러나 미국은 장기간 소모적인 베트남전 수행을 위해 모든 미군 전력을 집중하고 있었던 터라, 동북아에서 군사적 재배치를 통해 중소와의 세력균형을 달성해야만 했다.

닉슨은 아시아 지역의 안보를 보장하기 위한 핵심 지역으로 한국·일본·대만·베트남을 주목했고, 다음과 같은 대아시아 국방전략을 추진했다. 첫째, 미국은 지속적으로 핵우산을 제공한다. 둘째, 아시아 국가들의 방위력 증강에 필요한 군사·경제적 원조를 지속한다. 셋째, 닉슨 독트린에서 천명한 바와 같이 아시아 국가들의 자국 방위에 일차적 책임은 해당 국가들에 있다. 마지막으로 베트남전에서 패배할 경우 여타 아시아 국가들로 연쇄적인 공산주의 확산이 우려되므로 베트남전에서 패배하지 않는 조건으로 명예롭게 베트남전을 종결하는 것이다. 이를 위해 닉슨 행정부는 아시아 주둔 미군의 감축을 추진하면서 한국에 대해서는 한국군의 방위력 증강을 위한 군사원조를 시행했고, 일본에 대해서는 오키나와 반환을 통해 일본 내 반미정서를 완화시켜 주일미군의 안정적 주둔을 보장받으려 했다.

포드 대통령의 동북아시아 전략은 그가 1975년 12월 7일 발표한 태평양 독트린Pacific Doctrine[76]에 잘 나타나 있다. 포드는 미국은 아시아·태평양 지역의 세력균형을 위해 역내 동맹국들과 강력한 관계를 유지하며, 약소국가들의 주권과 자립을 위해 경제적·문화적 지원 및 협력을 확대해나갈 것임을 천명했다. 동북아에서 미국 군사력의 현시가 역내 강대국 간 세력균형을 위해 필수적임을 인식하고, 전임 닉슨 행정부가 검토했던 주한미군의 추가 감축 계획을 중단시켰다.

카터는 1978년 12월 미중 공동성명을 통해 중화인민공화국을 공식적으로 승인했고, 1979년 1월 1일 이후 중국과의 외교관계를 수립하면서 소련을 견제하는 데 중국을 이용했다. 그러나 중국과의 관계 정상화가 공산주의 중국 세력의 확장을 용인하는 것은 아니었다. 카터 행정부는 대만과의 비공식 관계를 유지하면서 미국과 대만 간 광범위하고 긴밀한 통상·문화 교류를 허용하고, 대만의 자위에 필요한 무기 및 군사기술을 제공할 것임을 공식화했다. 카터 행정부는 1979년 4월 10일에 대만관계법Taiwan Relations Act을 제정하여 미국의 대만 정책, 대만의 미국대표부American Institute in Taiwan 설치, 미국 내 대만 자산의 소유권 등을 규정했다. 중국은 대만관계법이 '2개의 중국'을 사실상 인정한 것이라고 반발했다.

대한국 국방전략

닉슨 독트린이 해외 주둔 미군의 전면적 철수를 의미하는 것은 아니었으나, 닉슨 행정부는 아시아 주둔 미군의 점진적 감축을 통해 주둔비용을 절약하여 미군 전력 운영의 효율성을 제고하는 방향으로 대아시아 국방전략을 추진했다.

1969년 11월 24일 닉슨은 키신저에게 주한미군 감축 계획을 수립할 것을 지시[77]했다. 이듬해 3월, 닉슨은 1971년 말까지 주한미군 2만 명을 철수시키되 1971~1975년 기간 연평균 2억 달러 수준의 군사원조 시행, 경제원조 증가, 한국군 현대화를 위한 5개년 계획 수립 및 지원을 결정하고, 이를 박정희 대통령과 협의할 것을 지시했다.[78] 이에 따라 닉슨 행정부는 1971년 6월까지 주한미군 1개 사단 약 2만 명을 철수시켰고, 미 국방부에서 수립한 한국군 현대화를 위한 5개년 계획을 승인하면서 1971~1975년까지 총 15억 달러 규모의 군사원조를 허가했다.[79]

닉슨 행정부는 한국군의 현대화 추진과 연계하여 주한미군의 추가적인 철수도 고려했다. 1971년 3월 2일부터 5일까지 한국을 방문한 존 홀드리지John H. Holdridge는 포터William Porter 주한미대사와 마이켈리스John Michaelis 주한미군사령관과 함께 1971년 6월까지 2만 명의 주한미군 철수 후 한국군의 현대화가 전제될 경우 추가적인 주한미군 감축이 가능하다는 데 인식을 같이 했다.[80]

그러나 중국의 개방을 통해 미중 냉전 구도가 해체되고 전략무기제한 협상을 통해 미소 간 군비경쟁이 완화되는 등 미중·미소 간의 협력이 한반도 지역의 안정으로 이어지지는 못했다. 닉슨 행정부는 주한미군 감축정책을 추진하면서 적은 비용으로 효과적인 봉쇄정책을 수행하기 위해 지상군 대신 F-4 팬텀Phantom 전투기 등 공군 전력을 대체 배치[81]하는 등의 상쇄조치를 취했으나, 닉슨 행정부의 주한미군 감축은 한반도에 대한 미국의 안보 개입 의지의 약화로 받아들여졌고, 한미 양국은 한반도 안보에 대한 우려와 인식의 차이로 긴장과 갈등을 반복했다.

닉슨의 뒤를 이은 포드 대통령은 전임 행정부가 검토했던 주한미군의 추가 감축은 동북아 지역의 안보 상황을 악화시킬 것으로 판단했으며, 북한의 봉쇄와 동북아에서 세력균형을 위해서는 미군 전력의 한반도 주둔이 필수적이라고 인식했다.[82] 포드는 1974년 11월 한국을 방문하여 박정희 대통령과 한미 정상회담을 통해 닉슨 행정부가 약속했던 5개년 한국군 현대화 계획을 계속 지원하되, 추가적인 주한미군 철수 계획이 없음을 확인했다.[83]

당시 국무장관이었던 키신저는 포드 대통령에게 중국·소련·일본의 3개 강대국 사이에 위치한 한국의 지정학적 중요성을 강조하면서 포드의 한국 방문이 데탕트에도 불구하고 한국에 대한 미국의 대한방위공약과 지원이 결코 감소하지 않았다는 사실을 북한과 그 동맹국들에게 보여줄 수 있다고 설명했다. 포드 대통령 방한 이후 미 국방부·국무부·NSC는 한국군 현대화 계획을 지속 추진하고, 해외무기판매FMS, Foreign Military Sales 형태의 군사원조를 증가하기로 결정했다.[84] 이러한 미국의 국방전략은 1976년 8·18 도끼만행사건 이후 보여준 미국의 강경대응에도 잘 드러나 있다. 미국은 북한의 도발에 대한 대응 방안으로 DEFCON 3 발령, 일본 가데나 공군기지로부터 F-4 팬텀 대대의 즉각적인 한국 전개를 제안하고, 추가적으로 한국에서 B-52 폭격훈련 진행, F-111 대대의 한국 전개, 항모전투단을 동해에 투입하는 방안 등을 검토했다.[85] 당시 미 의회에서는 박정희 정권의 인권유린을 이유로 한국에 대한 부정적인 기류가 거셌으나, 포드 행정부는 한국의 지정학적 중요성과 중국 및 소련 견제를 위한 주한미군의 필요성을 인식하면서 한국군의 현대화를 가속화하여 주한미군이 수행한 역할을 한국군이 일정 부분 분담하도록 하는 전략을 추구했던 것이다.

대통령 취임 후 카터 대통령이 취한 주한미군 철군 정책은 "아시아 국가들의 방위는 아시아 국가들에 일차적 책임이 있다"는 닉슨 독트린을 재생한 것으로 또 한 번 한미 갈등을 촉발시키는 원인이 되었다. 카터는 공산주의에 저항한다는 명분으로 아시아의 독재자들을 지원했던 전임 행정부의 정책을 비판하고, 대통령 취임 전부터 주한미군 지상군의 철수를 공언해왔다. 카터는 주한미군 철군 결정을 거론하면서 표면상 박정희 대통령 취임 이후 근 15년간 자행되어왔던 인권 억압을 개선하라는 압력을 가했지만, 사실 카터의 주한미군 철군 결정은 미국이 동북아 전략의 근본적 변화를 모색하려는 것과 맞물려 있었다.

카터 행정부 시절 미국은 지속적으로 북한의 침략 억제를 위한 주한미군 지상군의 효용성에 대해 정보 판단을 실시했다. 그 결과, 1970년대 말 남·북한의 군사력은 대략적으로 균형을 이루고 있으며, 한반도 내 군사력 균형을 유지하는 데 미군이 반드시 필수적이지 않다고 판단했다. 또한 주한미군 지상군은 50만 명의 한국군 병력에 비해 소수이며, 지상군이 철수하더라도 주한미공군 전력이 유지되는 만큼 미국의 대한방위공약은 확고하다고 강조했다.[86] 이러한 카터의 인식은 동북아에서 미국의 국방 전략이 '지상군 주둔을 통한 대비태세Land-based Posture'에서 '역외 전력으로 대비Offshore Posture'로 전환될 것임을 예고하는 것이었다.

카터의 공약에 따라 1978년 4월부터 약 3,000명의 지상군이 철수했다. 그러나 주한미지상군의 철수안은 한국은 물론이고, 미 합참과 주한미군사령부의 강한 반대에 직면하게 되었다. 당시 주한미군 철수에 반대했던 주한미군 참모장이었던 싱글러브John K. Singlaub 소장은 직위해제되었고, 6·25전쟁의 영웅인 월튼 워커Walton H. Walker 중장의 아들인 샘 워커Sam Walker 대장은 예편되었다. 일본 또한 주한미군 철수는 동북아에서 미군 감축의 신호로서 소련 또는 중국의 영향력 확대로 이어질 것임을 우려하며 반대의견을 표명했고, 이에 따라 1979년 주한미지상군 철수안은 폐지되었다.[87]

대일본 국방전략

닉슨 행정부의 대일본 국방전략의 핵심은 기존의 국방전략을 유지하면서 아시아에 있어서 일본의 역할을 점진적으로 늘리는 것과 오키나와 반환과 연계한 주일미군의 핵무기 재배치였다. 닉슨 행정부 초기 미국은 미일 안보조약의 틀 속에서 일본의 자위력을 점진적으로 향상시키고 주일미군기지 재배치를 추진하는 것을 목표로 설정했다. 또한 한국·대만·베트남에서 위기 상황 발생 시 재래식 군사력의 운용을 극대화하기 위해 오키나와 기지의 사용을 보장하되, 오키나와에 배치된 핵무기의 지속 배치 여부는 일본과 협의 하에 유연하게 접근할 것임을 고려했다.[88]

1969년 11월 21일 워싱턴에서 개최된 닉슨 대통령과 사토 총리 간 미일 정상회담은 오키나와 반환 문제가 핵심 의제였다. 미일 정상은 극동지역의 안정을 위해 미군의 지속 주둔이 필수적이며 한국·대만의 안전보장이 일본의 안보를 위해 가장 중요하다는 데 동의했다. 1971년 6월 17

일 미일 양국은 오키나와 반환 협정을 체결하여 미국이 점령하고 있던 류큐 도서를 일본에 반환하되, 오키나와의 미군기지는 주일미군이 지속 사용하기로 합의했다. 이후 1972년 5월 15일 오키나와의 영유권은 27년 만에 미국에서 일본으로 반환되었다.

오키나와 반환을 계기로 미군의 핵무기도 반출되었다. 1950년대 중반부터 오키나와에 배치된 미국의 핵무기는 1960년대 후반 1,300여 발에 달한 것으로 알려져 있었다. 그러나 미국은 일본 주변에서 중대한 긴급사태가 벌어지면 핵을 다시 오키나와에 반입한다는 일종의 밀약을 일본과 체결한 것으로 추후 드러났다.[89]

포드 행정부는 닉슨이 추진한 대일본 전략을 그대로 유지했다. 1972년 오키나와 반환이 마무리되면서 미국은 아시아 전체의 안보를 위해 미일관계를 심화시키는 데 중점을 두었다. 미국은 아시아의 안정과 성장을 견인할 파트너로서 일본을 매우 중요하게 평가했으며, 미국·서유럽·일본의 3자 협력을 공고히 하는 것을 미국의 범세계적 전략을 실현하는 핵심으로 인식했다.

카터 행정부 들어 일본에게 보다 증대된 안보 책임을 부여하려는 노력은 1978년 '미일 방위협력지침Guidelines for the U. S.-Japan Defense Cooperation' 체결로 이어졌다. 미일 방위협력지침은 미군과 일본 자위대 간 협력의 틀을 규정한 최초의 지침으로, 평상시 및 일본에 대한 무력공격이 발생할 경우 자위대와 미군의 대처를 규정하고 있다. 일본은 방위를 위해 필요한 범위 내에서 적절한 규모의 방위력을 보유하고, 일본이 무력공격을 당할 경우 소규모 침략은 일본 독자적으로 대응하되, 자위대의 능력을 초과할 경우 미국의 협력을 받는 것을 명시했다. 자위대는 일본 영역 및 주변 해·공역에 대한 방어작전을 실시하고 미군은 자위대의 작전을 지원하며,[90] 유사시 자위대의 작전범위와 책임지역, 미군과 자위대 간 상호협력을 명시했다. 미일 방위협력지침은 냉전기 미국과 일본의 효과적인 군사협력의 틀로 작용하면서 미군과 자위대 간 정보교환, 연합연습 및 훈련, 연합 작전계획 연구 등 상호 작전능력을 향상시키는 결과로 이어졌다.[91]

(4) 1980년대 : 롤백 전략(레이건 독트린)

범세계적 안보전략

1980년대 초 미국은 대내적으로는 높은 인플레이션과 실업률 등 어려운 경제 상황에 봉착했고, 대외적으로는 소련의 아프가니스탄 침공 등 소련의 팽창주의에 맞서야만 했다. 이러한 우려를 반영하듯 미국 내에서는 강력한 미국의 지도력을 요구하는 보수적 분위기가 형성되었다. 제40대 대통령으로 취임하게 된 레이건Ronald Reagan은 전임 카터 대통령의 이상주의적 성향과 심약한 리더십을 비판하고, 강력한 군사력에 입각한 소련과의 대립을 국가전략 기조로 채택했다.

레이건 행정부는 소련을 '악의 제국Evil Empire'으로 규정[92]하고, 소련 등 공산주의 위협을 격퇴하는 롤백Roll Back 전략을 선택했다. 재정 적자에도 불구하고 국방비 지출을 크게 증가시키면서 대규모 전력 증강을 꾀했으며, 범세계적 문제에 보다 적극적으로 개입하는 등 미소 간 신냉전 시대를 재현했다.

우선 레이건 행정부는 '전략방위구상SDI, Strategic Defense Initiative'을 통해 소련의 핵전력으로부터 미국을 방어할 수 있는 미사일방어체계MD, Missile

Defense를 구축하려 했다. 레이건은 상호확증파괴 개념에 부정적이었으며, 대륙간탄도미사일 등 적의 전략핵무기로부터 미국을 방어할 수 있는 새로운 개념의 미사일방어체계를 개발하도록 했다.[93] 레이건의 '전략방위구상'은 당시의 기술력으로는 수십 년이 걸릴 수 있는 장기 프로젝트였으나, 1984년 미 국방부에 전략방위구상 담당조직이 편성되어 레이저, 우주 기반 미사일체계, 센서, 지휘통제체계 등의 연구개발로 이어졌다.

레이건 독트린은 집권 2기에도 계속되었다. 1985년 재선에 성공한 레이건은 국정연설State of the Union Address에서 '전략방위구상'이 핵전쟁의 위협을 제거하고 탄도미사일 방어를 위한 보다 나은 방법임을 강조하면서 소련과 공산세력의 침략으로부터 자신의 권리를 지키려는 자들의 믿음을 저버려서는 안 되며, 이를 위해 미국의 민주동맹국들과 함께할 것임을 선언했다.

레이건 독트린은 소련의 팽창을 막기 위해 소련과의 직접적 대결을 선택하면서 대규모 군사력 증강, 특히 핵전력을 강화하고, 소련의 핵미사일에 대해서는 전략방위구상을 통해 미 본토를 방어하는 전략으로 요약된다. 레이건은 소련의 팽창을 저지하고 동맹국들의 안보를 위해 적극적 군사개입을 실천했다. 그레나다를 침공하여 친쿠바 정권을 전복시켰으며, 엘살바도르와 니카라과 등 중남미, 레바논 내전 개입, 리비아 폭격 등 제3세계 분쟁에 개입했고, 독재 정권이라 할지라도 친미 성향의 국가인 경우 적극 지지하는 전략을 추진했다.

범세계적 차원에서 소련의 위협을 적극 저지하기 위한 전방위적 노력은 1985년 고르바초프Mikhail Gorbachev의 등장으로 새로운 국면을 맞이하게 되었다. 고르바초프는 만성적 경제 침체, 국민생활수준의 낙후, 미국과의 군비경쟁으로 인한 과도한 군비지출 등으로 쇠락해가고 있는 소련을 개혁하고, 국제관계를 개선하려 했다. 미국은 소련의 침략을 억제하고, 소련의 팽창을 강력히 저지할 것임을 지속적으로 천명하면서 고르바초프를 향해 변화와 개방을 촉구했다.[94] 이러한 시대적 상황 변화에 부응하여, 레이건 대통령과 고르바초프 서기장은 1987년 12월 8일 중거리 핵전력 조약INF, Intermediate - Range Nuclear Forces Treaty에 서명함으로써 냉전 해체의 서막을 열었다. 이 조약에 따라 미국과 소련은 1991년 6월까지 핵탄두 장착이 가능한 500~5,500km 중·단거리 지상발사형 탄도·순항미사일 2,692기를 폐기했고, 미소 간 핵 군비경쟁을 일정 기간 중단했다.[95]

동북아시아 전략

레이건 행정부는 전임 카터 행정부와는 달리 소련의 국제적 위협 확장에 대항하기 위한 강력한 동맹체제의 구축을 기치로 하여 동북아 지역에서의 미 군사력 감축을 중단하고, 일본 자위대와 한국군의 방위능력을 확충시켜 미군이 담당하고 있는 아시아 지역에서의 안보 부담을 분담하도록 했다.

레이건 대통령은 취임 후 한국의 전두환 대통령을 초청하여 우호적 한미관계를 복원했고, 남북회담을 통해 북한과의 대립을 완화시킬 수 있는 방법을 모색했다. 그리고 일본의 방위역량 확충을 위해 일본 영토·영해·영공을 넘어 자위대의 원해작전 수행능력 증강을 본격적으로 추진하여 일본이 서태평양·동북아 지역 안보의 한 축을 담당하도록 계획했다. 이는 당시 일본의 경제력이 신장됨에 따라 일본을 동북아 안보의 담당자로서 실질적 역할을 수행할 수 있는 유일 국가로서 인식한 것으로 해석된다.

대한국 국방전략

레이건 행정부는 전임 카터 행정부와는 달리 한국과의 안보적 우호관계를 회복하기 위해 노력했다. 소련 공산주의의 확산에 대해 공세적으로 롤백 전략을 취했던 레이건 행정부는 미국의 동맹국들에 대한 소련의 공격과 소련의 지원 하에 이루어지는 공격을 격퇴하기 위해 한국을 포함한 동맹국들에 대한 지원을 강화했다.

당시 국가안보보좌관이었던 앨런Richard Allen이 레이건 대통령에게 보낸 메모는 미국의 대한국 국방전략의 요강을 보여주고 있다. 앨런은 한국은 GNP의 6%를 국방에 투자하고 있는 미국의 열두 번째 무역 파트너로서, 한미 정상회담은 미국이 아시아의 자유국가들에게 사활적인 이익이 있으며, 태평양 지역의 안정과 번영을 위해 미국의 힘을 계속 지원할 것이라는 강력한 메시지가 될 것이라고 적시했다. 또한 앨런은 한미 정상회담에서 레이건은 주한미군을 감축하지 않을 것이며, 한미관계가 매우 중요하다는 점을 강조하라고 권고했다.[96]

1981년 1월 23일 헤이그Alexander Haig 국무장관 또한 주한미군은 한반도에서의 군사적 억제력이자 일본과 아시아의 동맹·우방국들의 안전을 보장하는 전력이므로 주한미군 철수 계획이 없음을 확인하고, 북한을 대화의 장場으로 이끌기 위한 남한의 노력을 지원할 것임을 한미 정상회담 시 언급하도록 권고했다.[97] 이러한 권고들은 1981년 2월 한미 정상회담 시 그대로 반영되었으며, 레이건 대통령은 소원했던 한미관계를 복원하기 위해 주한미군 철수 계획이 없음을 확인하고, 한미안보협의회의SCM, Security Consultative Meeting를 1981년에 재개최하며, F-16 전투기 수출을 포함한 미국의 군사적 지원을 증가시키겠다고 약속했다.[98]

대일본 국방전략

레이건 행정부의 대일본 국방전략은 소련의 위협 확장에 대한 미일 협력, 동북아 지역에서의 방위능력 구축을 위한 일본의 방위력 증강과 이를 위한 방위비 지출 증대로 요약될 수 있다. 당시 일본은 급속한 경제성장과 첨단 과학기술 발전을 이룬 고도산업국가로서, 아시아 지역에서 미국의 안보 부담을 분담할 수 있는 실질적 능력을 가지고 있는 유일한 국가였다. 일본은 전후 평화헌법에 근거하여 미국에 안보를 위탁한 소극적 방위정책을 유지해왔으나, 미국은 아시아 지역에서 미국이 담당했던 안보 부담을 일본이 일정 부분 분담하기를 희망했고, 이를 위해 일본에 방위비 증액 및 방위역량 확충을 적극적으로 요구했다.

레이건 행정부 출범 초기, 와인버거Caspar Weinberger 미 국방장관은 일본이 자국의 방위능력을 상당 수준으로 증강시킬 수 있는 아시아 내 유일한 국가이며, 미 해군이 인도양과 걸프만 지역에서 일본 해역까지 원유 수송을 책임지고 있음을 지적하면서 탄약·미사일·어뢰·공군기 격납고 등의 핵심 시설 확보를 위한 일본의 방위비 증액 필요성을 대통령에게 보고했다. 아울러 향후 10년 내 북서태평양 지역의 해군·공군력이 두 배 수준으로 증강되어야 하며, 일본 자위대가 필리핀 북쪽으로부터 일본에 이르는 해상수송로 보호능력을 갖추어야 한다고 보고했다.[99]

이러한 인식은 이듬해 일본에 대한 '국가안보결정지침National Security Decision Directive 62'로 보다 구체화되었다. '국가안보결정지침 62'는 미일 상호협력 및 안보조약의 기본 틀을 유지하되, 다음과 같은 기조의 대일본 국방전략을 제시했다. 우선 일본이 향후 10년 내 일본 본토 및 영해·영공과 일본으로부터 1,000마일까지 해상수송로를 방어할 수 있는 능력을 확보해야 하며, 일본의 자체 핵능력 개발은 억제하도록 하되, 미국으로부터 대량의 무기체계 구매를 통해 미일 간의 상호 운용성을 유지하고, 미일 간 고위급 정례협의를 통해 일본의 방위력 증강 노력을 독려해야 한다고 명시했다.[100]

일본 정부는 레이건 행정부의 요구에 적극적으로 반응했다. 서태평양 지역에서의 미 군사력 증강을 환영하고 일본 자위대의 지속적인 능력 확충을 추진하여 소련의 국제적 위협 확장에 대항하려는 미국의 편에 깊숙이 섰다. 일본의 나카소네 야스히로中曽根康弘 총리는 미일 간 국방협력 강화 의지를 표명했으며, 한반도를 비롯한 아시아의 분쟁지역에 대한 협력과 전략적 지원을 제공했고, 미국의 방위비 분담 요청에도 신속하게 호응했다.

2

★
냉전기 주한미군의 역할

냉전기 주한미군의 역할을 이해하는 데 있어 미국의 국방전략과 더불어 주한미군의 병력 규모 변화의 추이와 한미 연합연습·훈련 등은 유용한 논거를 제공한다.

(1) 주한미군 병력 규모의 변화

미군의 한반도 주둔은 1945년 9월 8일 일본군의 무장해제를 위해 미 육군 24군단이 인천항에 상륙하면서 시작되었으나, 한국 정부 수립 이후에는 소수의 군사고문단만 남긴 채 주한미군은 전면적으로 철수했다. 그러나 6·25전쟁이 발발하자, 전쟁 기간 최대 32만 5,000명의 미군 병력이 참전했으며, 종전 후 1953년 한미상호방위조약이 체결되면서 미군 병력의 한반도 주둔에 대한 제도적 장치가 마련되었다. 이후 주한미군의 병력 규모는 미국의 세계 전략 변화, 대한반도 정책에 크게 영향을 받아왔다.

1945~1954년

1945년 8월 10일 일본이 항복을 제의하자, 트루먼 대통령은 북위 38도 선을 기준으로 이북^{以北}은 소련군이, 이남^{以南}은 미군이 일본군의 무장해제를 담당하자고 스탈린^{Iosif Vissarionovich Stalin}에게 제의했다. 스탈린이 트루먼의 제의를 수용함으로써 미소 양국군에 의한 한반도의 분할 점령이 이루어졌다.[101] 1945년 8월 한반도에 주둔하고 있던 일본군은 14개 사단 35만 명에 달했다.[102] 미국은 제24군단 예하 7사단, 40사단, 96사단[103]으로 하여금 남한에 있는 일본군의 무장해제 임무를 수행하도록 했고, 1945년 11월 남한 각 지역에 배치된 미군의 수는 7만 7,000여 명에 이르렀다.

미 군정은 일본군의 무장해제를 추진하면서 미군 병력 감축을 병행해 나갔다. 1948년 한국 군대가 창설되면서 주한미군의 역할을 군사적 원조로 대체하고, 점차 주한미군의 철수를 시행해나갔다. 이에 따라 주한미군은 1947년 4만여 명, 1948년 3월경에는 3만 명 수준, 1949년 초에는 7,500여 명 수준으로 감축되었으며, 1949년 6월 말에는 미 군사고문단 495명만 남긴 채 전면적 철수를 완료했다.

주한미군의 전면적 철군은 한국 방어에 대한 미국의 의지에 대해 공산주의 세력의 오판을 불러일으켰으며, 6·25전쟁으로 이어졌다. 전쟁 기간 미국은 최대 30만 명 이상의 미군이 참전했으며, 1953년 7월 정전협정이 체결될 당시 한반도 주둔 미군은 약 32만 명에 이르렀다. 1953년 10월 한미상호방위조약에 체결되면서 주한미군 주둔의 법적 장치가 마련되었고, 종전 이후 한국군의 전력 증강과 병행하여 미군 규모는 점차 축소되었다. 이후 1954년까지 약 22만 명의 미군이 한국에 주둔했다.

〈표 2-3〉 냉전기 주한미군 병력 규모 변화

연도	병력 규모	변화	연도	병력 규모	변화
1945	77,600	·	1967	56,000	+4,000
1946	42,000	−35,600	1968	67,000	+11,000
1947	40,000	−2,000	1969	61,000	−6,000
1948	16,000	−24,000	1970	54,000	−7,000
1949	500	−15,500	1971	43,000	−11,000
1950	214,000	+213,500	1972	41,000	−2,000
1951	253,000	+39,000	1973	42,000	+1,000
1952	266,000	+13,000	1974	38,000	−4,000
1953	302,500	+59,000	1975	42,000	+4,000
1954	223,000	−102,000	1976	39,000	−3,000
1955	85,500	−137,500	1977	42,000	+3,000
1956	75,000	−10,500	1978	42,000	−3,000
1957	70,000	−5,000	1979	39,000	·
1958	52,000	−18,000	1980	39,000	·
1959	50,000	−2,000	1981	38,000	−1,000
1960	56,000	+6,000	1982	39,000	+1,000
1961	58,000	+2,000	1983	39,000	·
1962	57,000	−1,000	1984	41,000	+2,000
1963	57,000	·	1985	42,000	+1,000
1964	63,000	+6,000	1986	43,000	+1,000
1965	62,000	−1,000	1987	45,000	+2,000
1966	52,000	−10,000	1988	46,000	+1,000

* 출처 : 국방부 군사편찬연구소, 『한미군사관계사 1871-2002』(서울: 국방부 군사편찬연구소, 2002), p.677; 김일영·조성렬, 『주한미군 역사, 쟁점, 전망』(서울: 한울아카데미, 2003), pp.90-91; 황인락, "주한미군 병력 규모 변화에 관한 연구", 경남대학교 박사학위 논문, 2010. p. 33.

1954~1957년

6·25전쟁 종전 당시 한국에 주둔하고 있던 미군 8개 사단(육군 7개 사단, 해병대 1개 사단) 32만 명은 1954년부터 본격적으로 철수하기 시작했다. 이는 전후 미국의 군사전략과 한국군 증강 계획, 그리고 북한에 주둔하고 있던 중공군의 철수에 따라 이루어진 조치이다. 1954년 3월부터 주한미군의 철수가 시작되어, 순차적으로 미 육군 45사단, 40사단, 25사단, 2사단, 3사단, 24사단 등이 철수했다. 그 결과, 1957년에 주한미군은 2개 사단(제1기병사단, 7사단) 7만 명 정도만 남게 되었다.

주한미군 병력 규모 감축은 미국의 동북아 전략의 산물이었다. 일본을 동북아 전략의 중심지역으로 중시하되, 주한미군은 한국군의 증강을 지원하면서 북한의 남침을 억제하고 한반도 상황을 안정적으로 관리하는 억지 전력으로서 역할을 수행하도록 하기 위한 전략적 조치였던 것이다.

1958~1969년

아이젠하워 행정부 2기, 케네디 행정부, 존슨 행정부 기간 내내 주한미군은 2개 사단, 대략 5만~5만 8,000명대 병력 수준을 유지했다. 1958년부터 1965년 6월까지는 제1기병사단과 7사단이 주둔하고 있었으며, 1965년 6월 30일 제1기병사단이 베트남전쟁에 투입되자 미 2보병사단이 한국에 이동 배치됨으로써 1965년 7월부터는 미 2사단과 7사단이 한국에 주둔하게 되었다.[104]

이 시기에 2개 사단의 주한미군 병력을 계속 유지할 수 있었던 것은 4·19혁명 이후 한국 사회의 불안정성이 주한미군 감축을 억제하는 요인으로 작용했고, 주한미군 감축을 불원하는 박정희 정부의 강력한 요청이 있었으며, 1960년대 중반부터 한국군의 베트남 파병에 대한 대가로 주한미군 병력 수준을 유지할 수 있었기 때문이었다.

1970~1978년

이 시기 주한미군은 닉슨 독트린에 따라 1970년 3월부터 미 7사단이 철수를 개시하여 이듬해인 1971년 6월 7사단 병력 약 2만 명이 철군을 완료했다. 7사단의 철수에 따라 한국에는 2사단만 잔류하게 되었으며, 미국은 7사단의 철수에 따른 전력 공백 보완을 위해 한국군 현대화 계획을 추진했고, 이를 위해 약 15억 달러에 이르는 군사원조를 시행했다. 1971년 7사단 철수 이후 주한미군은 약 4만~4만 2,000명 수준의 병력을 꾸준히 유지했다.

1978~1988년

1978년 4만 2,000명 수준의 주한미군 병력은 카터 행정부의 주한미군 감축 계획에 따라 1978년 4월 약 3,400명의 병력이 철수했다. 카터 행정부의 주한미군 철수는 미 국방부·합참, 의회 등의 심각한 반대에 직면했고, 일본의 안보 우려가 제기됨에 따라 주한미군의 추가적인 철수는 중단되었다.

(2) 한미 연합연습 및 훈련

1953년 한미상호방위조약 체결 이래 한미 양국은 북한의 위협에 대비한 연합연습 및 훈련을 시행하고 있다. 한미 연합연습·훈련[105]은 한미 양국군이 공동으로 적용하는 작전계획 연습, 한미 양국군의 연합작전 수행능력 향상, 전시 미 증원전력의 한반도 지형 숙달, 전술적 상호운용성 증진 등 다양한 목적 하에 진행된다.

냉전기 한미 연합연습 및 훈련 현황

유엔군사령부는 6·25전쟁 정전 후 한반도에 전개한 미군이 단계적으로 철수하자 한반도에서의 안보 상황 관리와 전시 한국군의 효과적 지휘를 위해 매년 군사연습을 시행해왔다.

〈표 2-4〉 냉전기 한미 연합연습 및 훈련 현황

연습 / 훈련명	형태	목적	내용
포커스 렌즈 (Focus Lens) 연습 (1954년)	지휘소 연습	한국방위를 위한 연합작전 수행능력 향상	• 작전계획 수행 절차
을지 포커스 렌즈 (Ulchi Focus Lens) 연습 (1976년)	지휘소 연습	한국방위를 위한 연합작전계획(작계 5027) 숙달	• 연합위기관리 • 전시 전환 절차 연습 • 미 증원군 전개 절차 연습 • 작계 시행 절차 연습
독수리 연습 (Foal Eagle) (1961년)	야외 기동 훈련	• 연합특수작전 수행능력 • 후방지역 작전능력 • 공·지·해 합동작전능력 향상	• 연합특전사 작계 시행 훈련 • 2군 후방지역 및 통합방위작전 연습 • 군단급 FTX 및 연합/합동상 작전
팀스피리트 (Team Spirit) 훈련 (1976년)	야외 기동 훈련	한미 연합 및 합동작전 수행능력 향상	• 전구급 연합 / 합동훈련 • 공중강습, 도하, 사단급 기동훈련, 항모훈련, 비상 이·착륙 훈련

* 출처 : 국방부 군사편찬연구소, 『한미군사관계사 1871-2002』(서울: 국방부 군사편찬연구소, 2002). p.617; 국방부, 『국방백서 2000』(서울: 국방부, 2000).

한미 연합연습의 효시는 1954년부터 시행한 포커스 렌즈[FL, Focus Lens] 연습으로 거슬러 올라간다. 한미 군사연습인 포커스 렌즈는 정부연습인 을지연습乙支鍊習(1968년 1·21 사태 이후 군사연습 지원을 위해 실시하는 정부부처 연습)과 합쳐져 1976년부터 을지 포커스 렌즈[UFL, Ulchi Focus Lens] 연습으로 바뀌었다. 이 연습에는 한국 정부의 주요 행정기관과 한미 양국군의 주요 작전사령부, 미국 본토·태평양사령부·주일미군사령부 등의 증원병력이 참가한다. 전쟁 발발 시 정부 차원의 위기관리 연습과 군사작전을 지원하기 위한 각 행정기관의 업무수행 절차인 충무계획을 연습하고, 군사적으로는 작전계획 전 단계에 걸쳐 연합작전 수행능력을 검증하는 데 주안을 두고 있다.

독수리 훈련[FE, Foal Eagle]은 1961년 이후 매년 실시해온 한미 야외 기동훈련으로, 개전 초기 북한의 특수전 부대가 후방지역에 침투하는 상황에 대비하는 훈련으로 시작되었다. 처음에는 한미 양국군의 1개 대대급만 참가하는 훈련이었으나, 1976년부터 한미 특수전 부대가 훈련에 참가하기 시작했고, 1982년부터는 군단급 부대의 쌍방 야외 기동훈련이 포함되어 훈련 지역과 규모가 점차 확대되어갔다. 이후 한미 해병 및 해군, 공군이 참가한 상륙훈련 등이 추가됨으로써 독수리훈련은 한미 양국군의 군사적 결의를 과시하는 대규모 연합훈련으로 자리매김했다.

팀스피리트[TS, Team Spirit] 훈련은 1975년 베트남 공산화 이후 한반도에서 북한의 도발을 억제하고 한미 안보협력체제를 더욱 공고히 하기 위해 1976년 6월에 최초로 실시한 대규모 연합·합동 훈련이다. 이후 1993년까지 모두 17회를 실시하여 한미 연합군의 작전수행능력을 크게 향상시킨 실기동 훈련으로 평가되었다. 팀스피리트 훈련은 한미 연합군사령관이 한국군과 주한미군 및 미 본토에서 전개한 지원전력을 지휘하면서 실시하는 방어 위주 훈련으로 지상작전, 해상작전, 공중작전, 특수작전, 상륙작전, 화학전 대비훈련, 군수지원훈련 등 모든 유형의 훈련을 망라했다. 참가 병력도 최초 시작 당시에는 약 4만 6,000명 규모에서 1984년 이후에는 20만 명이 참여하는 대규모 야외기동훈련으로 확대되었다.

이외에도 미 증원전력의 신속 전개 훈련이 간헐적으로 실시되었다. 1969년 포커스 레티나FR, Focus Retina 훈련은 1968년 1 · 21사태, 같은 해 11월 울진 · 삼척 지역 무장공비 침투사건 등으로 한반도에서 위기가 고조된 상황에서 북한 남침 시 신속하게 미 증원전력을 한반도에 전개시킨다는 것을 보여주기 위한 훈련으로, 한미 양국군 7,000명이 참가했다. 당시 미 육군 82공정사단 병력 2,500명이 수송기를 이용해 31시간 만에 한국에 강하하여 미군의 신속전개 의지를 과시한 바 있다. 1971년에 실시한 프리덤 볼트FB, Freedom Bolt 훈련 역시 미 증원전력의 한반도 전개 훈련으로, 프리덤 볼트는 한미 양국을 나사처럼 튼튼하게 연결한다는 의미이다.

미 군사전략적 관점에서 바라본 한미 연합연습 및 훈련의 의의

냉전기 한미 연합연습 및 훈련은 북한 도발에 대비하여 한미 공동으로 위기를 관리하고, 북한이 도발할 경우 한미 연합전력으로 북한군을 격퇴하기 위한 작전수행능력을 향상시키는 데 일차적 목적이 있었다. 6 · 25전쟁 직후 북한에 비해 현저히 열세인 한국군의 입장에서는 미군과 연합훈련을 통해 미군의 전술전기 능력을 습득하고, 지휘부의 지휘통제 능력을 향상시킬 수 있었다. 또한 미군의 우수한 장비와 무기체계가 한반도에 전개됨

대북(對北) / 대(對)한국	• 유엔군사령부(추후 한미 연합군사령부)의 지휘통제능력 숙달 • 북한 도발 시 한미 연합군의 작전계획 수행능력 숙달 • 한국군의 전력 증강 및 작전 수행능력 점검 • 안보 상황 고조 시 한국민의 안보불안감 완화
미국의 동북아 군사전략 구현	• 주일미군의 연합작전 수행능력 향상 • 태평양사령부 및 미 본토로부터 아시아 전역으로 미군 전개 절차 연습 • 세계 최대 규모의 기동훈련(팀스피리트 훈련) 연습 • 위기 상황 발생 시 정치·경제·정보·군사 분야 위기관리 연습

* 출처 : 필자 작성

에 따라 한국군의 전력 증강에도 크게 기여함은 물론 한미 연합방위 의지를 북한·소련·중국 공산주의 세력에 과시할 수 있었다.

한미 연합연습·훈련의 핵심 중 하나는 미 증원전력의 전개 연습이었다. 주일미군, 괌·하와이 등지에 있는 태평양사 예하 미군, 미 본토로부터 증원되는 현역 및 주방위군 전력의 아시아 지역으로의 전개 절차를 포함하고 있다.

7함대 및 해병 전력을 포함한 주일미군은 거의 모든 전구급 한미 연합훈련에 참가했다. 일본에 주둔하고 있는 7함대 및 해병기동군이 아시아·태평양 지역의 전략적 기동군으로서 임무를 수행하고 있음을 상기한다면, 한미 연합연습 및 훈련은 유사시 주일미군의 신속대응능력을 연습하는 좋은 기회였던 것이다. 아울러 을지 프리덤 가디언UFG, Ulchi-Freedom Guardian 연습이나 팀스피리트 훈련간 미 본토로부터 수많은 현역·주방위군이 참가함으로써 미군은 아시아·태평양 지역으로 미군의 수송·이동·배치 등의 절차를 연습할 수 있었다. 실제 이들 훈련에는 미 합참·수송사 · 전략사 · 특수전사 · 전력사 등 주요 부대가 연습에 참가했다.

한미 연합연습 및 훈련은 북한 위협에 대비한 한미 양국군의 작전수행 능력을 점검하는 것뿐만 아니라 미국의 동북아 전략을 구현하는 정치 · 군사연습의 성격을 동시에 지녔다. 주한미대사관도 참여하여 정치 · 외교 · 군사 분야 위기관리 연습을 병행하면서 안보 상황을 평가하고, 정부 차원에서 미국의 국방전략 및 군사전략을 지원하기 위한 조치를 연습했다. 팀스피리트 훈련은 범세계적으로 배치되어 있는 미군에게 대규모 기동훈련의 기회를 제공했다. 대규모 기동훈련을 할 수 있는 훈련장이 매우 제한되어 있는 현실을 감안할 때, 팀스피리트 훈련은 유럽 등 세계 전역에 배치되어 있는 미군이 한반도로 이동해서 기동훈련을 할 수 있는 최적의 기회였던 것이다.

(3) 주한미군의 역할

냉전기 미국의 범세계적 안보전략과 동북아 국방전략은 대소봉쇄에 초점이 맞추어져 있었다. 또한 주한미군의 주둔 목적은 한미상호방위조약에 따라 북한이라는 명백한 위협에 대응하고 한국을 방어하는 것이었다. 따라서 냉전기의 주한미군은 북한의 도발로부터 한반도를 방어하고, 소련의 공산주의 확산을 첨단에서 저지하는 미군의 아시아 전진배치 전력으로서의 역할에 집중할 수밖에 없었다.

북한의 도발 억제와 한국 방위

냉전기 북한의 도발을 억제해왔던 실효적 장치는 주한미군의 인계철선 역할과 유사시 주한미군과 증원전력의 전개를 포함한 한미 연합군의 '작전계획 5027'이다. 6·25전쟁 이후 주한미군은 북한이 침략할 경우 미군의 자동개입을 보장해주는 인계철선 역할을 해왔다. 한반도에 주둔하고 있는 미 육군은 1971년 미 7보병사단 철수 이전까지 비무장지대를 연하는 최전선에 배치되었다. 닉슨 행정부의 결정에 따라 7보병사단이 철수하자, 최전선에 배치되었던 미 2보병사단은 서부전선의 의정부와 동두천 지역을 중심으로 이동 배치되어, 북한의 기습공격 시 서울 북방에서 미군의 자동개입을 보장하는 인계철선 역할을 계속 수행했다.[106]

주한미군의 전진배치는 한국군 단독의 군사력으로는 북한의 전쟁 도발을 억제하기에는 불충분하다는 판단에 따른 산물이자, 미군의 공세적인 '전진방어forward defense' 전략을 구현하기 위한 것이다. 1980년대까지 한국군은 한국군의 전력 수준을 북한군의 60~70% 수준으로 판단했다. 이러한 판단은 한국군 독자적으로는 북한의 전쟁 도발을 억제할 수 없으며, 주한미군과 유사시 미군의 증원전력이 북한의 전쟁 도발을 억제하는 데 결정적으로 기여할 것이라는 주장으로 이어졌다.[107] 이러한 판단 하에 주한미군의 전진배치는 한미 연합군의 방어작전 계획을 수립하는 데 중대한 고려 요소가 되었다.

한미 연합작전계획은 북한이 남침할 경우 이를 격퇴한다는 방어적인 계획에서 출발했다. 그러나 1973년 홀링스워스James F. Hollingsworth 중장이 한미 제1군단 사령관에 임명되면서 이것을 공세적 방어계획으로 전환했다. 즉, 초기 방어단계에서 북한군의 남침을 격퇴하고, 이후 막강한 화력 지원 아래 북한 지역으로 진입하는 작전계획으로 발전시켰던 것이다. 이러한 공세적 방어계획은 1990년대 들어 '작전계획 5027'로 발전되었다.

한미 양국군은 '작전계획 5027'에 따라 을지 포커스 렌즈, 팀스피리트 훈련 등과 같은 연합연습 및 훈련을 통해 한반도 방어 및 전시 미 증원전력의 한반도 전개 절차 연습을 시행하고 있다.

한국의 대북 무력 사용 억제 및 한반도 상황의 안정적 관리

주한미군은 한국의 대북 도발을 억제하는 역할도 수행했다. 6·25전쟁 이후 남한에서는 북한의 계속되는 무력 도발에 대해 북침을 통한 한반도 통일 방안이 제기되었다. 이 시기 한국군의 전력이 실제 북침을 감행하기에 충분하리라고는 평가되지 않으나, 1960년대 초까지 주한미군은 북한에 대한 한국군의 응징보복 가능성을 차단하면서 한반도 상황을 안정적으로 관리하는 데 중점을 둘 수밖에 없었다.

1968년 1·21사태, 1월 23일 푸에블로호 납치 등은 한국 내에서 북한에 대한 보복 주장을 불러일으킨 커다란 사건이었다. 이 사건을 계기로 당시 존슨 대통령은 한미 국방장관 회담 개최를 약속하며 한국을 달랬다. 또한 1968년 10월 '한미 기획단'이 창설되어, 한국 방위를 위한 작전 기획에 한국군이 참여할 수 있는 체계가 마련되었다. 추후 '한미 기획단'은 1978년 창설한 한미 연합군사령부의 모체가 되었다.

한미 연합군사령관의 전·평시 작전통제권 행사는 한국군의 북진과 대북 도발을 억제할 수 있는 제도적 장치이다. 한미 연합군사령관의 한국군에 대한 작전통제권은 6·25전쟁 당시 작전지휘의 통합을 위해 1950년 7월 14일 이승만 대통령이 유엔군사령관에게 작전지휘권을 이양한 것에서 출발한다. 이후 1954년 11월 17일 한국군에 대한 유엔군사령부의 작전통제를 명시한 '한미 합의의사록'[108]이 발효됨에 따라 작전지휘는 작전통제권으로 변경되었으며, 1978년 11월 '한미 연합군사령부'가 창설되면서 유엔군사령부의 작전통제권을 계승했다.

정전체제의 유지 및 관리

주한미군은 한반도에서 정전체제를 유지하고 관리하는 사실상 거의 유일한 전력으로서의 역할을 수행하고 있다. 한반도에서 정전협정의 이행을 감독하는 기구는 유엔군사령부이다. 유엔군사령부는 1950년 7월 7일 '유엔 통합군사령부 설치 요청에 관한 유엔안보리 결의안 84호'에 따라 1950년 7월 24일 일본 도쿄東京에서 미 극동사령부를 모체로 하여 창설되었다. 1953년 7월 정전협정이 체결되면서 일본 도쿄에 있던 유엔군사령부는 1957년 7월 1일부로 서울로 이동했다.[109]

유엔군사령부는 비무장지대를 통제하고 정전체제를 유지하는 권한을 보유하고 있다. 그러나 유엔군사령부는 정전협정 위반사항, 즉 북한의 침투나 도발 등에 대처할 수 있는 실질적인 전력을 보유하고 있지 못하기 때문에 한미 연합군사령관이 유엔군사령관을 지원하고 있다. 한미 연합군사령부와 유엔군사령부는 별개의 군사기구이나, 정전 업무에 관한 한 연합군사령관은 유엔군사령관의 지시에 응하게 되어 있다. 1978년 한미 연합군사령부 창설 이후 유엔군사령관과 한미 연합군사령관, 주한미군사령관은 동일인이며, 한미 연합군사령부의 참모 중 일부는 주한미군사령부와 유엔군사령부의 참모를 겸임하고 있다. 이처럼 유엔군사령부는 남북 간 충돌을 막고 한반도에서의 정전체제를 유지하기 위한 중요한 임무를 수행하고 있으며, 유엔군사령부에 부여된 임무를 수행하는 실질적 전력은 한미 연합군사령관을 겸하고 있는 주한미군사령관의 전력, 즉 주한미군이 수행하고 있는 것이다.

한국군의 전투력 증강 및 현대화 견인

종전 이후 한미 양국은 한국군의 증강과 한국군 구식 장비의 현대화를 꾸준히 추진해왔다. 1954년 '한미 합의의사록'에 따라 미국은 한국군 전력 증강을 위해 상당한 규모의 경제·군사원조를 실시했고, 거의 매년 한미 군사회담을 통해 군사원조 및 한국군 장비 현대화 계획을 한국과 협의했다. 한국군의 베트남 파병에 대한 지원으로 한국에 대한 차관 제공 및 한국군 현대화 계획이 시행되었고, 1971~1975년 기간에는 총 15억 달러 규모의 군사원조가 이루어졌다. 1975년 이후에는 해외무기판매FMS, Foreign Military Sales 형태의 무기·장비 판매가 이루어졌다. 미국이 지원한 군사원조 규모는 1988년까지 무상 군사원조 54억 7,000만 달러, 국제군사교육훈련 1억 7,000만 달러, 유상 군사원조 88억 3,000만 달러 등에 이른다.[110] 미국의 군사원조에 따라 한국군의 전력 증강은 급속도로 진행되었으며, 1980년대 이후에는 F-16 전투기 등 첨단 미군 무기가 한국에 판매되었다.

한국군의 전력 증강은 미군의 직접적 동북아 분쟁 개입 가능성을 감소시키면서 한국군이 한국 방위를 주도적으로 책임지게 하겠다는 미국의 동북아 안보전략을 뒷받침하고 있다.

일본 방위를 위한 동북아의 전진방어 전력으로서의 역할

제2차 세계대전 이후 미국의 범세계적 안보전략을 구현함에 있어 일본의 전략적 가치는 변하지 않는 상수였다. 케넌은 미국의 5대 전략적 중심부 중 하나로 일본을 꼽았으며, 대소봉쇄전략을 위한 극동 방위선(애치슨 라인Acheson line)을 일본과 오키나와를 포함한 선(알류산 열도-일본-오키나와-필리핀을 잇는 선)으로 설정했다. 아이젠하워 행정부의 NSC 162/2 역시 일본을 아시아에서 미국의 안보이익 보호를 위한 핵심 지역으로 설정했다. 미국은 일본의 전략적 중요성, 경제적 성장 가능성을 주시하면서 미국과 범세계적 안보 협력을 담당할 아시아 국가로 일본을 선택했다.

한국은 동북아에서 공산주의 위협으로부터 일본을 방위하기 위한 지정학적 요충지로서 인식되었으며, 주한미군은 일본 방위, 소련과 중국의 공산주의 세력과 대항하기 위한 전진배치 전력으로서 소명이 부여되었다. 그러나 주한미군은 미국의 안보전략의 변화에 따라 수시로 감축 대상으로 고려되었다. 주일미군과 비교 시 주한미군은 활동 범위가 대한민국으로 국한되고, 한반도를 벗어나 군사력을 운용하는 데 상당한 제약이 있기 때문이었다. 1981년 1월 헤이그Alexander Haig 미 국무장관은 "주한미군은 효과적인 억제력이자 일본과 아시아의 동맹·우방국들에 대한 안전을 보장하는 전력"이라고 표현[111]했는데, 이는 일본을 방위하기 위해 동북아에 배치된 전진방어 전력으로서 주한미군의 역할을 잘 나타낸 것이라 할 수 있다.

아시아 지역에서 중국의 군사적 팽창 저지

1964년 10월 중국의 핵실험 이후 미국은 소련뿐만 아니라 아시아에서 또 다른 핵보유국과 상대해야만 했으며, 베트남전쟁은 아시아 지역에서 중국 공산주의 확산을 저지시키는 것이 급선무임을 재확인시켜주었다. 미국은 서유럽에서는 북대서양조약기구NATO를 중심으로 소련에 공동으로 맞서고 있었으나, 아시아에서는 한국과 일본을 제외하고는 중국과 공고히 대항할 수 있는 체제를 구축하지 못했다.

이에 따라 미국은 다량의 핵무기를 한국과 일본에 배치하여 중국과 소련의 위협에 대비하도록 했으며, 중국과 북한이 자유세계를 침략할 경우 확전도 불사하겠다는 의지를 표명했다. 이런 측면에서 주한미군 전력은 주일미군과 함께 중국의 남하를 저지하기 위한 최일선의 전력이었으며, 주일미군의 해군 및 해병, 주한미군의 공군 전력은 유사시 중국에 최단시간 내 전개할 수 있는 유용한 억제수단이었다.

소련·중국의 핵 위협에 대한 대응 전력

주한미군과 주일미군은 미국의 핵전략 수행을 위한 아시아의 최일선 전력으로서, 핵전력을 운용할 수 있는 방어적 능력과 공격적 능력을 모두 갖추고 있었다. 미국은 1951년 '미일안보조약' 체결 후 오키나와에 핵무기를 배치했으며, 1950년대 중반 오키나와에 배치된 핵무기가 한국으로 이동배치되면서 주한미군도 핵무기를 보유하게 되었다.

1958년 1월 28일 유엔군사령부는 핵탄두를 장착할 수 있는 280mm 핵대포와 지대지미사일인 어니스트 존Honest John이 한국에 도입되었음을 공식 확인했다. 이후 1960년대 중후반까지 8종류, 대략 950기의 핵무기가 한국에 배치되었다. 1972년 3월 오키나와가 일본에 반환되면서 오키나와에 배치된 핵무기가 철수하게 되자, 한국에 배치된 핵무기는 미 7함대가 보유하고 있는 핵무기와 함께 냉전기 아시아에서 중국과 소련의 핵 위협에 대응하는 핵전력으로 운용되었다. 당시 전술핵무기는 제한된 사거리로 인해 북한 침략 억제 용도로 배치되었다. 핵탄두를 장착한 나이키

〈표 2-6〉 주한미군 핵무기 배치 경과

1958년	어니스트 존 지대지로켓, 280mm 포 등 배치 시작
1967년	전술핵무기 사상 최대(950기)
1976년	일부 미사일·로켓 철수 시작, 전술핵무기 540기로 감소
1977년	오산 공군기지에 있던 핵무기 저장고 폐쇄
1985년	전술핵무기 150기 수준으로 감축
1991년	미 해외 전술핵무기 철수 선언, 100여 기 모두 철수

* 출처 : 《조선일보》, 2019년 7월 31일자.

허큘리스Nike Hercules 포병부대의 경우 서울 북방에 배치되었는데, 이는 만일 북한이 다시 공격한다면 초반에 핵무기를 사용할 것이라는 의지를 표명한 것으로 평가되었다. 그러나 한국과 일본에 배치된 핵폭격기는 전략적 임무 수행 역할이 부여되었다고 알려져 있다. 군산기지의 8전투비행단은 일본 오키나와 가데나 공군기지의 18전투비행단, 필리핀 클라크 공군기지Clark Air Base의 3전투비행단과 함께 중국과 러시아의 위협에 대한 전략적 억제 전력인 것으로 평가되었다.

주한미군의 핵전력은 아시아에서 핵균형을 유지시켜주면서 주일미군 및 주한미군의 재래식 전력과 함께 아시아 국가들의 안보를 보장하는 전략적 의미가 있었다. 또한 한반도 배치 핵전력은 중국과 북한의 연합군이 또다시 남한을 공격할 경우 전술핵무기를 사용하여 북한·중국 연합군과 확전도 감수할 것이라는 미국의 전략적 의지 표명이기도 했다.

3

★

냉전기 주일미군의 역할

(1) 주일미군 병력 규모의 변화

1945년 태평양전쟁에서 승리한 이후 연합군 최고사령부[112]는 일본군의 무장해제 등 신속한 전후 처리를 위해 미 육군 및 해병대 전력을 일본 전역에 배치했다. 1945년 연말까지 20개 이상의 사단들, 약 50만 명의 병력이 일본에 배치되었으며, 영국군을 비롯한 호주군, 뉴질랜드군, 인도군 등 최대 4만 명의 영연방 군대들도 점령군으로서 일본에 전개했다. 이후 미군은 순차적으로 복귀하여 1950년 6·25전쟁 발발 시점에 미군은 4개 사단(제1기병사단, 7·24·25보병사단) 약 13만 명의 병력이 일본 전역에 주둔하고 있었으며, 영연방군은 1951년 모두 철수했다. 미군 4개 사단 중 7사단은 홋카이도北海道와 동북지역, 1기병사단은 도쿄와 관동지역, 25사단은 중부지역, 24사단은 남서지역에 배치되었고, 6·25전쟁이 발발하자 이들 사단은 모두 6·25전쟁에 참전했다.

<표 2-7> 냉전기 주일미군 병력 규모 변화

연도	계	육군	해군	해병	공군
1950	136,554	103,582	1,941	368	30,663
1953	205,445	120,684	11,018	2,926	70,817
1954	151,247	63,831	9,560	25,240	52,016
1956	102,104	31,736	7,093	13,175	50,100
1957	114,531	26,834	6,678	23,461	57,648
1958	93,568	15,129	8,073	19,392	44,557
1960	79,374	14,523	4,565	20,711	37,398
1961	85,840	16,277	5,860	21,805	36,976
1963	85,583	18,574	7,072	22,819	37,118
1966	80,334	21,660	7,327	16,110	32,718
1968	83,069	20,365	11,732	13,991	36,981
1969	84,802	21,793	10,611	16,911	35,487
1970	82,264	17,356	11,170	21,227	32,611
1971	71,485	15,262	7,470	24,542	24,211
1973	56,240	10,360	7,300	22,142	16,438
1974	54,946	7,373	10,417	24,322	12,834
1976	46,794	4,173	7,588	21,028	14,005
1978	45,939	2,702	8,140	21,055	14,042
1980	46,004	2,423	7,248	21,953	14,380
1983	48,711	2,489	7,288	24,525	14,409
1985	46,923	2,422	7,433	20,897	16,171
1988	46,980	2,095	7,366	23,676	16,543

＊ 출처 : 미(美) DMDC(Defense Manpower Data Center)의 DoD Personnel, Workforce Reports & Publications.(https://www.dmdc.osd.mil/appj/dwp/dwp_reports.jsp)

일본은 연합군 최고사령부에 의해 제정된 헌법 9조에 따라 군대를 가질 수 없었다. 따라서 1945년 미 군정이 들어서고 난 이후부터 일본 주둔 미군이 일본의 방위를 책임져야 했으며, 일본 주둔 미군이 6·25전쟁에 참전하면서 미군은 일본의 안보 공백을 메우기 위해 경찰예비대를 창설했다. 1954년 7월 1일부로 자위대가 창설되면서 경찰예비대가 맡았던 일본에 대한 방위 책임은 자위대가 맡게 되었다. 이로써 일본은 무력공격이 가해졌을 경우 자국을 방어하는 군대를 보유하게 되었다.

주일미군은 1957년 7월 1일부로 창설되었다. 당시 미국 국방부의 통합사령부 계획Unified Command Plan에 따라 일본 주둔 극동사령부[113]는 태평양사령부로 병합되었고, 도쿄의 유엔군사령부는 서울로 이동했으며, 태평양사령부 예하에 지역별 통합전투사령부를 두면서 도쿄에 주일미군사령부를 창설하게 되었다. 이후 1960년 1월 19일 '미일 안전보장 조약'이 '미일 상호협력 및 안전보장 조약'으로 개정되면서 주일미군은 조약이 폐지되지 않는 한, 일본에 영구히 주둔할 수 있게 되었다.

주일미군의 감축은 다음과 같은 동인動因에 의해 진행되었다. 첫 번째는 1957년 6월 미 아이젠하워 대통령과 일본의 기시 노부스케岸信介 총리 간에 이루어진 주일미군 감축 합의이다. 6·25전쟁 정전 이후 축차적으로 감축을 추진했으나 여전히 10만 명 이상의 대규모 부대가 일본에 주둔하고 있던 터에 양 정상은 정상회담을 갖고 일본 자위대의 증강을 추진하면서 1958년부터 상당 수준의 주일미군을 지속적으로 감축하는 데 합의했다. 이에 따라 1960년까지 약 8만 명 수준으로 주일미군 감축이 진행되었고, 8만 명 내외의 병력 수준은 1960년대 말까지 이어졌다.

두 번째는 닉슨 대통령의 베트남화 전략과 닉슨 독트린에 따른 아시아에서의 미군 철수 정책이었다. 1968년 최대 53만 7,000명의 병력을 베트남에 투입했던 미국은 닉슨 행정부 시절 베트남에서의 미군 철수를 감행하면서 주한미군과 주일미군도 병행하여 감축했다. 닉슨 재임 기간

(1969년 1월 20일~1974년 8월 9일) 아시아 지역 주둔 미군 병력의 변화 추이는 〈표 2-8〉과 같다.

〈표 2-8〉 닉슨 행정부 시절 아시아 지역 미군 병력 변화 추이

구 분	1969	1970	1971	1972	1973	1974
주일미군	84,802	82,264	71,485	61,747	56,240	54,946
주한미군	66,531	52,283	40,740	41,600	41,864	40,878
남베트남	535,454	410,878	278,746	69,242	265	130

* 출처 : 필자 작성

닉슨의 후임자인 포드 대통령이 닉슨의 대일본 국방전략을 계승하면서 주일미군은 1976년 말까지 4만 6,000여 명 수준으로 감축되었고, 해·공군 및 해병대 전력 위주로 재편되었다. 1977년 카터 대통령 취임 이후 냉전이 종식될 때까지 주일미군은 평균 4만 6,000~4만 8,000명 수준을 계속 유지했다. 이 시기에 주일미군은 주일미육군사령부와 방공부대 등 2,000명 이상의 육군, 8,000명 내외의 7함대 소속 해군, 2만 명 이상의 제3해병기동군, 1만 5,000명 내외의 제5공군 병력으로 구성되었으며, 이러한 병력 규모는 현재에도 비슷하게 유지되고 있다.

(2) 미일 연합연습 및 훈련

미일 연합연습 및 훈련은 1980년대에 비로소 본격적으로 실시되었다. 일본은 미일 안보체제를 통해 일본 방위 책임을 미군에게 위탁한 채 경제 우선 정책에 집중하고 있었고, 소련을 군사적으로 자극하지 않기 위해

〈표 2-9〉 미일 연합연습 및 훈련 경과

기간	연습 / 훈련
1978년 11월 27일~12월 1일	최초의 미일 공군 공동훈련
1980년 2월 26일~3월 18일	일(日) 해상자위대, 림팩 훈련에 최초 참가
1982년 2월 15일~2월 19일	최초의 미일 육군 연합지휘소 훈련
1983년 12월 12일~12월 15일	최초의 미일 공군 연합지휘소 훈련
1984년 6월 11일~6월 15일	최초의 미일 해군 연합지휘소 훈련
1986년 2월 24일~2월 28일	최초의 미일 연합 통합지휘소 연습 * 주일미군사령부, 일(日) 통합막료 등 4,000여 명 참가
1986년 10월 27일~10월 31일	최초의 미일 연합 통합 실기동훈련
1988년 9월 28일~10월 12일	미(美) 항공전단과 일(日) 해상자위대 간 갑호훈련 * 자위대 사상 최대 규모, 해·공군 자위대 병력 3만 명, 함정 170여 척, 항공기 200대 등

* 출처 : 일본 방위백서(1994년, 2007년), 국방부 국방백서(1988년, 1990년)

미일 군사협력에 소극적인 자세로 일관했다. 주일미군과 자위대 간 군사협력의 틀은 1978년 11월 27일 미일 안보협의위원회에서 '미일 방위협력지침'을 승인하면서 정해졌다.

주일미군과 일본 자위대 간 연합연습 및 훈련은 실제로 1980년대 들어서 실시되었으나, 1980년대 중반까지는 대부분 전술적 수준의 훈련에 국한되었다. 주일미육군과 육상자위대 간 훈련은 연대급 이하 제대의 전술훈련이었고, 미 해군과 해상자위대 간 연합훈련 역시 수송, 소해, 기지경비 등 소규모 부대의 훈련이었으며, 미 공군과 공군자위대 간 훈련 또한 수십 대의 항공기가 참여하는 수준이었다.

육·해·공군의 지휘부가 참여하는 지휘소 연습과 대부대 실기동훈련은 1980년대 중반부터 실시되었다. 1986년부터 실시하고 있는 미일 통합지휘소 연습은 실질적으로 주일미군과 일본의 육·해·공군 자위대 지휘부가 참여하는 대규모 연습으로, 연습 목적은 "일본 방위를 위한 미국과 일본의 공동 대처 및 주변 사태 등 각종 사태에 대한 자위대의 대응과 미일 협력을 훈련함으로써 공동 통합운용능력의 유지 및 향상을 도모"하는 데 있다. 1988년 9~10월에는 일본 주변 전 해역에서 일본의 해상·항공 자위대 병력과 주일미해군 항공전단이 참가하는 해상훈련을 실시함으로써 대규모 미일 연합훈련의 서막을 열었다.

이렇듯 냉전기 미일 연합훈련은 1980년대에 비로소 본격적으로 실시되었는데, 이는 일본의 방위를 미군에 의지하면서 가급적 군사협력에 소극적이었던 일본 측의 태도가 주된 원인이라 할 수 있다. 그러나 일본의 방위 역할 확대를 희망한 미국은 1981년 5월 레이건 대통령과 스즈키 젠코鈴木善幸 총리 간 정상회담을 통해 일본의 1,000해리 방위 구상을 도출했고, 이후 미일 연합훈련은 새로운 전기를 맞게 되었다. 전략적 해상교통로 보호를 위한 미일 연합훈련이 실시되었고, 미일 군사협력을 공고히 하면서 소련에 대응하기 위해 일본의 대비태세를 강화하기 위한 연습 및 훈련이 본격적으로 실시되었다.

(3) 주일미군의 역할

냉전기 주일미군은 미국의 범세계적 안보전략 구현을 위한 핵심적 역할을 수행했다. 일본과 오키나와의 지전략적 중요성, 아시아 중심국가로서의 일본의 위치, 비록 패전국이기는 하나 일본이 가지고 있는 경제적·군사적 잠재력 등으로 인해 미국은 그 어떤 외부의 위협이 있더라도 일본을 결코 포기할 수 없었다.

일본은 지리적·전략적으로 미국의 아시아·태평양 전략을 시행하는 데 있어 가장 이상적인 위치를 제공한다. 서태평양과 인도양 어느 곳이라도 신속하게 부대를 이동시킬 수 있고, 반경 2,000킬로미터 범위 내 북쪽으로는 사할린, 연해주, 남쪽으로는 남중국해와 인도차이나 반도 등 아시아·태평양 지역의 주요 지역과 도시에 연해 있다. 또한 일본은 미 본토로부터 아시아·태평양 지역으로 주요 전략물자 및 장비 수송 시 중간지에 있기 때문에 병참기지 및 주요 전력의 통합기지로서 활용도 가능하다. 오키나와는 태평양, 인도양을 넘어 동아프리카까지 내려다볼 수 있는 천혜의 요충지로서 해상·공중 수송로의 자유로운 개방을 보장하고 경제·무역의 접근성을 유지하는 데 사활적 이점을 제공한다.[114] 이러한 지전략적 중요성 때문에 미국은 세계 5대 중심부 중 하나로서 일본을 지목했고, 미국의 전략적 필요에 의해 미일동맹을 결성했다. 일본의 지리적 중요성, 아시아에서 가장 큰 공업능력, 전쟁 경험, 대규모 군사력을 운용했던 군사적 잠재력은 일본을 우호국가화할 필요성을 더욱 증대시켰다.[115] 주일미군은 일본이 갖는 전략적 중요성과 미국의 필요에 의해 주둔하게 되었다. 미일 양국은 1951년 '미일 안보조약'을 체결하여 미군의 일본 배치를 법제화했고, 1978년 '미일 방위협력지침'을 제정하여 주일미군이 동북아의 신속기동군으로서의 역할을 보다 적극적으로 시행할 수 있는 기반을 마련했다. 냉전기 주일미군의 역할을 정리해보면 다음과 같다.

극동지역의 첨단 방위 전력

주일미군은 주한미군과 함께 극동지역의 첨단에 위치한 전진배치 전력이다. 주일미군은 '미일안보조약'에 따라 일본에 대한 외부의 무력공격을 억제하면서 침략이 발생할 경우 신속히 공동대처하여 일본의 안전을 보장하는 역할을 수행한다.

1951년 체결된 '미일안보조약'에 따라 미국은 미군의 일본 주둔을 보장받았으며, 1960년 개정된 안보조약(정식 명칭: 미일 상호협력 및 안전보장조약)에 의거해 일본에 대한 무력공격 등 공통의 위험에 대처할 것임을 공식화했다.

1951년에 체결된 '미일안보조약'은 일본 및 주변 지역에 미군을 배치하고 일본의 국내외 안보 위협 발생 시 미국이 일본의 안보를 지원한다는 것을 명시한 조약이었다. 1960년에 개정된 '미일안보조약'에서는 일본 방위를 명문화했으며, 특히 주일미군 병력·장비의 중요한 변경이나 주일미군 군사력 전투 상황 사용 시 일본 정부와 사전에 협의하도록 했다. 1960년에 개정된 '미일안보조약' 제6조는 주일미군이 일본의 안전뿐만 아니라 극동지역의 평화 및 안전 유지에 기여하기 위해 주둔하고 있음을 서술하고 있다. 주일미군의 방위지역을 한반도를 포함한 극동지역으로까지 확대하여 한반도 유사시에는 주한미군을 지원함으로써 중국 또는 소련의 군사적 위협을 봉쇄하는 전력으로서 역할을 수행하도록 한 것이다.

주한미군의 육군과 공군, 주일미군의 해군·해병대·공군 전력은 동북아에서 강력한 전쟁수행능력을 보유하고 있다. 이러한 전력은 극동지역에서 발생 가능한 국지전쟁의 억제력과 대응력으로 작용한다. 즉, 주한미군이 중국·소련·북한 등 북쪽으로부터의 남침에 대비한 인계철선으로서 최전방에 배치된 전력인 반면, 주일미군은 주한미군을 지원하고 증원하기 위한 종심에 배치된 예비전력으로서 유사시에는 상당 기간 육·해·공군의 통합작전을 수행할 수 있는 전력으로 운용될 수 있다.

동북아의 전략적 균형자

주일미군은 동북아 안전보장을 위한 전략적 균형자 역할을 수행했다. 동북아의 전략적 균형자 개념은 강대국인 미국이 자국의 이익을 달성하기 위해 군사력과 같은 경성국력과 동맹·협약과 같은 연성국력을 혼합하여, 동북아에서 잠재적 패권국을 억제하고 현상 유지를 추구한다는 의미로 해석할 수 있다.[116]

주일미군은 동북아 지역에서 소련과 중국의 군사력과 균형을 유지하여 소련과 중국의 군사적 위협을 봉쇄하는 역할을 수행했다. 일본과 오키나와는 대소련 및 대중국 전략을 위한 전력투사 기지이자 후방 병참기지로 활용될 뿐만 아니라 미국에 상당한 위협으로 작용하는 국가들에 대한 정보를 수집하는 역할을 할 수 있다. 일본 열도 북쪽의 미사와三沢 비행장, 오키나와의 해병 및 공군기지는 주일미군의 전투기가 연료 보급 없이 소련과 중국 본토로 출격할 수 있는 군사적 이점을 제공한다. 7함대의 항공모함 전단은 블라디보스톡, 상하이 등 소련과 중국의 전략적 요충지에 3일 이내 전개가 가능하다. 7함대 전력은 중국의 대만 위협에 대한 효율적 대응전력이다. 7함대는 6·25전쟁 기간 대만에 파견되어 공산주의 중국이 대만을 점령하는 것을 미연에 방지하는 등 중국에 대한 가장 강력한 견제세력으로 운용되었다.

주일미군은 일본 내 미군기지를 효과적으로 활용하여 역내 어디든지 전개 가능한 신속기동군으로서 역할을 수행했다. 주일미군 기지는 6·25 전쟁 시, 대만해협 위기 시[117], 베트남전쟁 시 미군을 재편성하고 장비·물자를 통합하는 병참기지로서, 그리고 필요한 전력을 투입하는 전력투사 기지로서 운영되었으며, 주일미군의 해군과 해병대의 다양한 기동전력은 일본 밖의 지역으로 폭넓게 전개할 수 있는 신속기동군의 핵심 전력이었다.

미국의 범세계적 군사전략의 실행자

주일미군은 아시아·태평양 지역에서 미국의 범세계적 군사전략 실행을 보장하는 역할을 수행했다. 주일미군은 미국과 서유럽, 일본을 연결하는 3각 안보협력의 한 축을 지탱하는 핵심 전력이다. 일본은 미국의 범세계적 안보전략을 구현하는 핵심부 역할을 했다. 따라서 미국은 서유럽에서는 NATO와 같은 집단방위체제를 통해 유럽의 안전보장을 유지했으나, 일본과는 쌍무적 동맹관계를 통해 이를 뒷받침했다.

주일미군은 미국의 세계 전략을 현시하는 징표이자 아시아에서 미국의 범세계적 패권 유지를 지원한다. 주일미군은 인도양, 걸프만으로부터 일본 해역까지 전략적 교통로를 보호한다. 이 해상수송로들은 전 세계 상선의 50% 이상이 통행하며, 한국과 일본의 원유 수입의 80% 이상이 통과하는 핵심 교통로이다. 일본에 이르는 해상수송로 보호는 서태평양과 인도양 지역의 안전을 보장하고 아시아·태평양 지역에 대한 미국의 영향력을 유지할 수 있는 필수적 과업으로, 실질적으로 미국을 제외하면 앞에서 언급한 지역들을 안전하게 보호할 수 있는 강대국은 존재하지 않는다. 주일미군은 필요시 신속하게 전력을 투사하여 이 전략적 교통로를 보호해왔다. 또한 주일미군은 1972년 오키나와를 일본에 반환할 때까지 상당 규모의 핵전력을 보유하여 트루먼~닉슨 행정부까지 미국의 핵전략을 지원했다. 1951년 '미일안보조약' 체결 이후 미국은 일본과의 협의 없이 일본 내에 핵무기를 배치할 수 있었으며, 일본은 아시아에서 핵전쟁을 위한 주요 병참기지 역할을 수행했던 것이다.[118]

앞에서 설명했듯이 주일미군은 일본과 한국을 방어하기 위한 특정 지역 방위군이자 역내 어느 곳이라도 투입 가능한 신속기동군으로서의 군사적 역할과, 동북아의 전략적 균형을 유지하여 미국의 범세계적 안보전략 시행을 보장하는 정치적 역할 등을 수행하는 실효적 전력이었다.

4

★

냉전기 주한·주일미군의
역할 비교 및 상관관계

(1) 주한미군과 주일미군의 역할 비교

냉전기 미국의 대소봉쇄전략은 서유럽 지역을 우선시했기 때문에 상대적으로 아시아 지역에 투입할 수 있는 군사적 역량은 불충분했다. 따라서 미국은 전략적으로 일본을 중시하면서 동북아 지역으로의 소련 팽창을 최소한도로 억제하는 전략을 추진했다. 미국의 이러한 인식은 주한미군과 주일미군의 전력 편성과 운용·배치에 그대로 반영되었다. 미국은 주일미군의 방위지역을 한반도를 포함한 극동지역으로 확대하여 이를 '미일안전보장조약'에 반영했으며, 주일미군을 통해 소련이 미국의 극동지역 방위 의지를 인식하고 군사적 위협 행위를 억제할 것을 기대했다.

반면, 주한미군은 '한미상호방위조약'에 따라 작전 범위가 대한민국의 영토 내와 그 부근으로 한정된다. 주한미군은 육·공군 위주로 구성되어 있고, 북한의 도발을 억제하는 직접적 역할을 수행하면서 한반도 유사시 주일미군이 증원되면 동북아에서 강력한 전쟁수행능력을 갖춘 전력으로 증강된다. 이는 기본적으로 주한미군이 육·공군 위주로, 주일미군이 해·공군 및 해병 위주로 되어 있어 상호 보완적인 역할을 수행할 수 있기에 가능하다. 즉, 동북아에서 전쟁이 발발하면 주전장은 한반도가 될 가능성이 크기 때문에 이에 대비하여 주한미군은 육군과 육군을 지원하는 공군 위주로 전력을 편성한 것이고, 주일미군은 유사시 신속기동군 및 증원군으로서의 역할을 수행하는 것으로 배비했다고 말할 수 있다.

주한미군과 주일미군의 역할을 대별하는 또 다른 요인은 전략적 기동군으로서의 과업이다. 주일미군은 해·공군과 해병대를 중심으로 다양한 기동수단을 가지고 일본 이외의 지역으로 폭넓게 운용할 수 있다. 6·25전쟁과 베트남전쟁의 사례에서 보듯이 병력·물자의 병참기지, 남중국해를 거쳐 동남아 지역에 이르는 해상수송로의 보호, 유사시 신속기동군으로서의 역할 등 미국의 아시아 국방전략을 떠받드는 전략적 기동군으로서의 기능을 수행했다.

주일미군 기지는 대만, 베트남 등 아시아 국가들의 방위를 위한 전력투사 기지로서 미군의 전략적·작전적 허브로 운용되었다. 오키나와는 1972년 일본에 반환될 때까지 미국의 시정권 하에 있었다. 냉전 기간 오키나와에는 미국의 전략무기들이 집중 배치되어 있었고, 베트남전 당시 오키나와는 베트남에 파견되는 미군의 재편성, 장비·물자의 통합, 부대 훈련 등을 위한 후방기지와 B-52 폭격기 등의 발진기지로서 사용되었다. 또한 사세보佐世保항은 베트남전에 투입되는 장비·물자의 선적 기지로 운용되었다. 일본은 베트남전 수행에 필요한 전쟁물자를 생산했으며, 주일미군은 베트남으로 수송되는 미군 병력·장비의 안전한 이동을 위한 역할을 수행했다.

주일미군이 동북아, 나아가 아시아 지역의 안보를 위한 전략적 기동군으로서의 역할에 집중된 반면, 주한미군은 일본의 안전을 보장하기 위한 전진배치군, 그리고 중국과 소련의 지원 하에 북한 재침 시 한국군과 함께 연합작전을 수행하는 고정배치된 지역방위군으로서의 역할에 맞춰져 있었다.

이런 측면에서 주한미군과 주일미군의 지휘체계는 다소 상이하다. 주한미군사령부는 태평양사령부 예하 또 하나의 통합군사령부로서 전·평시 한반도 내 전력으로 운용된다. 주한미군사령관은 4성 장군으로서 지정된 한국군에 대한 작전통제권을 보유하고 있으며, 사실상 태평양사령부로부터 독립된 지휘권을 행사한다. 반면, 주일미군사령관은 3성 장군인 5공군사령관이 겸직하고 있고, 7함대와 해병 전력 등이 일본 이외 지역으로 전개 시 지휘권은 태평양사령관이 행사한다. 즉, 전략적 기동군으로서의 주일미군에 대한 실질적 지휘권은 태평양사령관에게 있다고 볼 수 있다.

주한미군과 주일미군은 공히 미국의 핵전략을 실행하는 전력이었다. 냉전기 미국의 동북아 핵전략은 소련의 핵능력과 균형을 이루기 위해 동북아 지역에 핵전력을 고정배치하고, 아울러 7함대의 해상 핵전력으로 소련과 중국의 핵 위협을 억제하고 유사시 보복 전력으로 활용하는 것이었다.

미국은 아이젠하워 행정부 시절 주한미군의 7사단을 펜토믹 사단 Pentomic Division[119]으로 개편하여 핵 전력을 한반도에 배치하는 등 유사시 핵에 의한 대량보복능력을 실행할 수 있는 전력으로 활용했다. 주한미군은 육군의 핵 대포, 지대지미사일, 공군의 F-4 팬텀Phantom 등의 투발 수단을 배치하여 유사시 핵전력을 사용할 수 있었으며, 이러한 능력은 1991년

〈표 2-10〉 냉전기 주한미군과 주일미군 비교

구 분	주한미군과 주일미군 비교	
	주한미군	주일미군
주둔 근거	한미상호방위조약	미일안보조약
목 적	국지전쟁 억제	국지전쟁 억제 동북아 세력균형
위 협	북한	소련
방위 지역	한국	일본 + 극동지역
핵 배치	1950년대 후반~1991년	1950년대 초~1972년
지 휘	주한미군사령부	• 주일미군사령부 • 태평양사령부(해군·해병 전력 역외 전개 시)
전력투사 중추 기지	.	• 7함대 – 요코스카, 사세보 • 제3해병기동군 – 오키나와
전력 운용	대규모 전면전에 대비하기 위한 고정배치 전력, 지역방위군	• 아시아 지역 신속대응, • 다목적·전략적 기동전력

* 출처 : 필자 작성

한반도에서 핵무기가 완전 철수할 때까지 지속되었다. 주일미군의 핵전력은 1972년 오키나와가 일본에 반환되면서 철수했으나, 7함대의 해상전력은 여전히 핵 투발 수단을 운용으로써 유사시 핵 보복능력을 과시할수 있었다.

(2) 주한미군과 주일미군의 상관관계

냉전기 미국의 안보전략 수립에 있어 최우선 고려사항은 공산권의 세력확장을 봉쇄하는 것이었다. 미국은 유럽에서는 소련과 동구권의 확장을 막고, 아시아에서는 소련과 중국 공산주의 세력의 확장 및 인도차이나 반도에서의 공산혁명을 저지하기 위해 군사력을 배치해 운용했다. 이러한 전략적 관점에서 보면 주한미군과 주일미군에게 부여된 임무와 역할은 분명하게 대비된다.

전략적 기동군(주일미군) vs. 지역방위군(주한미군)

주일미군은 미국의 세계적 차원의 안보전략과 아시아·태평양 전략을 실행하는 데 핵심 역할을 담당한다. 반면, 주한미군은 동북아와 한반도라는 미국의 지역적·국지적 차원의 전략을 수행하기 위한 군사력이다.

이에 따라 주일미군은 미국의 안보전략을 구현하기 위한 전략적 기동군으로서의 역할이, 주한미군은 한반도에서의 국지적 전쟁을 억제하는 지역방위군으로서의 역할이 부여되었다고 할 수 있다. 미일동맹은 일본의 전략적 위치와 일본이 보유한 경제적·군사적 잠재력을 인식한 미국의 전략적 필요에 따라 체결된 반면, 한미동맹은 북한 위협에 따른 한국의 강력한 요청에 의거해 체결되었다.[120] 이는 주일미군과 주한미군의 성격을 가늠짓는 중요한 잣대가 되었다.

주일미군은 이러한 일본의 중요성을 감안하여 미국의 안보전략에 직접 기여하기 위한 전력으로 배치되었으나, 주한미군은 6·25전쟁이 발발하자 아시아에서 공산주의 세력 확장을 저지하기 위한 상주 전력이 필요함에 따라 배치된 전력이었다. 주한미군이 갖고 있는 이러한 제약성으로 인해 미국은 자국의 동북아 안보전략 구현을 위한 전략적 기동군으로서 주일미군의 가치를 보다 높게 평가할 수밖에 없었다.

지역 방위를 위한 '상호보완적' 역할 수행

냉전기 주일미군은 주한미군보다 많은 수의 병력을 계속 유지했다. 주일미군은 1970년대 초까지 1개 사단 규모의 육군과 7함대를 주축으로 한 해군 전력, 해병기동군 및 2개 전투비행단 규모의 공군 전력을 보유했으나, 닉슨 행정부의 베트남화 전략과 닉슨 독트린에 따라 주일미군의 육군 전력이 대부분 철수하여 1970년대 중반부터는 해군, 해병, 공군 전력으로 재편되었다. 반면, 주한미군은 한반도 주둔 초기부터 육군과 공군 전력으로 편성되었다. 주일미군은 1970년대 초까지 육·해·공군 및 해병대가 모두 편성된 강력한 군사력을 보유하여 지상전을 포함한 국지전쟁을 수행할 수 있는 능력을 갖추고 있었으며, 주한미군은 동북아 전진배치 전력으로 제한된 수준의 전쟁수행능력을 보유하고 있었다.

이런 측면에서 볼 때 1970년대 초반까지 주한미군과 주일미군의 능력·역할은 상호 대등한 관계는 아니었으며, 주한미군에게 부여된 한국 방위라는 임무가 완벽하게 수행되기 위해서는 주일미군의 지원이 필수적이었다. 1970년대 중반 이후 주일미군이 해·공군 및 해병대 위주로 재편되면서 동북아·한반도 방위를 위한 주한미군과 주일미군의 역할은 상호보완적 관계로 전환하게 되었다.

그러나 동북아를 벗어나 아시아·태평양 지역과 범세계적 수준에서 주한미군과 주일미군의 상호보완적 관계는 매우 제한적이었다. 주일미군에게 부여된 대만에 대한 중국의 위협 억제, 동남아 지역 유사시 신속대응, 전략적 해상수송로의 보호와 같은 임무는 미국의 범세계적 안보전략과 연계되어 있다. 예를 들어 7함대 항모전단은 4일 이내 대만해협에 도달할 수 있고, 오키나와에서 이륙한 전투기는 대만해협까지 작전이 가능하다. 주일미군은 대만에 대한 중국의 군사적 위협을 억제하고 유사시 대응하는 전력으로 운용할 수 있다. 그러나 이러한 과업 수행을 지원하기 위한 주한미군의 능력은 부족했다.

따라서 주한미군과 주일미군의 상호보완적 관계는 대부분 한국 방위, 좀 더 확대한다면 동북아 방위로 국한되어 있으며, 냉전기 미국의 범세계적 안보전략을 뒷받침하는 주도적 역할은 주일미군이 담당했다고 말할 수 있다.

주한미군과 주일미군의 병력 규모 변화 요인

미국의 범세계적 안보전략과 연계된 주한미군과 주일미군의 전략적 중요성은 병력 규모의 변화에도 영향을 미쳤다. 닉슨 행정부 시절 주한미군은 7사단 병력 2만 명을 포함하여 육·공군 약 2만 6,000명의 병력이 감축되었고, 주일미군은 육군 1만 4,000여 명과 해병 2만 3,000여 명 등약 3만 7,000명이 감축되었다. 카터 행정부에서는 주한미군 병력 3,000여 명의 감축이 있었으며, 주일미군의 병력 감축은 진행되지 않았다. 베트남전 등 국제 정세의 변화, 해외 배치 미군 주둔비용의 증가 등 미군 감축에 영향을 미치는 요인은 다양하나, 미군은 병력 감축 추진 시 국지분쟁의 억제력으로서 고정배치되어 있는 육군과 해병대 병력을 우선 감축 대상으로 고려했다. 따라서 주한미군의 육군과 주일미군의 해병 전력이 주요 감축 대상으로 거론되곤 했다.

그러나 주한미군의 육군과 주일미군의 해병 전력은 그 성격과 역할, 편성이 상이하다. 주일미군의 해병기동군은 해병사단과 비행사단으로 편성된 기동군의 성격을 띠고 있어, 상시 고정배치 전력으로 운용되는 주한미군의 육군과는 그 임무와 역할이 다르다. 이런 측면에서 미국의 안보전략 변화와 연계하여 동북아 지역에서 감축 대상으로 주한미군의 육군 전력이 우선적으로 고려될 수밖에 없었다.

주한미군이 갖고 있는 이러한 전략적 취약성은 당면한 위협이 감소하거나 미국의 지역 안보전략이 변화하면 상당히 민감해지는데, 이는 향후 탈냉전기 미국의 전력 운용에도 상당한 영향을 미쳤다.

UNITED STATES
FORCES ★ KOREA

★★★★★★★★★★★
★★★★★★★★★★★ ★ CHAPTER 3 ★

탈냉전기 미국의 국방전략과 주한·주일미군의 역할

UNITED STATES
FORCES ★ JAPAN

1

탈냉전기 미국의 국방전략

(1) 조지 H. W. 부시 행정부

'새로운 개입'을 통한 '새로운 세계질서' 추구

조지 H. W. 부시^{George H. W. Bush} 대통령의 안보전략 목표는 '새로운 개입^{New Engagement}'을 통한 '새로운 세계질서^{New World Order}'의 구축이다. 1989년 1월 20일 부시는 취임식에서 세계가 '새로운 개입'을 요구하고 있으며, 미국은 평화를 지키기 위해 힘을 유지해야 한다고 역설했다.[121] 또한 미국의 안보를 위해 소련과 친밀한 관계^{closeness}를 유지할 것임을 천명하면서 소련과 '전략무기감축조약^{START, Strategic Arms Reduction Treaty}'[122]을 체결했다. 미소 간 긴장완화 정책은 평화로운 냉전 종식이라는 결과로 이어졌다.

1990년 8월 2일 사담 후세인^{Saddam Hussein}의 쿠웨이트 침공은 부시 행정부가 직면한 가장 큰 도전이었다. 부시 행정부는 미국의 사활적 경제이익과 중동지역의 안정을 지키기 위해 영국·프랑스·사우디 등과 연합하여 걸프전 승전을 달성했다. 미국은 걸프전이 이라크 국민과의 싸움이 아닌 이라크의 독재자 사담 후세인과 그의 쿠웨이트 침략에 대한 대응 차원의 전쟁임을 강조했다. 이러한 명분은 중동지역 국가들의 지지를 확보했으며, 결과적으로 상당한 성과를 거두었다고 평가할 수 있다.

미국의 냉전 승리, 소련을 중심으로 한 공산주의 세력의 붕괴로 국제 사회는 미국이 주도하는 단극 구조 하의 다극적 협력체제로 전환되었다. 그러나 중국의 급성장과 1989년 천안문 사태 등으로 미국은 중국이 잠재적으로 아시아를 지배하고 미국의 이익을 손상시킬 수 있다고 우려하게 되었다.[123] 이는 자연스럽게 미국이 아시아·태평양 지역으로 전략적 관심을 이동하는 전기로 작용했다. 유럽에서 미국의 이익을 보호하고 NATO의 방위전략을 유지하는 것은 여전히 중요한 과업이었다. 그러나 부시 행정부는 걸프전 종전과 함께 중동지역의 평화와 안정을 위한 기회를 만들고, 대량살상무기 확산을 통제해야 하며, 지역 안보를 위한 합의를 도출하는 데 보다 더 집중하여 새로운 세계질서를 구축해나가야만 했다. 이에 따라 부시 행정부는 유럽 우선주의의 안보전략으로부터 중동지역의 안정을 도모하면서 중국의 부상을 억제하는 전략으로 노력을 전환할 수밖에 없었다.

동아시아전략구상(EASI-I과 EASI-II) 추진

소련의 해체와 동구권의 몰락은 부시 행정부의 동아시아 국방전략에도 일대 변화를 불러왔다. 냉전 종식에 따라 국방예산을 삭감하여 재정적자의 부담을 해소해야 한다는 목소리가 높아졌고, 주한미군을 비롯한 해외 주둔 미군의 감축 문제가 본격적으로 논의되기 시작했다.[124] 1989년 8월

국가		1990년 병력	1단계 (1990-1992)	1단계 감축 후 병력	2단계 (1992-1995)	2단계 감축 후 병력
한국	총병력	44,400	6,987	37,413	6,500	30,913
	육군	32,000	5,000	27,000		27,000
	해군	400		400		400
	해병	500		500		500
	공군	11,500	1,987	9,513		9,513
일본	총병력	50,000	4,773	45,227	700	44,527
	육군	2,000	22	1,978		1,978
	해군	7,000	502	6,498		6,498
	해병	25,000	3,489	21,511		21,511
	공군	16,000	560	15,440	700	14,740

* 출처 : DoD. *A Strategic Framework for the Asia Pacific Rim: Looking toward the 21st Century*(July 1992)을 참조하여 필자 작성.

미 의회는 동아시아 주둔 미군 유지비용을 축소하기 위한 병력 감축 및 전력 구조 변경안을 담은 '넌-워너Nun-Warner 수정안'[125]을 통과시켰다. 넌-워너 수정안은 주한미군의 역할이 한국 방위를 위한 주도적 역할에서 지원적 역할로 조정되어야 하고, 주한미군 주둔비용에 대한 한국의 부담이 확대되어야 하며, 한국 정부와 주한미군의 감축·재배치에 대해 협의할 것을 명시했다.

1990년 4월 19일 '넌-워너 수정안'에 따라 미 국방부는 '21세기를 향한 아시아·태평양 지역의 전략적 구조A Strategic Framework for the Asian Pacific Rim: Looking toward the 21th Century', 일명 '동아시아전략구상EASI, East Asia Strategic Initiative'[126]을 의회에 제출했다. '동아시아전략구상'은 전통적인 위협 인식의 변화,

재정 압박으로 인한 국방예산의 삭감 등 변화된 환경을 고려하여 향후 10년간 주한미군과 주일미군을 포함한 아시아·태평양 지역 주둔 미군의 점진적 감축계획을 포함했다. 우선 1단계로 1992년까지 13만 5,000명의 아시아 주둔 미군 중 1만 4,000~1만 5,000명을 감축하고, 추후 상황을 고려해 추가적인 전투병력 감축을 추진한다는 것이다.

EASI-I에 따라 1992년까지 1단계 동아시아 주둔 미군의 감축이 진행되었다. 주한미군 6,987명, 주일미군 4,773명을 포함하여 한국·일본·필리핀에서 1만 5,250명의 병력이 철수했다. 그러나 소련의 붕괴와 냉전 종식과 함께 안보 상황이 변화함으로써 유럽이 아닌 태평양 전구가 미국의 전략적 최우선 순위로 부상함에 따라 EASI-I은 수정이 불가피했다. 이에 따라 미국은 1992년 5월 EASI-I을 수정한 EASI-II를 발표하게 되었다.

EASI-II는 북한의 핵 및 탄도미사일 개발로 인한 한반도 안보 상황의 불안정성과 동남아시아 해상수송로의 안전한 보호 필요성 등을 반영하여 EASI-I에서 제시한 동아시아 주둔 미군 감축 계획을 수정했다. 이에 따라 주한미군의 2단계 병력 철수 계획은 중단되었고, 주일미군은 오키나와 주둔 미 공군의 구조 변화(F-15 1개 대대의 전투기 수를 24대에서 18대로 조정)를 통해 약 700명의 병력만 감축했다. EASI-II는 처음으로 중국을 동아시아에서 '잠재적 불안정 요인'으로 규정했다. 전반적으로 부시 행정부의 동아시아 국방전략은 냉전의 종식과 미 국방예산의 압박이라는 대내외적 여건에 크게 좌우되었다.

북한 핵개발 저지 및 '한국 방위의 한국화'를 지향

1991년 부시 대통령은 한국 내 미군의 모든 전술핵무기를 철수시키면서 미국의 대한국 국방전략의 큰 변화를 예고했다. 한국에서의 핵무기 철수는 핵무기 감축 및 한반도 비핵화를 위한 한미 양국의 전략적 결정이었으나, 향후 한반도를 둘러싼 주변국과 어려운 외교적 문제를 만들어냈다. 부시 행정부의 가장 중차대한 외교적 숙제 중 하나는 북한의 핵개발 저지였다. 부시 행정부 시절 미국은 북한이 핵개발을 단념할 수 있도록 전방위적으로 외교적 노력을 기울였다. 북한의 핵개발이 남북한 간 핵무기 개발 경쟁을 부추기고 한반도에서의 정치적·군사적 긴장을 고조시킬 것이라고 우려한 미국은 북한의 핵물질과 핵물질 생산시설을 제거하는 것을 궁극적 목표로 설정했다. 이를 위해 북한이 1985년에 서명한 핵확산방지조약NPT, Nuclear Nonproliferation Treaty을 준수할 것을 북한에 요구했다. 또한 북한이 핵시설을 공개하고 국제기구의 사찰을 수용하도록 최대한 압력을 가했다. 한국과 일본에게는 군사적 선택을 취하지 않도록 설득하면서 동시에 북한에 대한 경제적 지원을 시행하도록 외교적 노력을 병행했다. 아울러 소련과 중국을 설득하고, 북한이 IAEA 조사를 거부하거나 지연시킬 경우 강력한 경제적 압박을 가하는 투트랙two track 전략을 유지했다.

북핵 문제를 둘러싼 외교적 노력과 병행하여, 부시 행정부가 한국에 취한 국방전략은 '한국 방위의 한국화'이다. 1989년 통과된 '넌-워너 수정안'은 한국 방위를 위한 주한미군의 역할을 '주도적 역할'에서 '지원적 역할'로 변경해야 한다고 기술하고 있었다. 이에 따라 이듬해 4월 제출된 '동아시아 전략구상EASI-I'은 한국·일본·필리핀에 주둔하고 있는 상당 규모의 미 지상군과 일부 공군 병력을 3단계에 걸쳐 감축할 것을 요구했다.

앞에서 언급한 바와 같이 EASI-I에 따른 주한미군의 1단계 철수는 계획대로 진행되어 지상군 5,000명, 공군 1,987명 등 6,987명의 주한미군이 1992년까지 철수했다. 그러나 북한의 핵 개발 등 한반도 상황의 불안정성으로 인해, 주한미군의 2단계 철수는 제2차 '동아시아 전략구상EASI-II'에 의거해 동결되었다.

부시 행정부의 대한반도 국방전략은 냉전이 종결되면서 아시아 지역이 미국의 안보전략의 중심으로 부상한 상황에서 미국의 국익을 위해 동북아의 안정 유지가 필수적이라는 인식을 바탕으로 수립되었다. 아울러 미국의 재정 악화에 따른 국방예산의 삭감은 해외 주둔 미군의 전반적 재배치와 전력 구조 변화를 강요했다. 이에 따라 동북아에 주둔하고 있는 미군의 역할을 지역 내 세력균형을 위한 조정자로 전환[127]하고, 한국 방위를 위한 미군의 역할을 지원적 역할로 전환하면서 한반도 상황을 안정적으로 관리해나간다는 전략을 취하지 않을 수 없었다. 주한미군을 동북아 지역 국지분쟁 발발 시 효과적으로 대응할 수 있는 전방 전개 전력과 신속투입 전력으로 활용하고, 한국과는 다각적 외교적·군사적 협력을 통해 북한 핵 개발로 인한 한반도 정세를 안정적으로 관리해나가겠다는 전략을 취한 것이다.

강력한 미일 방위협력체제 구축

조지 H. W. 부시 행정부의 대일본 국방전략 역시 1990년에 마련된 동아시아전략구상EASI-I의 틀 속에서 구상되었다. 냉전 종식이라는 대외적 환경 변화와 미국의 재정적 압박이 가중되는 대내적 여건으로 인해 미국은 주일미군을 포함하여 아시아·태평양 지역 주둔 미군의 점진적 감축을 추진했으며, 미국이 추구하는 범세계적 안보 목표 달성에 한국·일본 등 동아시아 국가들이 더 많이 기여해주기를 희망했다. 1991년 걸프전쟁이 발발하자 일본이 그해 4월 페르시아만의 기뢰 제거를 위해 소해정 등 6척의 함정으로 구성된 해상자위대를 파견한 것은 일본의 안보적 기여를 확대해달라는 미국의 요구에 부응하기 위한 부득이한 조치였다.

탈냉전시대 일본의 전략적 중요성은 더욱 부각되었다. 1991년 12월 27일 부시 대통령이 아시아 4개국 순방 직전에 "미국은 태평양국가이다"라고 선언했듯이, 걸프전 종전 후 아시아·태평양 지역은 미국의 범세계적 안보전략을 달성하기 위한 핵심 지역으로 대두되었다. 미국은 건강하고 조화로운 미일 관계 없이는 향후 아시아·태평양 지역에서 미국의 리더십을 행사하는 것은 불가하다고 인식했다.[128] 아시아·태평양 지역에 대한 미국의 핵심 이익은 ① 미국에 적대적인 지역패권국이나 연합의 출현 방지, ② 해양의 자유와 국제 해상수송로·항로 및 우주공간의 안전 보장, ③ 주요시장·에너지·전략물자에 대한 자유로운 접근 보장, ④ 미국의 동맹국과 우방국에 대한 침략 억제 및 격퇴로 요약된다. 아시아·태평양 지역에서 미국의 핵심 이익을 지키기 위해서 강력한 미일 안보체제는 필수적이었으며, 주일미군은 아시아의 전진배치 전력으로서 지역 위기 사태에 대응하고, 해상수송로를 보호하며, 동남아·서남아·중동지역 등 원거리 작전지역까지 신속하게 전개할 수 있는 전력이었다.

이러한 인식은 1992년 4월 16일 미 국방부가 공표한 '국방기획지침 Defense Planning Guidance FY 1994-1999'에도 잘 나타나 있다. 1992년 미 국방기획지침은 미국의 범세계적 리더십이 계속 유지되기 위해서는 기존 군사동맹체제의 유지, 전방 배치된 군사력의 유지, 지역 위기에 신속히

대응하기 위한 기동전력의 강화, 동맹국들의 방위 분담 확대가 필수적이라고 명시했다.[129]

미국은 범세계적 평화와 안전보장을 위해 일본에 보다 많은 역할을 요구했다. 이러한 미국의 대일본 국방전략은 1992년 미일 간 '글로벌 파트너십 행동계획'으로 구체화되었다. 미일 양국은 일본의 외무대신과 방위청 장관, 미국의 국무장관과 국방장관이 참석하는 안전보장협의위원회를 설치했고, 국방 분야 기술이전 및 덕티드Ducted 로켓 엔진의 공동연구, 연합훈련 확대 등 양국 간 방위 협력을 가속화하는 데 합의했다. 사실 미일 간 국방 분야 기술협력은 1980년대 후반부터 이미 개시되었다. 미국과 일본은 1988년 11월 29일 FS-X 공동개발에 합의했다. 이를 통해 일본은 FS-X 개발을 위한 일본 기업의 참여를 보장받았고, 미국은 F-16 전투기에 관한 기술 정보를 일본에 제공하기로 했다. FS-X는 일본의 F-1 지원전투기Fighter-Support를 대체하는 차기 지원전투기 사업이다. 지원전투기는 전폭기의 성능을 갖춘 보조전투기라는 의미로서 일본만이 사용하는 용어이다. 처음에는 일본이 독자개발하려 했으나 미 국방부의 제의로 공동개발하기로 결정했으며, 현재 F-2로 명명하여 일본 자위대가 운용 중이다.[130] 덕티드 로켓 엔진은 초음속 로켓 엔진을 말한다. 1992년 9월 덕티드 로켓 엔진에 대한 미일 간 공동연구를 위한 협정이 체결되었으며, 이는 미일 간 공동연구 1호로서 향후 미일 공동의 국방기술 연구가 본격화되는 서곡이 되었다.[131] 미일 양국은 또한 1986년 10월 미일 연합 실기동훈련을 최초로 실시한 이래 6년 만인 1992년에 다시 통합 실기동 연합훈련을 재개했다.

이렇듯 부시 행정부 들어 미국과 일본은 국방기술의 공동개발, 고위급

안보협의체 출범, 통합 실기동 연합훈련 등 범세계적 동반자 관계로의 격
상을 위한 군사협력을 본격적으로 추진했다. 일본은 미국의 협력 아래 일
본 방위뿐만 아니라 지역·범세계적 평화와 안전을 위한 다양한 활동에
참여할 수 있는 전략을 추진할 수 있었다. 이러한 노력의 결실로서 일본
은 1992년 9월 캄보디아 국제평화협력을 위해 자위대 병력 600명을 파
견함으로써 자위대의 해외 진출을 공식화했다.

(2) 클린턴 행정부

'개입과 확대'의 안보전략 추구

클린턴^{Bill Clinton} 행정부의 안보전략은 '개입과 확대^{Engagement and Enlargement}'
로 정의된다. '개입과 확대' 전략은 시장주의적 민주주의의 확산, 자유무
역 수용, 다층적 평화유지 노력과 국제 동맹의 중시, 그리고 세계적 위기
상황에 대한 미국의 개입으로 특징지을 수 있다.

클린턴 행정부의 기본적인 안보위협 인식은 1993년 9월 1일 발표한
'미군 전력편성의 재검토^{BUR, Bottom-Up Review}'에 잘 나타나 있다. BUR은 냉
전 이후 미국의 안보위협을 ① 대량살상무기 ② 지역강대국에 의한 침
략, 또는 민족·종교분쟁 등 지역적 위험 ③ 소련 또는 그 외 지역에서의
민주주의 실패 ④ 미국에 대한 경제적 위협으로 규정했다.[132]

이러한 위협에 대응하기 위해 클린턴 행정부 국가안보보좌관인 레이
크^{Anthony Lake}는 1993년 9월 21일 존스홉킨스 대학 연설에서 소련의 위협
을 봉쇄하는 냉전시대의 전략에서 탈피하여 민주주의적 시장경제를 확
대하는 '확대전략^{strategy of enlargement}'을 제시했다. 그가 제시한 확대전략의

핵심은 과거의 적대국가들을 경제·외교적 파트너로 바꿈으로써 시장경제·민주주의 커뮤니티를 확대하고, 신생 민주·시장경제 국가들을 지원하며, 이러한 시장·민주주의체제를 공격하는 적대국가들에 대해서는 단호히 대응한다는 것이다.[133] 또한 새로운 태평양 지역 커뮤니티의 기반을 구축하기 위해 일본과의 관계가 중요하다고 역설했다. 아울러 한국·일본과 함께 중국과의 관계는 아시아에서 안보·경제 이익에 중요하며, 중국이 경제적 자유화와 국제적 표준을 존중하는 것이 미국의 이익에 부합한다고 설명했다. 그는 대량살상무기와 탄도미사일 기술을 확산시키고 테러리즘을 지원하여 민주체제를 위협하는 폭력·무법국가의 예로서 이란과 이라크를 들면서, 미국이 이러한 국가들의 공격을 억제·격퇴하기 위해서는 충분한 군사력을 유지해야 하며, 그 예로 3만 7,000명의 미군이 한국에 주둔하고 있다고 언급했다.

1996년 2월에는 클린턴 행정부 2기 '개입과 확대'의 국가안보전략 National Security Strategy of Engagement and Enlargement을 발표하여 강력한 방위능력을 통한 안보 강화, 미국의 경제적 활성화 촉진, 민주주의의 확산을 안보전략 목표로 제시했다.

클린턴 행정부는 1997년 5월 4개년 국방검토 보고서 QDR, Quadrennial Defense Review[134]를 발표하여 클린턴 행정부 2기의 국방전략으로 '위협에 기초한 threat-based 전략'을 제시했다. '위협에 기초한 전략'은 유리한 국제 안보 환경을 조성하면서 모든 종류의 위기에 대응하고 불확실한 미래에 대비해야 한다는 전략이다. 1997년 QDR은 2개의 대규모 전역 전쟁에서 동시에 승리하는 원윈 Win-Win 전략을 고수했고, 아시아·태평양 지역에 10만 명, 유럽 지역에 10만 명의 미군을 계속 주둔시킬 것임을 명시했다.

- **강력한 방위력 유지**
  - 주요 지역 분쟁에서 침략을 억제 및 격퇴
  - 미국의 전략적 이익 확대를 위해 해외 핵심 지역에 미군 배치

- **2개 전쟁에서 동시 승리**
  - 북한, 이란, 이라크와 같은 잠재적 적대국가의 침략 격퇴를 위해 신속하게 전개할 수 있는 전진배치군 유지
  - 거의 2개 지역에서 동시에 분쟁 발생 시 격퇴할 수 있는 능력

- **대량살상무기(WMD) 확산 방지**   • **다국적 평화작전 기여**   • **대테러, 마약밀매 등**

* 출처 : 필자 작성

아시아 · 태평양 지역 내 10만 명의 미군 지속 유지 : EASR(1995, 1998)

1990년대 중반 아시아 · 태평양 지역의 정세는 중국 내부의 정치적 불안정, 중국과 대만 간 잠재적 충돌 가능성, 홍콩의 불안정성 등으로 매우 유동적이었다. 이에 따라 동아시아에서 현 수준의 미군 병력을 유지하고 일본 등 동맹국과의 협력을 통해 지역 안정을 도모해야 한다는 인식이 미국의 조야朝野에 확산되어갔다.[135]

미 국방부는 1995년 2월 '동아시아 · 태평양 지역에 대한 미국의 안보전략U. S. Security Strategy for the East Asia-Pacific Region', 일명 '동아시아전략보고서EASR, East Asia Strategy Report'를 발간하여 아시아 · 태평양 지역에 대한 클린턴 행정부의 국방전략을 구체화했다. 1995년 '동아시아전략보고서EASR'는 '동아시아전략구상EASI'을 대체한 것으로, 클린턴 행정부의 '개입과 확대' 전략, 즉 안보동맹 및 다자협력을 통해 동맹 · 우방국과의 관계를 강화하고 비우호국 및 적대국과의 관계를 개선하는 전략을 재확인했다. 또한 아

〈표 3-3〉 아시아·태평양 지역 미군 전력 : 약 10만 명 수준 계속 유지

한국	• 미군 규모 : 현 수준 계속 유지 　– 1개 육군 사단 (사단사령부, 지원부대, 2개 여단) 　– 2개 전투비행단 (7공군) 　– 군사장비 사전 배치 • 한국군 현대화 지원 및 미군 현대화 계속 • 미군이 타 지역 분쟁 개입 불구, 북한의 침략을 분쇄할 수 있는 　충분한 전력 및 자산을 계속 제공
일본	• 미군 규모 : 현 수준 계속 유지 　– 1개 항모전투단 및 1개 상륙준비단 　– 1개 해병원정군 및 예하 비행단 　– 2개 규모 전투비행단 (5공군)
괌	• 미군 규모 : 1개 육군 여단 장비 사전 배치, 2개 해병 여단 규모의 장비 해상 배치, 1개 육군 여단분 장비 서·동남아 지역에 배치
전 지역	• 제7함대 유지 (1개 항모, 이지스 순양함, 구축함, 수륙양용함 등)

* 출처 : 1995년 『동아시아전략보고서(EASR)』을 참조하여 필자 작성.

시아·태평양 지역에서의 미국의 이익 수호를 위해 현 수준의 군사력인 10만 명을 유지할 것을 명시했다.

　클린턴 행정부는 1998년 11월에 '95 EASR에 비해 상세하고 포괄적인 '98 EASR을 발간했다. '98 EASR은 아시아·태평양 지역의 10만 미군 지속 유지 기조를 재확인하면서 포괄적 개입Comprehensive Engagement이라는 전략 개념을 제시했다. 동맹국과의 유대를 강화하고 중국과는 포괄적 개입, 즉 협력과 상호 이해에 기반을 둔 장기적인 관계를 위한 초석을 구축한다는 것이다.

　'98 EASR은 역내 주둔 주한미군과 주일미군을 아시아에서 미국의 억제와 신속대응 전략을 구현하는 핵심적인 전력으로 평가했다. 또한 한국에는 8·51전투비행단이 소속된 7공군과 2보병사단이 소속된 8군이 주

구 분	'95 EASR (1995년 2월)	'98 EASR (1998년 11월)
성격	• 클린턴 1기 행정부의 국방부 동아시아·태평양 전략 (BUR 반영)	• 클린턴 2기 행정부의 국방부 동아시아·태평양 전략 (QDR 반영)
전략 기조	• 개입과 확대	• 포괄적 개입
동아시아 미군 규모	• 10만 명 유지, 상황 변화 시 조정 가능 • 주한미군 3만 7,000명 명시	• 10만 명 유지 재확인 • 역내 미군 운용 : 다양성, 유연성, 상호보완성 강조
주한미군 역할	• 소극적 역할 (장기적 변경)	• 소극적 역할 (장기적 변경)
대북 및 남북관계	• 북한 위협 소멸 후에도 한미 안보관계 지속, 남북대화 강조	• 항구적 안보 동반자 관계 유지

* 출처 : 국방부 군사편찬연구소, 『한미동맹 60년사』, p. 189.

둔하고 있고, 일본에는 18전투비행단, 35전투비행단, 37공수비행단이 소속된 5공군, 키티호크 항모전투단이 소속된 7함대와 3해병기동군이 주둔하고 있으며, 역내에 배치된 미군의 다양성과 유연성, 상호보완성은 실질적으로 지역 안정과 안보를 제공한다고 명시했다.

강력한 대북억제 및 역내 신속대응을 위한 주한미군 전력 유지

클린턴 행정부의 대한국 국방전략의 골격은 1993년 9월 1일 애스핀Les Aspin 국방장관이 발표한 '미군 전력편성의 재검토BUR'와 1995년과 1998년 발표한 '동아시아전략보고서EASR', 1997년 '4개년 국방검토 보고서QDR'에 제시되어 있다. 미국은 1993년 BUR을 통해 "중동과 한반도 2개의 대규모 지역분쟁MRCs: Major Regional Contingencies에서 동시에 승리할 수 있는 원원 전략을 채택했고, 충분한 병력을 유지해야 한다"고 결론지어 아시아·태평양 지역 10만 명 규모의 미군 주둔을 합리화했다.[136] 한국과는 강력한 동맹관계를 유지하면서 북핵 해결을 위한 다각적 협력을 발전시키는 국방전략을 설정했다. 북한 침략을 격퇴할 수 있는 연합방위체제를 유지하고, 북한 위협이 소멸된 후에도 지역 안보 차원에서 강력한 방위동맹 관계를 유지하면서 주한미군을 포함하여 아시아·태평양 지역에 주둔하고 있는 약 10만 명 수준의 미군을 계속 유지할 것임을 표명했다. 또한 주한미군을 북한의 위협을 억제하는 전력이자 역내 위기 발생 시 신축적 대응을 보장하는 동북아 안정장치로 평가했다. 아울러 주한미군의 유연성과 한국 내 미군기지의 자유로운 이용이 지역 안정을 위한 미국의 억제와 신속대응전략을 수행하는 데 중요한 요소라고 명시했다.

그러나 1998년 코소보전쟁이 터지자, 1999년 4월 미국의 항공모함 시어도어루스벨트함USS Theodore Roosevelt을 코소보 작전에 투입하고, 7함대의 항공모함 키티호크함USS Kitty Hawk이 중동지역으로 연쇄 이동하면서 동아시아에서는 항공모함이 한 척도 없는 공백 사태가 초래되었다. 그 와중에 1999년 6월 연평해전이 발생하자 미국은 한반도에서의 대북 억지력을 유지하고 힘의 공백을 막기 위해 항공모함 칼빈슨함USS Carl Vinson을 배치할 계획을 공표했다. 이번 사태는 클린턴 정부가 유지한 '2개의 주요 전구 전쟁에서 승리 전략'이 가진 한계를 노출시켰으며, 부시 행정부 들어 새로운 군사전략의 틀을 모색하는 계기가 되었다.[137]

일본 및 주변 지역 긴급사태 시 미일 대응체제 구축

클린턴 행정부 초기 1993년 3월 12일 북한의 NPT 탈퇴 선언으로 촉발된 북핵 위기와 1996년 대만해협에서의 미중 갈등은 아시아·태평양 지역의 안정과 평화를 위한 미일 안보체제의 중요성을 다시 한 번 인식하게 된 계기가 되었다. 클린턴 행정부는 북한의 핵개발을 저지하고 아시아·태평양 지역의 평화와 질서를 유지하기 위해 전진배치 군사력을 계속 유지하고, 중국과 군사적·경제적 협력을 추구하면서 대량살상무기 비확산을 도모하기 위해 미일 안보체제를 가장 중요한 축으로 고려했다.

1996년 4월 17일 미일 정상이 발표한 '미일공동안보선언-21세기를 향한 동맹Japan-U. S. Joint Declaration on Security - Alliance for the 21st Century'은 새로운 국제질서에서 미국과 일본의 역할을 분담하고 아시아·태평양 지역의 평화와 안정을 위해 미일 간 방위협력을 강화해야 한다는 이정표를 제시했다. 미일 정상은 아시아·태평양 지역의 안정을 유지하기 위해 미군의 주둔이 필수적이며, 아시아에 주일미군을 포함 10만 명 수준의 미군을 계속 배치할 것임을 확인했다. 또한 방위비 분담, 상호군수지원협정, 일본 자위대와 미군 간 상호운용성 확대, 기술과 장비 교류 확대, F-2 전투기 연구개발 협력 등 양국 간 방위협력을 확대하며, 지역·범세계적 차원의 협력을 강화해나가기로 했다.[138] '미일공동안보선언'은 미일 안보체제의 적용 범위가 확대됨을 의미하는 것이었다. 즉, 과거 일본과 극동지역에 국한되었던 미일 안보협력의 범위를 아시아·태평양 지역 전체로 확대하고, 한반도 상황 관리, 중국 위협에 대응, 러시아 견제 등 안정된 아시아·태평양 지역을 위한 미일의 공동 노력을 천명한 것이었다. 이는 동북아의 안보 책임을 공동안보체제의 틀 속에서 미국과 일본이 함께 지겠다는 것을 의미했다. 1996년 발표된 '미일공동안보선언'에 따라 미일 양국은 아시아·태평양 지역에서의 다양한 위기 상황에 대비하여 미국과 일본이 어떻게 행동할 것인가를 검토하기 시작했다. 이러한 협의의 결과로

〈표 3-5〉 1997년 '신(新)미일방위협력지침' 주요 내용

평시	• 미국은 핵 억지력 유지, 전진배치, 증원능력 지속 유지 • 미일 정부는 일본의 방위 및 안정적인 국제 안보 환경 구축을 위해 긴밀한 협력체제 유지
일본에 대한 무력공격 시	• 자위대가 주도적 방위작전을 수행, 미군은 자위대의 능력을 보완하는 작전 실시 • 공중공격, 해상 방위 및 해상교통로 보호, 육상 공격에의 대처를 위한 작전
일본 주변 사태 시	• 미일 양국 정부의 독자적 활동에 대한 협력 − 수색 및 구조, 선박검색, 비전투원 대피 조치 활동 등 • 미군의 활동에 대한 일본의 지원 − 자위대 시설 및 민간 공항·항만의 일시적 사용 − 후방지역 지원 • 운용면에서의 미·일간 협력 − 경계감시를 위한 정보 교환 − 일본 및 주변해역에서의 기뢰제거 활동, 해·공역 조정 등

* 출처 : 防衛省, 「日本の防衛, 2004」 資料 28. 1997년 신(新) '미·일 방위협력지침'을 참고하여 필자 작성

1997년 9월 23일 새로운 '미일방위협력을 위한 지침'이 공표되었다.

1997년의 '신新미일방위협력지침'은 평시 혹은 긴급사태 시 양국 간의 역할과 협력의 틀을 제시하기 위해 마련되었다. 1978년 처음 제정된 '방위협력지침'이 냉전기 소련을 상정하여 평상시 및 일본 유사시 대처만을 규정했던 반면, 1997년의 신미일방위협력지침은 냉전 이후 극동을 포함한 주변 사태 발생 시 미일 방위협력을 명확히 하고, 미국이 일본의 후방지원을 제공하여 아시아·태평양 지역에서의 영향력을 유지하고자 하는 미국의 여망을 반영한 결과였다. 특히 한반도나 대만 유사시 등을 상정[139] 한 주변 지역 사태 발생 시 미일 간 협력 방안에 대해 미일 양국 정부의 독자적 활동에 대한 협력, 미군 활동에 대한 일본의 지원, 운용 면에서의

미일 간 협력 등 40개 항목으로 구체화하여 발전시켰다.

1997년 '신미일방위협력지침'은 세 가지 역할을 했다고 평가된다. 첫째는 긴급사태 대처를 위해 미일 간 계획 검토의 정책적 틀을 제공하는 역할이고, 둘째는 일본의 긴급사태 대처를 위한 체제 구축의 촉매로서의 역할이며, 셋째는 일본 주변국들, 특히 한국과 중국에 대한 전략적 커뮤니케이션의 수단으로서의 역할이다.[140]

클린턴 행정부 2기 1998년 '동아시아전략보고서[EASR]' 역시 '포괄적 개입'이라는 국가안보전략 기조 하에서 미일관계를 강화할 것임을 재확인했다. 미일 간 안보협력 강화는 중국의 부상에 대비해 아시아에서 새로운 세력균형을 위해서는 강력한 일본이 필요하며, 일본이 미국과 동일한 의지를 가진 파트너 국가로서 행동할 때 중국이 패권국가로서 부상하는 것을 차단할 수 있다는 인식이 기저에 있었기 때문이다.[141] 이러한 인식을 토대로 클린턴 행정부는 아시아·태평양 지역에서 미국의 확고한 영향력을 계속 유지하고, 일본의 역할 분담과 기여도를 확대하는 방향으로 대일본 국방전략을 추진했다. 미국의 대일 국방전략은 미일 방위협력 강화라는 기조 아래 자국의 안보능력을 보강하고자 하는 일본의 숙원에도 부합하는 것이었다.

미국은 1996년 '미일공동안보선언'과 1997년 '신미일방위협력지침'을 통해 미일 안보협력의 범위를 확대했고, 러시아·중국 등으로 초래될 수 있는 아시아·태평양 지역 안보 환경의 불확실성에 대비할 수 있는 체제를 구축했다. 또한 미국이 제공하는 안보 수혜에 상응하여 일본의 안보기여도가 확대됨으로써 미국은 북한 핵으로 촉발된 한반도 상황 등 일본 주변국 관리를 위해 더 많은 노력을 기울일 수 있었다. 그리고 미일 군사협력 분야를 구체적으로 발전시키면서 일본 및 주변 지역 긴급사태 시 대응체제 구축을 위한 제도적 틀을 마련했는데, 이는 미군과 일본 자위대의 상호운용성 확대를 통해 향후 미군과 일본 자위대 간 일체화를 향한 디딤돌로 작용했다.

(3) 조지 W. 부시 행정부

'능력에 기초한 전략'으로 전환

재임 초기 9·11 테러라는 초유의 사태를 맞은 부시^{George W. Bush} 행정부의 국가안보전략[142]의 특징은 크게 세 가지 요소로 요약할 수 있다. 첫째는 예방적 전쟁과 선제공격이다. 부시는 미국의 국가안보에 위협을 가하는 세력에 선제공격을 할 것이며, 선제공격을 통해 테러리스트와 적을 미리 제거하겠다는 예방적 전쟁을 합리화했다. 둘째는 '미국의 힘'을 바탕으로 한 독단적 행동주의이다. 동맹국들과 국제기구와의 협력이 중요하나, 미국의 안보 등 사활적 이익이 걸려 있는 경우, 독단적 행위도 감행할 수 있다는 것이다. 셋째는 민주주의의 확산이다. 부시는 개인의 자유, 시장경제, 무역 등 민주주의와 자유에 대한 이념을 확산시키는 것이 안정적 국제질서를 유지하는 길이라고 보았다. 부시 행정부는 이러한 세 가지 요소들에 기반하여 이라크 전쟁과 같은 공격적 행위를 정당화했다. 전임 클린턴 행정부의 방만한 국제주의를 거부하고 미국의 핵심 안보 이익이 걸려 있는 문제에 선택적으로 집중하여 개입하는 전략으로 선회했다. 또한 국제 사회를 미국을 지지하는 '우리 편'과 테러리스트를 지원하는 '적의 편'으로 나누는 이분법적 접근을 채택하여 지나친 일국 우선주의 전략을 강요했다. 9·11 테러 이후, 테러의 배후를 알카에다$^{Al-Qaeda}$로 지목하고 테러와의 전쟁을 선포했으며, 테러리스트를 지원하거나 보호하는 국가를 적으로 규정하겠다고 선언했다. 부시는 2001년 9월 20일 의회 합동연설에서 "모든 국가는 결정해야 한다. 당신은 우리 편이거나 테러리스트 편이다"라고 선언함으로써 이러한 전략을 공표했다.[143]

부시는 또한 2002년 1월 29일 연두교서에서 북한, 이란, 이라크를 악의 축으로 규정하고, 테러리스트를 지원하는 정권들이 세계평화를 위협하고 있음을 강조했다.[144] 이러한 부시의 인식은 국가와 국민을 지키기 위해서는 억제와 봉쇄보다는 직접적인 개입과 행동만이 해답이라는 정책으로 발전했다. 그는 2002년 6월 미 육군사관학교 연설을 통해 테러리스트들에게 억제는 무의미하며, 대량살상무기를 테러리스트들에게 제공하는 독재자들에게는 봉쇄 또한 통하지 않는다고 설명하면서 직접적인 개입만이 해답이라고 역설했다.[145]

대량살상무기의 위협에 대한 부시의 인식은 이라크전쟁을 정당화하는 데 유용한 근거로 활용되었다. 2002년 9월 12일, 부시는 유엔 연설에서 이라크의 쿠웨이트 침공과 대량살상무기 보유를 이유로 제시하며 이라크의 행위를 처벌해야 한다고 주장했다. 유엔 제재 등은 소용이 없으며, 더욱 강경한 대응이 필요함을 주장했다.[146] 아울러 악의 축 연설에서 밝혔듯이 이란, 이라크, 그리고 북한에 대한 위험도를 전 세계에 상기시키는 논리로 계속 활용했다.

부시는 재임 기간 두 번의 QDR을 발간했다. 2001년 발간된 QDR은 9·11 테러 이후 안보 환경 변화를 반영하여, '능력에 기초한$^{capability-based}$ 전략'으로 전환을 표명하면서 기습과 기만·비대칭 위협 등 다양한 종류

의 위협에 대처할 수 있는 능력의 확보를 강조했다. '능력에 기초한 전략'
은 위협이 명확하게 고정되어 있지 않다는 인식에서 출발한다. 즉, 현재
미국은 국가, 국가연합, 비국가 행위자들이 미국 또는 동맹국·우방국들
에 어떤 위협을 부가할지 모른다는 불확실성에 직면하고 있으므로, 이러
한 잠재적 위협세력에 대응하기 위해서는 미국과 동맹국이 보유한 능력
에 기반한 전략으로 전환해야 한다는 것이다. 이를 위해 미군은 미국과
동맹국들의 사활적 이익이 위협을 받을 경우 신속하게 원거리에 전개하
여 군사작전을 수행할 수 있는 능력을 갖추어야 하며, 동맹국 역시 미국
과 통합된 군사작전을 수행할 수 있는 능력을 갖추어야 한다는 것이다.
아울러 기존 윈윈 전략을 수정하여 윈-홀드Win-Hold / 원 플러스One Plus 전
략으로 전환했다. 윈-홀드 / 원 플러스 전략은 2개 전구에서 적을 격퇴할
수 있는 능력을 보유하되, 1개 전구에서는 적을 격퇴하고 다른 전구에서
는 적의 공격을 억제하는 것이다. 이를 위해 전진억제Deter Forward 전력의
유지를 강조했다.

　2001 QDR의 특징은 전략의 중심축을 아시아로 전환했다는 것이다.
2001 QDR은 아시아 연안 지역의 군사적 불안정성을 최대의 위험요인
으로 인식하고, 서태평양 지역에 항모전단·잠수함 전력을 추가 배치하
며, 서태평양 지역에서의 연합훈련을 증가하는 것을 골자로 했다. 부시
행정부 2기 QDR은 2006년 2월에 발간되었다. 2006 QDR은 9·11 이
후 대두된 새로운 안보 도전 요소를 전통적 위협, 테러와 같은 비정규적
위협, 대량살상무기와 같은 재앙적 위협, 미군의 우위를 거부할 수 있는
파괴적 위협으로 구분하고, 미 본토 방위와 테러 / 비정규전 수행 전략,
재래전 수행 전략을 제시했다. 재래전 수행 전략은 2001 QDR의 2개 전

〈표 3-6〉 '97 QDR과 '01 QDR 비교

구 분	'97 QDR (1997년 5월)	'01 QDR (2001년 9월)
전략 환경	※ 클린턴 행정부 2기 • 북한·이란·이라크 등 불량국가 위협 • 중국·러시아 등 도전 세력 출현 가능	※ 부시 행정부 1기 • 서남아·동북아 등 위협 지역 명시 * 위협국가는 미언급
국방 전략 기조	• 위협에 기초한 전략 – 유리한 안보환경 조성 – 모든 위기 및 불확실한 미래에 대비	• 능력에 기초한 전략
군사 전략	• 2개의 전구급 전쟁에서 동시에 승리 (원원 전략) • 모든 유형의 소규모 위협에 대처	• 2개 전구 적의 공격 동시 격퇴 능력 보유 • 1개 전구에서 결정적으로 승리 • 평시 다양한 소규모 분쟁 대응
군 구조	• 국방예산 절감을 위해 병력감축, 장비 현대화 계획 축소	• 현존 전력(현역 149만 명) 유지 – 육군 10개사단, 해군 12개 항모전단, 공군 46개 비행대대, 해병 3개 원정군

* 출처 : 필자 작성

역 수행 개념을 그대로 유지했으며, 북한을 이란과 함께 핵무기 등 대량
살상무기를 추구하는 잠재적 우려국가로 지목하고, 이들로부터의 대량
살상무기 확산 방지를 주요 국방 목표로 제시했다.

2006년 QDR에서 제시한 미국의 국방전략 대강은 2년 후 발간된
2008년 미 국방부의 국방전략NDS, National Defense Strategy에도 반영되었다.
2006 QDR과 마찬가지로 2008년 NDS는 미국 단독으로는 다양한 위
협을 극복할 수 없으며 동맹국 및 우방국과의 협력이 긴요함을 전제하고
있다. 미 국방전략의 목표로 본토 방위, 폭력적 극단주의와의 장기전에서
승리, 분쟁 예방을 위해 중국·러시아 등과의 협력관계 구축, 핵무기 및
신新 핵정책 3대 지주New Triad[147]를 통한 전략적 억제능력 유지, 전쟁 발발

시 승리로 설정했다. 또한 이러한 국방 목표를 달성하기 위해 미국의 전략적 접근로를 확보하고 행동의 자유를 보장해야 함을 강조하면서 해외 주둔 미군 재배치를 계속 추진할 것임을 명시했다.

아시아로의 전략의 중심축 전환

부시 행정부는 9 · 11 테러 이후 변화된 안보 환경에 맞춰 다수의 국가안보전략 및 국방전략 문서를 발간했다. 2001년 9월 30일 4개년 국방검토보고서QDR를 시작으로 2002년 1월 핵태세검토보고서NPR, Nuclear Posture Review, 2002년 9월 국가안보전략서NSS, 2003년 11월 국방연례보고서AR, Annual Defense Report, 2003년 11월 미국의 범세계적 방위태세 검토GPR, Global Defense Posture Review, 2006년 2월 4개년 국방검토보고서QDR, 2006년 3월 부시 행정부 2기의 국가안보전략서NSS, 2008년 6월 국방전략서NDS, National Defense Strategy를 출간했다.

부시 행정부의 국가전략문서들에서 제시한 아시아 전략의 특징은 전략의 중심축을 아시아로 전환하면서 동북아 · 서남아 등 지역별 군사적 소요에 부합하는 해외 주둔 군사력을 유지하고, 동북아시아 지역의 군사시설 · 장비를 유사시 미군의 전력 투사를 위한 핵심 기지로 운용한다는 것이다. 이러한 특징들은 어느 곳이든 미국과 범세계적 안보 이익에 도전하는 위협을 제거할 수 있는 '능력에 기반한 전략'을 추진하기 위한 핵심 조건이기도 했다.

'한국, 일본 등 동맹을 21세기 안보 도전에 대응할 수 있는 미국 힘의 원천 중 하나'라고 평가하고 동맹국의 역할의 중요성을 강조하면서 대테러전, 대량살상무기 등 복합적 안보 도전에 대응하기 위한 미국의 노력에 동참할 것을 요구했다. 또한 중국과 장기적·다방면의 교류를 통해 중국의 위협을 약화시켜야 한다고 명시했다.[148] 중국의 재래식 군사력 증강과 장거리 미사일 개발, 정보·우주전 능력의 증강을 경고하면서 중국의 군사력 증강에 대한 투명성이 보장되어야 한다고 강조했다.

부시 행정부는 대테러전과 대량살상무기 확산 방지 등의 안보 도전에 유연하게 대응하기 위한 해외 주둔 미군의 재배치와 전력 증강을 추진했다. 동북아 주둔 미군의 경우, 주한미군 병력 1만 2,500명을 철수시키고, 미 육군 1군단 사령부를 일본의 캠프 자마座間로 이동시키는 등 병력 감축 및 재배치 계획을 수립했으며, 실제로 주한미군 9,000여 명을 감축했다. 아울러 중국의 군사력 증강을 우려하면서 미국의 국가안보상 핵심 지역에 대한 전략적 접근 및 통항의 자유 보장을 국방전략의 목표로 설정함으로써 중국과의 군사적·경제적 경쟁을 예고했다.

이란, 북한, 중국 등이 가하는 위협은 부시 행정부의 국가안보전략의 중심을 아시아로 전환하게 만드는 계기가 되었다. 이러한 안보 위협은 냉전시대보다 더 복잡하고 다차원적인 성격을 지녔다. 이에 따라 미국은 동북아 전략을 한국·일본 등 동맹국과의 협력을 강화하면서 적대국·테러지원국에 대해 상시 군사적 대응이 가능한 태세를 유지하는 방향으로 바꾸면서 한국·일본 등 동맹국들의 대테러전 참여와 안보적 지원을 적극적으로 요구하고 중국 군사력의 현대화 등 아시아·태평양 지역의 불확실성에 대비하기 위한 동맹 협력을 본격적으로 추진했다.

GPR을 통한 주한미군 전력 구조 변화, '한국 방위의 한국화' 추진

부시 행정부의 일방주의식 외교와 절대우위의 군사력에 의존하는 군사전략은 대한국 국방전략에도 그대로 반영되었다. 부시는 대량살상무기를 개발하는 적대국에 대한 선제행동도 불사하겠다는 의지를 강하게 표출했고, 미군이 수행하는 대테러전에 대한 한국의 동참과 지원을 요구했다. 또한 2002년 9월에 발표한 미 국가안보전략NSS을 통해 북한은 지난 10년간 국제 사회의 주요 탄도미사일 조달 국가이며 성능이 개량된 미사일을 시험해오면서 대량살상무기도 개발하고 있다고 경고하고, 대량살상무기를 개발하는 적대국과 테러 조직에 대해서는 필요시 자위권 행사를 위해 미국 단독의 선제행동도 불사할 것임을 천명했다. 아울러 북한이 무력남침 시에는 핵무기 사용도 가능하다는 공세적 대북 군사전략을 천명했다.

이를 위해 부시 행정부는 범세계적 해외 주둔 미군 재배치 계획을 추진하면서 주한미군의 전력 구조를 변화시키고, 미 2사단 1개 여단을 이라크전에 차출함으로써 주한미군 재배치와 기지 조정을 가시화했다. 2001년 5월에는 '미사일방어체계' 구축을 위한 동맹국과의 협력을 공식화했고, 2005년 8월에는 '대량살상무기확산방지구상PSI, Proliferation Security Initiative'에 한국의 참여를 요청했다. PSI는 불량국가·테러집단에 의한 대량살상무기·관련 물자의 불법거래를 차단하고 확산을 방지하기 위한 국제협력체제이다. 2003년 6월 부시 대통령의 주도로 발족하여 미국, 프랑스, 독일, 일본 등 11개 회원국으로 출발했다. 우리나라는 2008년까지는 참관단 자격으로 PSI 훈련에 참가했으며, 2009년 5월 아흔다섯 번째 회원국으로 정식 참여했다.

또한 2003년 4월부터 2004년 9월까지 12차례에 걸쳐 '미래 한미동맹 정책구상FOTA, Future of the ROK-U. S. Alliance Policy Initiative'을 개최하여 용산기

10대 군사임무	전환 시기	10대 군사임무	전환 시기
① 후방지역 제독작전	2004년 8월	⑥ 주보급로 통제	2005년 10월
② 공동경비구역 경비	2004년 10월	⑦ 해상 대특작부대 작전	2006년 1월
③ 공대지 사격장 관리	2005년 8월	⑧ 근접항공지원 통제	2006년 8월
④ 신속 지뢰 설치	2005년 8월	⑨ 기상예보	2006년 12월
⑤ 대화력전 수행본부	2005년 10월	⑩ 주야간 탐색구조	2008년 9월

* 출처 : 국방부, 『2008 국방백서』, p. 65.

지 이전, 미 2사단 재배치, 주한미군 10대 군사임무의 한국군으로의 전환을 비롯한 다양한 현안들을 논의했다. 2005년부터는 '안보정책구상SPI, Security Policy Initiative'회의를 통해 부시 행정부의 국방전략을 한국과 공유하면서 다양한 한미동맹 현안을 협의했다. SPI는 주한미군 기지 이전 등의 현안에 집중한 FOTA를 확대하여 포괄적 안보 상황 평가, 대북정책 공조, 연합방위력 증강, 우주·사이버·대확산 등 지역·범세계적 안보협력과 관련된 다양한 동맹 현안과 미래 한미동맹 발전에 대한 협의를 목적으로 2005년 2월 최초 개최된 이후 현재까지 지속되고 있는 한미 국방차관보급 협의체이다.

이렇듯 부시 행정부 시절 미국의 대한국 국방전략은 한국 방위를 위한 한국군의 역할 확대와 동맹국으로서 미국의 범세계적 안보전략 구현을 위한 동참을 요구하는 것으로 특징될 수 있다. 이에 따라 이 시기 주한미군이 담당했던 10대 군사임무도 순차적으로 한국군으로 전환되었다.

주일미군 재편을 통한 미군의 신속기동화 추진

조지 W. 부시 행정부가 채택한 '능력 본위 접근'의 국방전략 기조를 구현하기 위해서는 언제 어디서 발생할지 모르는 위협에 대비하기 위한 능력을 갖추면서 유사시 신속기동이 가능한 군사적 배치태세로의 전환을 수반해야 한다. 이를 위해 부시 대통령은 2003년 11월 25일 해외 주둔 군사력의 재검토를 동맹국과 협의한다는 성명을 발표했고, 미일 양국은 2005~2006년 '미일 안전보장협의위원회(2+2)'를 개최하여 주일미군의 재편 계획을 마련했다.

2006년 합의한 주일미군 재편 로드맵은 미일 간 군사적 일체화를 지향했다. 미일동맹을 지역 및 범세계적 범위까지 확대하여 대테러전쟁 및 대량살상무기 비확산 협력 등 글로벌 차원의 목표를 공유하고, 지역적 차원에서는 중국의 군사력 증강을 견제하면서 군사적으로 미일 연합군 체제를 지향하는 전략적 목적을 반영한 것이었다.[149]

주일미군 재편 로드맵 중 오키나와의 주일미군 재편은 지역사회의 오랜 열망을 반영한 조치였다. 오키나와는 미 본토·하와이·괌에 비해 동아시아 지역에 인접해 있고 일본 남서제도의 중앙에 위치하고 있는 전략적 요충지이다. 1972년 오키나와가 미국으로부터 일본에 반환되면서 일본 정부는 83개의 시설과 약 278제곱킬로미터의 토지를 주일미군에 제공했다. 2015년 기준으로 전체 주일미군 시설·구역의 74%가 오키나와에 집중되어 있는데, 이는 오키나와현 전체 면적의 10%를 차지한다.

주일미군의 오키나와 집중은 주민 생활에 막대한 영향을 초래하여 지역사회로부터 주일미군 시설·구역의 통합 및 축소가 강력하게 요구되었다. 그중 후텐마普天間 비행장의 이전 문제는 1996년부터 시작되어 1999

미 1군단 사령부 개편 및 이전	• 미 워싱턴주에 있는 1군단사령부를 통합사령부로 개편하고, 일본 자마지역으로 이전
오키나와 주일미군 재편	• 후텐마 비행장 대체 시설 건설 • 3해병기동부대를 괌으로 이전하고, 주일미군 해병 병력 1만 5,000명 가운데 7,000명 정도를 감축 • 토지 반환 및 시설의 공동 사용
주일미 육군사령부 능력 개선	• 캠프 자마에 위치한 주일미군 육군사령부를 2008년까지 개편하고 전투지휘훈련센터 및 지원 시설을 개선 • 일본 육상자위대 중앙즉응집단(특전사에 해당)을 2012년까지 자마 기지로 이전
요코다 비행장 관련	• 일본 항공자위대 항공총대를 주일미군의 5공군사령부가 위치한 요코다로 이전하고, 요코다 기지 미사일 방어를 위해 '미일 공동통합운용조정소'를 설치
미사일 방어	• 미군 X-밴드 레이더를 배치하고, PAC-3를 전개

* 출처 : 防衛省, 「日本の防衛, 2010」 資料 41. 참조하여 필자 작성.

년에 헤노코辺野古 이전이 결정되었으나, 지금까지 갈등이 지속되어 후텐마 비행장의 대체 시설 건립이 지연되고 있다.

미일이 2006년 합의한 주일미군 재편 계획은 오키나와 해병의 이전을 제외하고는 현재 대부분 완료되었거나 진행 중이다. 2008년 주일미육군사령부가 개편되었고, 2013년 일본 육상자위대 중앙즉응집단의 이전이 완료되었다. 2012년에 항자대 항공총대가 이전했으며 미일 공동통합운용조정소도 설치되었다. 미사일 방어를 위한 X-밴드 레이더는 2006년 샤리키車力에, PAC-3는 2006년 오키나와에 배치되었다. 주일미해군 항모함재기 부대의 관서지방(이와쿠니)으로의 이전은 현재 진행 중이다. 3

해병기동부대의 이전은 2006년 로드맵에는 괌으로 이전하는 것으로 명시했으나, 2012년에 '일본 국외'로 이전하는 것으로 개정했고, 현재 후텐마 비행장 대체 시설 건설이 지연됨에 따라 3해병기동부대의 이전 시기는 미정이다. 〈표 3-8〉에서 보는 바와 같이 주일미군의 재편·재배치는 시설·기지의 공동 사용을 통한 양국군 간 협력을 강화하고, 미일동맹의 능력을 향상시키며, 공동 미사일방어체계를 운용함으로써 미일의 군사적 일체화를 통한 연합군 체제의 구축을 지향하고 있다.

부시 행정부는 중국과 대만 분쟁 시 일본 측의 협력을 염두에 두고 주일미군 재편을 추진했다.[150] 중국의 전력 현대화로 인한 아시아·태평양 지역의 불확실성과 국제 테러, 대량살상무기 확산 등의 새로운 위협에 공동 대응할 수 있도록 주일미군 재편 및 재배치를 추진했다. 또한 자위대의 전력 증강을 도모하면서 지역적·범세계적 차원의 미일 간 협력을 심화시켜, 차후 일본 자위대와 미군 간 군사적 활동을 양적·질적으로 확대해나가는 기반을 구축했다. 즉, 주일미군 재편은 한반도와 대만해협 등 전통적인 안보 불안정 요소와 새롭게 부상하는 다양한 위협에 동시에 대비하기 위해 미군의 신속기동화를 추진하고, 자위대의 역할 확대를 도모한 조치로 평가할 수 있다.[151]

(4) 오바마 행정부

미군 전력의 대비태세 조정

오바마[Barack Obama] 행정부의 안보전략은 2010년 5월 27일 오바마 행정부의 첫 번째 국가안보전략서[NSS, National Security Strategy]를 통해 명문화되었다.

안보 분야에서는 테러 위협에 대한 대처능력 강화, 알카에다 및 폭력적 극단주의 세력의 분쇄·와해 및 격퇴, 핵무기·생물학무기 확산 방지, 핵물질의 안전 확보, 중동지역의 평화와 안보 증진, 사이버 공간의 안전 강화 등을 국가이익으로 제시했다.

국제질서 분야에서는 강력한 동맹을 유지하면서 아시아 안보의 근간인 한국·일본·호주·필리핀·태국과의 동맹관계를 심화하고, 중국과는 긍정적·건설적·포괄적 협력관계를 추진할 것임을 명시했다. 2014년 5월 28일 오바마 대통령의 미 육군사관학교 졸업식 축사는 오바마 독트린에 가장 근접한 연설로 평가된다. 그는 전 세계의 모든 안보 문제가 미국의 동맹과 미국의 군사에 궁극적으로 영향을 미치며, 범세계적 이슈가 미국에 직접적인 위협을 부과하지 않을 경우 동맹국 및 우방국들과 공동으로 대응해야 한다고 역설했다. 또한 예측 가능한 미래에 미국의 가장 직접적인 위협은 테러리즘으로, 테러 척결을 위해서는 파트너 국가들과 협력이 필수적이며, 그 예로 아프간의 군인·경찰들을 훈련시키는 것을 들었다.[152] 오바마 행정부는 2015년 2월 6일 두 번째 국가안보전략서[NSS]를 발표했다. 두 번째 NSS는 오바마가 2014년 5월 미 육군사관학교 졸업식에서 밝힌 '신新개입주의' 정책 방향을 재확인하면서 중국과는 사안에 따라 협력과 경쟁을 병행해나갈 것임을 시사했다.

오바마 행정부 첫 번째 국방전략문서인 2010 QDR은 1997년, 2001년, 2006년에 이어 네 번째로 작성한 QDR이다. 2010 QDR은 아프간·이라크전을 염두에 둔 전시 QDR[truly wartime QDR]로서, 전력의 재균형 기조와 다차원적이며 다방향의 노력 통합을 강조했다. 2010 QDR은 중국과 인도의 부상과 불량·취약국가에 의한 대량살상무기 확산 등의 전략 환

〈표 3-9〉 미 군사전략의 변천 과정

시대	미 군사전략
1980년대 (레이건, H. W. 부시)	• 다정면 세계전쟁 – 유럽·극동·서남아 등 다정면에서 소련과 대응
1990년대 (클린턴)	• 윈윈(Win-Win) 전략 – 중동과 한반도 대규모 전쟁에서 동시 승리

2001~2006년
(부시)
	• 1-4-2-1 전략
	– 본토 방위, 4개 핵심 지역(동북아·중동·동아시아·유럽)에서
	  침략 및 위협 억제,
	  2개 전구에서 적을 격퇴, 2개 전구 중 1개 지역에서 결정적으로 승리

2006~2010년 (부시)	• 1-n-2-1 전략 – 본토 방위, 수개의 지역에서 침략 억제, **2개 전구에서 적을 격퇴, 1개 지역에서 적대 정권 제거**
2010~2012년 (오바마)	• 윈윈 전략 – 1개의 전면전과 1개의 대반란전에서 승리
2012년~현재	• 윈-플러스(Win-Plus) 전략 – 1개 지역에서 적을 격퇴, 다른 지역에서 적의 목적 달성 거부

* 출처 : 필자 작성

경에 기초하여 4대 방위전략을 제시했다. 첫째는 아프간·이라크전 승리, 둘째는 분쟁 예방 및 억제, 셋째는 적대세력 격퇴 및 다양한 우발사태에 성공하기 위한 준비, 넷째는 자원 및 병력의 보존과 증강이다. 오바마 행정부의 두 번째 QDR은 2014년 3월에 발간되었다. 2014 QDR은 2012년 오바마 행정부의 신국방전략지침에 대한 군사적 이행계획으로서, 2013년 시퀘스트레이션sequestration(미국 연방정부의 예산 자동 삭감) 발동으로 인한 국방비 삭감이라는 제약 하에서 미군 전력의 대비태세를 극대화하기 위한 전력 재조정 방안을 제시했다. 육군 병력을 52만 명에서

44만~45만 명 수준으로 감축하고, 해군 항모강습단을 11개에서 10개로 축소하며, 공군 전투비행대대의 감축을 추진한다는 것이다. 2014 QDR 은 아시아·태평양 지역을 세계의 정치·경제의 중심지로 상정하여, 한국·일본·호주·필리핀·태국과의 전략동맹을 강화하면서 아시아·태평양 지역 재균형 정책을 추진할 것임을 분명히 했다.

오바마 행정부의 군사전략은 2006년 QDR에서 제시한 2개의 재래식 전쟁에 동시에 대비한다는 전략에서 2012년 이후 광범위한 중·소규모 위협에 동시에 대비하는 전략으로 조정되었다. 이를 위해 현재와 미래의 위협에 대처하는 능력을 갖추기 위해 미군의 능력을 재조정하는 것을 목표로 제시했다. 이러한 군사전략은 2001년부터 지속되어온 범세계적 대테러전쟁이 장기화됨에 따라 미군 병력에 대한 작전적 지원을 강화하고, 지역안보 환경에 맞는 맞춤형 방위태세가 필요하다는 인식에 따른 것이었다.

아시아·태평양 지역 재균형 전략 추구

오바마 행정부의 아시아로의 회귀Pivot to Asia 전략은 미국의 안보전략을 아시아·태평양 국가들에게 집중하는 변화를 만들어냈다. 오바마 행정부의 아시아 중시 전략은 클린턴Hillary Clinton 국무장관의 '아시아로의 회귀'라는 표현에서 비롯되었으나, 추후 '재균형 전략Rebalancing Strategy'이라는 용어로 정착되었다.[153] 클린턴 국무장관은 미국의 미래는 이라크나 아프가니스탄이 아닌 아시아에서 결정될 것이며 향후 10년간 외교·경제·전략 분야에서 아시아·태평양 지역에 대한 투자를 상당 수준 증가시킬 것이라고 언급했다. 그녀는 아시아·태평양 지역의 성장과 역동성이 미국의 전략적 이익의 핵심으로서, 아시아·태평양 중시 전략을 구현하기 위한 여섯 가지의 행동 중점^{key lines of action}으로 ① 양자 간 안보동맹 강화 ② 중국 등 부상하는 강대국과 협력관계 강화 ③ 지역적 다자기구와 교류 ④ 교역·투자 확대 ⑤ 광범위한 미 군사력의 현시 ⑥ 민주주의와 인권 추진을 제시했다.[154]

오바마 행정부의 재균형 전략은 미국의 대중국 견제 전략이 핵심이었다.[155] 오바마 대통령은 미국이 태평양 국가임을 선언하며 아시아에서 미국의 안보 이익을 지키기 위해 군사적 재균형을 이룰 것임을 강조했다. 아울러 중국을 향후 미국이 관리해야 할 가장 큰 도전요인으로 직시하고, 중국의 군사력 현대화에 대한 투명성이 담보되어야 하며, 지역적·범세계적 문제 해결에 중국의 건설적 역할을 촉구했다. 이를 위해 한국·일본·호주·필리핀·태국과의 양자동맹을 아시아·태평양 지역 전략의 중요한 축으로 설정하고, 이러한 양자 동맹관계를 바탕으로 아시아·태평양 지역 국가들과의 협력을 확대해나가야 함을 분명히 했다.

이러한 구상은 국방정책과 군사전략의 변화로 이어졌다. 2012년 1월 미 국방부는 새로운 국방전략지침^{DSG, Defense Strategic Guidance}인 "미국의 글로벌 리더십의 지속: 21세기 국방을 위한 우선순위^{Sustaining U. S. Global Leadership: Priorities for 21st Century Defense}"를 발표했다. 2012년 DSG는 중국의 위협을 직접적으로 언급하고, 아시아·태평양 지역의 중요성에 대한 미국의 인식을 반영했다. 미 국방부는 중국의 군사력 확장이 아시아·태평양 지역에서 갈등을 유발하지 않기 위해서는 중국의 전략적 의도에 대한 투명성이 수반되어야 함을 강조하고, 중국·이란과 같은 국가들이 비대칭적 수단을 증강시켜 반접근/지역거부^{Anti-Access/Area Denial} 능력을 확장하고 있음을 명시하면서 이에 대응하기 위한 군사력 확보가 미국의 핵심 과제 중 하나라고 적시했다. 이를 위해 파네타 국방장관은 2012년 6월 2일 제11차 아시아안보회의에서 미국 해군력의 60%를 아시아·태평양 지역에 집중하겠다고 발표했다. 또한 미국은 지역국가와 협력하여 남중국해를 포함한 아시아·태평양 지역에서의 자유로운 해양 접근을 구현해야 함을 역설했다.

오바마 행정부의 재균형 전략은 완만하게 실행되었다. 비록 미국 군사력의 아시아·태평양 지역으로의 실질적 이동 배치는 이루어지지 않았으나 2010년대 이후 아시아·태평양 지역에서의 미 군사력의 현시는 훨씬 두드러졌다. 중국 견제를 위한 미군 함정의 남중국해 항해와 일본·호주 등 주변국과의 연합훈련이 증가했다. 일본과는 2015년 4월에 중국에 대한 억지력 강화에 초점을 맞춘 '미일 방위협력을 위한 지침(신 가이드라인)'을 발표하여 일본의 군사적 책임과 미일 군사협력을 증대시켰다. 2016년 7월에는 북한의 핵실험과 미사일 발사를 계기로 한국에 사드 THAAD, Terminal High Altitude Area Defense 체계 배치를 공식화하여 한미 간 군사협력을 한층 진일보시켰다.

'한국 방위의 한국화' 노력 가속화

오바마 행정부의 대한국 국방전략은 북한의 탄도미사일 위협을 미 본토에 영향을 미칠 수 있는 주요 위협으로 간주하여 이를 억제·격퇴할 수 있도록 동맹국인 한국과 긴밀히 협력하면서 아시아·태평양 지역 재균형 전략을 실천하는 것이었다. 오바마 행정부의 국가안보전략문서에서 한반도 관련 주요 내용을 발췌해보면 〈표 3-10〉과 같다.

〈표 3-10〉 오바마 행정부의 대한국 국방전략

안보·국방전략문서	대한국 국방전략 핵심 내용
2010 NSS	• 북한의 핵 프로그램 고수 또는 폐기의 양자택일 요구 • 동맹국과의 협력 강화, 주한미군 지속 주둔
2010 QDR	• 북한의 탄도미사일 위협은 미 본토에 영향을 미치는 주요 위협 • 주한미군의 안정적 주둔을 위한 복무 정상화 추진
2010 탄도미사일 방어 검토보고서(BMDR)	• 동맹국과 주둔 미군 보호를 위한 지역 미사일 방어 필요 • 한국은 중요한 미국의 BMD 파트너, 지속적인 미사일 방어 협력관계 구축 기대
2014 QDR	• 아시아·태평양 지역 재균형 정책 추진을 위한 한국과 협력 강화

* 출처 : 필자 작성

 이 국방전략 기조를 기초로 오바마 행정부에서도 '한국 방위의 한국화'를 가속화하기 위한 노력은 지속되었다. 오바마 행정부는 주한미군 장병들의 복무기간을 3년으로 확대하는 복무 정상화[156]를 통해 주한미군의 주둔 여건을 개선함으로써, 유사시 주한미군의 역외 전개를 효과적으로 시행할 수 있는 제도적 기반을 마련했고, 전시작전통제권을 한국 합동참모본부로 전환하려는 노력을 진척시켰다. 전시작전통제권은 최초 2012년 4월 17일 한국 합참으로 전환하기로 했으나, 2010년 천안함 피격 등 한반도 안보 상황을 고려하여 2015년 12월로 전시작전통제권 전환 일자를 조정했다. 이후 북한의 지속적인 핵·미사일 위협으로 한미 국방장관은 2014년 10월 23일에 워싱턴에서 개최된 제46차 SCM에서 '조건에 기초한 전시작전통제권 전환'에 합의했다. 북한 위협에 대해서는 한국 주도-미국 지원의 억제능력을 발전시켜나간다는 것을 지속적으로 확인했다. 2014년에는 미군 전력의 한반도 순환배치를 공식화[157]했고, 2015년에는 북한 미사일 위협을 탐지·교란·파괴·방어하기 위한 '동맹의 포괄적 미사일 대응작전 개념 및 원칙'[158]에 합의함으로써 한미 간 선별적인 BMD 협력 기반을 구축했다.

미일 간 군사적 일체화 지향

오바마는 역내 일본과의 강력한 동맹이 아시아·태평양 지역 재균형 전략을 떠받드는 핵심임을 분명히 했는데, 2011년 11월 17일 오바마 대통령의 호주 의회연설은 이를 뒷받침한다. 그는 "미국은 태평양 국가로서 아시아·태평양 지역의 국방태세를 현대화하고, 일본과 한반도에서 미군의 강력한 태세를 유지할 것이며, 일본과의 동맹이 역내 안보의 주춧돌 cornerstone"이라고 연설했다.[159]

이러한 오바마의 인식은 일본에 대한 다각도의 지원과 한층 강화된 미일 국방협력으로 가시화되었다. 2011년 동일본 대지진 시 미국은 2만 4,500명의 병력과 24척의 함정, 180대의 항공기를 일본에 파견했으며, 8,000만 달러를 지원했다. 또한 2014년 4월 오바마 대통령은 일본 방문 시 미국 대통령으로서는 처음으로 센카쿠 열도(중국명 댜오위다오)가 미일안전보장조약 제5조[160]에 해당함을 공식적으로 밝혔다. 센카쿠尖閣 열도는 일본과 중국의 영유권 갈등 지역으로, 오키나와 서남쪽 410킬로미터 해상에 위치한 무인도 5개와 암초 3개로 이루어져 있다. 센카쿠 열도를 둘러싼 일본과 중국의 분쟁은 2010년 일본 해경이 센카쿠 열도 부근에서 조업 중이던 중국 어선의 선장을 체포한 사건을 시작으로 본격적으로 발생했으며, 2012년 9월 일본 정부가 센카쿠 열도의 국유화 방침을 발표하자 표면화되었다. 이후 중국은 센카쿠 열도에 대한 일본의 실효적 지배를 타파할 목적으로 자국의 해경선과 관공선을 지속적으로 보내고 있으며, 2013년부터 2020년까지 센카쿠 열도 부근에 진입하고 있는 중국 함정의 수는 매월 평균 9.2회에 이르고 있다.[161]

미일은 2015년 4월 27일 미국과 일본의 방위협력의 전체 틀을 규정하는 '미일 방위협력지침'을 개정했다. '미일 방위협력지침'은 1997년 지침 개정 이후 17년 이상이 경과했고, 주변국의 군사활동이 활발해지고 국제 테러와 같은 새로운 위협이 등장함에 따라 개정 필요성이 대두되었다. 개정된 '미일 방위협력지침'은 미일 방위협력의 범위를 극동지역을 넘어 세계 수준으로 확대하고, 미군과 자위대의 상호운용성을 강화한다는 내용을 담고 있다.[162] 특히 '동맹 조정 메커니즘'을 설치하여 평시부터 긴급사태 시까지 모든 상황에 대응할 수 있도록 미군과 자위대 간 정책·운용 면에서 협력을 강화하고, 정보수집, 정찰 및 감시, 미사일 방어, 해양안보, 연습 및 훈련, 비전투원 철수 조치, 우주 및 사이버, 기술협력, 일본의 시설·후방지원 등 지역 및 범세계적 차원의 협력활동을 규정하고 있다. 2015년 '미일 방위협력지침'에서 제시한 미일 간 방위협력은 아시아·태평양 지역 내 그 어느 동맹국가와의 방위협력보다 포괄적이며 강화된 협력 범위와 과제를 반영하고 있다. 미일동맹의 수준을 미영동맹 수준까지 격상함은 물론, 미일 간 군사적 일체화를 더욱 진전시킬 것임을 표명한 것으로 평가할 수 있다.

오바마 행정부는 일관되게 일본과의 견고한 동맹관계를 아시아·태평양 지역의 평화와 안정을 위한 핵심으로 인식하고, 양국 간 방위협력의 실효성을 높이는 데 주력했다. 2006년 체결한 '주일미군 재편 로드맵'에 입각하여 2009년 2월 오키나와의 미 해병대를 괌으로 이전하는 협정

에 서명했고, 2011년 6월에는 항행의 자유 원칙을 포함한 해양안보, 우주·사이버 공간 보호, 공동의 정보수집·정찰감시 등의 분야에서 방위협력 강화를 공동으로 발표했다. 2012년 4월에는 '2+2' 공동 발표를 통해 2006년의 '주일미군 재편 로드맵'을 수정했다. 탄도미사일 방어협력을 유지하기 위해 2006년 샤리키에 배치된 TPY-2 레이더에 이어 2014년 교가미사키経ヶ岬에 두 번째 TPY-2 레이더를 배치했다. 또한 미 해군의 P-8 초계기, 미 공군의 RQ-4 글로벌 호크Global Hawk의 순환배치, F-35 전폭기의 지역 정비거점 운용 등 첨단 군사력의 배치와 정비·기술협력을 강화했다.[163] 미군과 일본 자위대 간 연합훈련 및 연습이 한층 확대되었으며, 특히 일본 자위대가 일본 및 일본 주변 영역뿐만 아니라 미국 본토에 전개하여 합동훈련을 실시하는 등 훈련 규모·범위·내용 측면에서 미일 간 군사적 일체화를 실질적으로 지향했다.

(5) 트럼프·바이든 행정부

인도·태평양 전략 추진

2017년 12월 18일 발간한 트럼프Donald Trump 행정부의 '국가안보전략서NSS, National Security Strategy'는 미국의 전략적 중심축이 인도·태평양 지역(인도 서부 해안으로부터 미국 서부 해역에 이르는 지역)으로 전환되었음을 여실히 보여준다. 트럼프 행정부의 2017년 '국가안보전략서'는 미국 우선의 국가안보전략을 표방하면서 중국·러시아·북한·이란을 미국의 안보와 번영을 위협하는 도전국가로 명시했다. 그리고 인도·태평양 지역을 전 세계에서 가장 인구가 밀집하고 경제적으로 역동적인 지역이라고 기술하면서[164] 인도·태평양 지역에서의 군사안보를 위한 우선순위로 ① 적대세력 억제, 필요시 격퇴할 수 있는 전방전개 군사력 유지, ② 동맹·우방국과의 국방협력 네트워크 강화, ③ '하나의 중국' 원칙을 유지하되 대만과 강한 유대관계 유지, ④ 인도와 국방·안보협력 확대 등을 꼽았다. 트럼프 행정부의 국가안보전략은 다음해 발간된 2018년 미 국방전략 및 군사전략에도 투영되었다.

2021년 1월에 비밀 해제되어 대외에 공개된 트럼프 행정부의 '인도·태평양 전략 보고서U. S. Strategic Framework for the Indo-Pacific'는 미국의 인도·태평양 전략 구현을 위한 아시아 안보협력의 틀을 제시하고 있다. 이 보고서는 한국·일본·호주·인도와의 협력을 강조하며, 미국·일본·호주·인도가 참여하는 QUAD 안보협력체제를 구성하고, 역내 안정을 위한 한국의 역할 확대를 요구하고 있다. 또한 미국은 일본 자위대의 현대화를 지원하고, 중국의 군사적 위협으로부터 대만을 포함한 제1도련선 내 국가들을 방어해야 하며, 제1도련선 밖의 모든 영역에서 중국을 압도해야 한다고 적시하고 있다(〈그림 3-1〉 참조).

미 국방부가 2019년 6월 발간한 '인도·태평양 전략 보고서'[165]는 미국의 전략적 도전세력으로 ① 지역 내 수정주의 세력으로서 중국, ② 악성 국가로 부활하려는 러시아, ③ 불량국가인 북한을 지목하고, 미 인도·태평양 국방전략의 목표로 ① 미 본토 방위, ② 세계에서 최상의 군사력 유지, ③ 중요 지역에서 미국에 유리한 세력 균형 보장, ④ 미국의 안전·번영에 도움이 되는 국제질서 구축을 명시했다. 이를 구현하기 위해 미 국방부는 아시아에서의 전투준비태세와 핵심 군사능력을 강화하고, 군수품의 사전 배치 등 능동적인 군수지원체계를 갖추며, 인도·태평양 지역

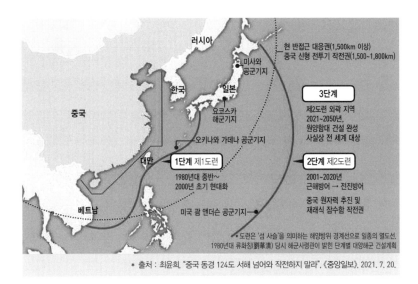

러시아

중국

한국

일본

미사와
공군기지

요코스카
해군기지

오키나와 가데나 공군기지

대만

베트남

미국 괌 앤더슨 공군기지

현 반접근 대응권(1,500km 이상)
중국 신형 전투기 작전권(1,500~1,800km)

3단계
제2도련 외곽 지역
2021~2050년,
원양함대 건설 완성
사실상 전 세계 대상

1단계 제1도련
1980년대 중반~
2000년 초기 현대화

2단계 제2도련
2001~2020년
근해방어 → 전진방어

중국 원자력 추진 및
재래식 잠수함 작전권

* 도련은 '섬 사슬'을 의미하는 해양방위 경계선으로 일종의 열도선.
1980년대 류화칭(劉華清) 당시 해군사령관이 밝힌 단계별 대양해군 건설계획

* 출처 : 최윤희, "중국 동경 124도 서해 넘어 작전하지 말라", 《중앙일보》, 2021. 7. 20.

〈그림 3-1〉 중국의 해양방위 경계선 확장 전략

내 해·공군력의 동적 배치, 특수작전 능력 강화, 대잠 및 정찰감시 능력 증강 등을 주요 전략 과제로 제시했다.

미 국방부의 '인도·태평양 전략'은 인도·일본·호주·아세안 국가 등과 함께 인도·태평양 지역에서 항행의 자유, 법치, 호혜적인 무역질서를 보장하기 위한 것으로, 중국의 부상을 견제하기 위한 대아시아 국방전략으로 특징지을 수 있다. 미국은 '인도·태평양 전략 보고서'를 통해 미일동맹을 '인도·태평양 전략의 근간cornerstone'으로, 한미동맹을 '동북아 평화와 번영의 핵심linchpin'으로 명시하고, 호주·필리핀·태국과의 동맹관계 강화를 천명했으며, 특히 인도와 광범위한 협력관계를 유지하고 있음을 강조했다. 또한 대만을 싱가포르, 뉴질랜드, 몽골과 함께 '협력을 강화할 국가'로 명기하면서, "대만이 충분한 자위력을 갖출 수 있도록 필요한 모든 군사적 지원을 다해야 한다"고 명시함으로써 향후 양안 문제로 인한

미중 갈등이 증폭될 것임을 예고했다. 미 국방부의 인도·태평양 전략은 중국의 A2/AD 전략과 필연적 충돌이 불가피하다. 따라서 대만, 남중국해, 동중국해 등지에서 미중 간 군사력 대결은 더욱 예민하게 전개될 것이며, 한반도 근해 또한 중국의 군사전략 추이에 따라 치열한 대결의 전장이 될 가능성이 높다고 평가할 수 있다.

트럼프 행정부의 인도·태평양 전략은 2021년 1월에 출범한 바이든^{Joe Biden} 행정부에도 계승되고 있다. 바이든 행정부는 2021년 3월에 발표한 '국가안보전략 중간지침^{Interim National Security Strategic Guidance}'과 2022년 2월에 발표한 '인도·태평양 전략'을 통해 중국을 국제 체제를 위협할 수 있는 미국의 유일한 경쟁자로 명시하고, 한국·일본·호주 등 동맹국과의 협력을 통해 중국을 견제할 것임을 재확인했다. 중국 억제를 위한 대만의 전략적 가치에 주목하여 대만 중시 기조를 표면화했고, 동맹의 협력 패러다임을 군사 중심에서 기술·환경·보건·인권 등 다양한 분야로 확장하면서 동맹의 자발적 참여를 요구하고 있다. 중국과 러시아와의 전략적 경쟁에서의 우위를 국가안보의 최우선 순위로 두고 인도·태평양 지역에서 중국의 역량 확장을 저지하기 위한 한미동맹과 미일동맹의 역할 확대 및 한미일 3국간 안보협력을 적극적으로 주문하면서 주한미군과 주일미군 전력의 동적 운용 가능성을 예고하고 있다.

중국의 반접근/지역거부 전략 상쇄

미국은 트럼프 행정부 출범 이후 2018년 5월 태평양사령부^{USPACOM, U. S. Pacific Command}를 인도·태평양사령부^{USINDOPACOM, U. S. Indo-Pacific Command}로 명칭을 변경하는 등 인도·태평양 지역에서의 세력 확보를 위해 다양한 노력을 기울이고 있다. 인도·태평양 전략을 통해 중국의 세력 팽창을 견제하면서 인도·일본·호주 및 동남아 국가와 연계하여 중국에 대한 포위망을 강화하고 있다. 역내 일본·인도·호주 등 동맹 및 파트너 국가들과 소^小다자협의를 활성화하면서 안보협력 강화를 모색하고 있고, 항구·도로·철도 등 지역 간 연계를 촉진하는 인프라 건설 지원을 통해 중국의 일대일로^{一帶一路} 추진을 견제하고 있다.

미국은 항모와 첨단무기 등을 보강하여 제해권의 우위를 계속 도모하면서 동맹세력을 보강하고 있다. F-35B를 최대 20대까지 탑재 가능한 와스프^{WASP}급 강습상륙함을 아시아·태평양 지역에 배치하여 사실상 '동북아 2항모 체제'를 구축했고, 주일미군에 F-35B 및 이지스함을 추가 배치하는 등 해상 전력도 증강했다. 일본과의 연합훈련을 대폭 증가하여 일본의 공세적 역량도 배가시키고 있다. 영국·프랑스 등 역외 국가들이 남중국해에서 항행의 자유 작전에 참여하도록 하여 대중 견제를 최대화하고 있다. 미국의 인도·태평양 전략 구현의 핵심국은 일본, 인도, 호주이다. 미국은 이 국가들과 연합훈련과 정보공유를 강화하고, 무기체계의 상호운용성을 확보하면서 4각 안보동맹 확충에 주력하고 있다. 특히 인도와는 2018년 9월 '2+2 외교·국방장관 회의'를 신설하는 등 협력관계를 더욱 공고히 하고 있다.

미국은 해외 주둔 미군 전력을 전반적으로 증강시키고 있다. 주한미군은 2만 8,500명선을 계속 유지하고, 주일미군은 현 병력 수준을 유지하되 F-35B, F-35A 등의 전력과 이지스함을 증강 배치했다. 호주 주둔 미군은 '미·호 군사태세 구상'[166]에 따라 2012년부터 4~10월 건기에 해병 병력을 증원 배치하고 있다. 아시아·태평양 지역에서의 전력 증강은 남중국해를 둘러싼 중국과의 갈등에 적극 대응하기 위한 것이며, 국방전략의 우선순위를 러시아와 중국 견제로 전환했음을 의미한다. 미국의 군사전략 목표 및 미국이 추구하는 전략적 이익은 〈표 3-11〉과 같다.

〈표 3-11〉 미국의 군사전략 목표 및 전략적 이익

군사전략 목표	전략적 이익

• 중국의 A2/AD 무력화
  – 동·남중국해 핵심 해로의 항행의 자유 보장
• 해·공군력을 통한 제해권 장악
• 동맹관계 강화를 통한 대중(對中) 압박
	• 글로벌 리더십 유지
	  – 대중(對中) 군사력 우위를 유지하면서
	    국가 이익 확보

* 출처 : 필자 작성

2018년 트럼프 대통령이 서명한 미국의 '대만여행법'[167]은 중국에 대한 무역제재 추진과 함께 일련의 대중 압박 기조가 본격화되었음을 알리는 신호탄이었다. 이에 대해 중국은 이 법이 '하나의 중국'[168] 원칙을 위반한 내정 간섭이라고 반발하고 있으며, 중국 언론은 이 법안의 통과가 사실상 미국-대만 간 공식 수교의 부활이라며 강하게 비판하고 있다.

미 상원은 2019년 국방수권법안에 대만과의 합동군사훈련 실시 및 대만으로의 무기 판매 내용 등을 포함시킴으로써 대만과의 군사교류를 공식화했다. 또한 2018년 이후 미 해군 함정은 수시로 대만해협 통과 작전을 실시하고 있다. 대만은 중국의 국가 핵심 이익 중 핵심 이익이다. 중국 정부는 이러한 미국의 조치에 강하게 반발하면서 대만해협 인근에서 군사훈련을 강화하는 등 대만에 대한 군사적 압박을 가하고, 국제 사회에서 대만을 고립시키기 위한 전략으로 응수하고 있다. 대만 문제는 트럼프와 바이든 행정부가 중국을 견제하기 위한 레버리지로 활용하고 있는 만큼,

미중 간 상호 불신과 갈등을 심화시키는 요인으로 작용하고 있다.

미국은 또한 중국의 남중국해 영유권 주장이 미국의 핵심 이익을 위협한다는 이유로 2018년 중국군의 림팩^{RIMPAC} 훈련 참가 초청을 취소했고, 2020년에는 중국을 견제하기 위해 코로나 19에도 불구하고 2020 림팩 훈련을 예정대로 시행했다. 2020년 7월에는 로널드레이건함^{USS Ronald Reagan}과 니미츠함^{USS Nimitz} 2척의 항공모함 및 순양함·구축함 등이 참가하는 남중국해 항행의 자유 작전을 실시했다. 미국이 2척의 항모 작전을 펼친 것은 2014년 이후 6년 만이다.

중국의 군사굴기를 억제하고 견제하려는 노력은 바이든 행정부 들어서 더 거세지고 있다. 바이든 행정부의 2022 국방수권법^{NDAA, National Defense Authority Act}은 중국과의 전략적 경쟁에 우위를 선점하기 위한 미국의 중점적인 노력을 보여준다. 2022 국방수권법은 미군의 함정·항공기 등 무기체계의 현대화를 추진하고, 동맹·우방국과의 군사협력 확대를 명기했다. 특히 중국의 군사력 부상에 대응하기 위한 '태평양억지구상^{PDI, Pacific Deterrence Initiative}'을 제시했는데, 이 구상은 인도·태평양 지역 내 미군의 군사력과 태세를 향상시키기 위한 주요 무기체계의 획득 및 연구개발 계획을 포함하고 있다. 미국은 인도를 포함한 아시아·태평양 국가들과 긴밀한 안보협력을 통해 더욱 촘촘한 대중 포위 라인을 구축하여 중국의 군사굴기에 적극 대응하고 있다.

바이든 행정부 들어 미일 간 안보협력은 더욱 강화되고 있다. 2022년 1월 21일 바이든 대통령과 일본 기시다 후미오^{岸田文雄} 총리는 정상회담을 통해 동중국해와 남중국해에서 현상 변경을 시도하는 중국에 대해 공동 대응하기로 했으며, 바이든은 일본에 대한 방위 의무를 정한 미일 안전보장조약 제5조가 센카쿠 제도에 적용됨을 다시 한 번 확인했다. 일본은 미일동맹의 협력 범위를 더욱 심화시키는 한편, 중국 견제를 위한 미국의 노력을 적극적으로 지지하면서 역내외 모든 현안에 대해 미국의 조력자 역할을 자처하고 있다. 미국은 일본과 미사일 대응능력, 신기술 개발, 사이버·우주 분야 등의 안보·경제 등의 제 분야에 대한 협력을 통해 일본의 방위력을 강화함으로써 미일동맹의 대중 억제능력을 강화하고 있다.

2

★

탈냉전기 주한미군의 역할

(1) 한국의 안보 자율성 확대 노력

한미동맹은 군사동맹이자 안보와 자율성 교환 모델로 설명 가능한 비대
칭적 동맹으로 출발했다. 안보·자율성 교환 동맹은 국력의 차이가 상대
적으로 큰 국가들 간에 맺어지는 동맹관계이다. 약소국은 강대국으로부
터 군사적 지원을 받아 자국의 안보를 확고히 하고, 강대국은 약소국과
의 동맹을 통해 국방·외교 등 제반 정책 결정 과정에 영향력을 행사할
수 있다.[169] 그러나 약소국의 국력이 성장하게 되면, 약소국은 비대칭적
동맹관계에서 점차 대칭적 동맹관계로 변화를 요구하게 된다. 우리나라
의 경우 1970년대 이후 급속한 경제성장을 통해 국력이 신장되었고, 율
곡사업 등 대규모 전력 증강 사업을 통해 군사력을 확충하기 시작하면서
1980년대 말부터는 한미동맹을 상호 균형적 동맹으로 전환해야 한다는
목소리가 표출되기 시작했다. 작전통제권 전환, 주한미군 재배치 등 한미

간 대등한 동맹관계로의 조정을 요구하는 목소리가 분출되었고, 이는 한국의 대미 동맹전략의 변화를 초래했다.

이러한 한국군의 안보적 자율성 확대 요구는 실질적으로 1980년대 말부터 한국군의 군사 자율성이 확대되는 결과로 나타났다. 아울러 한국의 안보 자율성 확대 노력은 미국의 동북아 전략의 변화를 견인하면서 주한미군의 역할 변동에도 상당한 영향을 미쳤으며, 주한미군과 주일미군의 상호 보완적 관계를 더욱 심화시키는 결과로 이어졌다.

한국의 대미 동맹전략의 변화

G-2 국가로서 중국의 부상, 9·11 테러 이후 미국의 범세계적 군사대비태세의 조정 등 탈냉전시대 전환기적 상황과 북한 핵·미사일 위협의 증가로 초래된 한반도 주변 안보 상황의 유동성은 한국의 대외 전략의 심대한 변화 요인이 되었다.

이 시기에 한국에서는 한미동맹의 강화와 자주국방 역량의 강화라는 전략적 기조 아래 한미동맹 관계를 상호 호혜적이고 대등한 관계로 전환시켜나간다는 인식이 확산되어갔다. 김대중·노무현 정부를 거치면서 주권국가로서 정치적·군사적 자율성의 확대 요구가 표출되었으며,[170] 동맹의 협력 범위가 군사 분야를 넘어 기후변화, 에너지, 우주, 인권 등의 분야로까지 확대되면서 한미동맹은 단순히 군사동맹 차원을 넘어 글로벌 차원의 문제들을 해결하기 위한 협력을 확대하는 포괄적 동맹으로 발전해갔다.

탈냉전기 한미동맹의 성격과 한미 군사관계의 변화를 추구하는 한국의 대미 동맹전략은 작전통제권 전환, 주한미군 재배치 등을 통해 한국이

〈표 3-12〉한국의 대미 동맹전략의 변화

구 분	냉전기	탈냉전기 (9·11 테러 이전)	탈냉전기 (9·11 테러 이후)
한미동맹 목적	• 공산주의 세력으로부터 한국·일본 방어, 전쟁 발발 억제	• 북한 침략 방어, 억제 • 동북아 평화 유지 • 지역 갈등요소 해결	• 한반도·동북아 평화 유지 • 남북한 관계 개선
한미동맹 성격	• 냉전의 효과적 수행을 위한 비대칭적 동맹 • 자유민주주의라는 이념적 정체성으로 연결	• 대등한 관계로의 발전 탐색 • 이념보다는 이익에 기반한 관계 모색	• 대등한 관계로 진입 동북아에서 이익 공유
한국의 대미 동맹전략	• 북한 위협 차단 • 경제발전과 정치민주화 달성	• 북방정책 • 남북관계 개선 및 한반도 비핵화	• 북 핵·미사일 위협 등 무력도발 억제전략 발전 • 글로벌 파트너십 확대
미국의 역할	• 북한을 포함한 공산세력 봉쇄	• 한반도 전쟁 방지 • 북핵 문제 해결 • 중국 견제 • 일본과 적절한 균형을 통한 지역안정자 역할	• 해외 주둔 미군 재배치 • 주한미군 재조정 • 한미동맹 조정
한국의 역할	• 북 도발 억제 • 베트남전 참전 등 안보와 경제발전을 위한 대미협력	• 한국 방위의 한국화 추진 • 평시작전통제권 환수 • 방위력 개선	• 한국 주도 - 미국 지원의 연합방위체제로 전환 • 군사안보 위주에서 사회적·경제적 분야까지 동맹의 협력 범위 확대

* 출처 : 조윤영, "미래의 한미동맹과 미국의 역할 변화", 이수훈 편, 『조정기의 한미동맹: 2003~2008』(서울: 경남대 극동문제연구소, 2009), p. 115. 및 국방부 군사편찬연구소, 『한미동맹 60년사』, pp. 354-355를 참조하여 작성.

주도하는 새로운 연합방위체제의 구축이라는 전략적 목표로 귀결되었다. 반면, 미국은 한국이 탈냉전기 일본과 함께 지역 안정을 위해 보다 확대된 역할을 수행해야 한다는 동맹전략을 추구했다. 해외 주둔 미군 재배치의 일환으로 주한·주일미군의 재배치를 추진하고 전력을 강화함으로써 지역안정자로서의 주한·주일미군의 역할을 확대해나갔다.

한국은 한국군의 안보적 자주권을 확보하기 위해 1994년 평시작전통제권을 환수했고, 2000년대 들어 전시작전통제권 전환 노력과 함께 주한미군 기지 이전을 본격 추진하기 시작했다. 또한 2010년 10월 한미 국방장관은 '한미 국방협력지침'을 체결하여 한미동맹의 재조정과 한국군의 군사적 역할 확대 의지를 분명히 했다. '한미 국방협력지침'을 통해 2015년 12월 1일부로 전시작전통제권을 한국 합참으로 전환하여 전시작전통제권 전환 이후 한국군이 한반도 연합방위를 주도하고 지역·글로벌 안보 도전에 대한 한국군의 역할을 확대할 것임을 밝힌 것이다.[171]

한미 양국은 2003년부터 2004년 9월까지 12차례 개최된 '미래 한미동맹 정책구상FOTA, Future of the ROK-U. S. Alliance Policy Initiative'에 이어 2005년 2월부터 2011년 9월까지 29차례나 개최된 '안보정책구상SPI, Security Policy Initiative' 회의, 그리고 2012년 4월 이후 현재까지 진행되고 있는 '한미통합국방협의체KIDD, Korea-U. S. Integrated Defense Dialogue' 회의를 통해 다양한 동맹 현안을 논의했다. KIDD는 2010년에 기존 안보정책구상SPI 회의에 추가하여 '확장 억제' 논의를 위한 억제전략위원회DSC, Deterrence Strategy Committee 회의, '전시작전통제권 전환' 논의를 위한 전시작전통제권 전환 실무단COTWG, Condition-based Operational Control Transition Working Group 회의가 신설되면서 이를 통합한 회의체이다. KIDD는 연 2회, 각 1박2일씩 개최되며, SPI, COTWG, DSC 및 한미 차관보급 수준의 고위급 협의를 실시한다.

한국은 이러한 대미 정책협의체를 통해 군사적으로는 북한의 핵·미사일 위협을 억제하기 위한 확장억제전략을 발전시키고, 한국군 주도-미군 지원의 연합방위체제로 전환을 착실하게 준비해나갔다. 아울러 한국의 군사적 역할을 확대하고, 상호 대등한 동맹관계로 진화하기 위한 대미 동맹전략을 조정·보완해나갔다.

한미동맹의 결속력

냉전기 미국의 대한반도 전략은 기본적으로 대일본 및 대소련 전략과 연계하여 검토되었다. 미국은 한국을 동북아에서 미국의 가장 중요한 동맹국인 일본의 안정과 소련의 군사적 영향력 확대 견제를 위한 전략적 요충지로 인식하고 있었다.

그러나 냉전의 종식으로 한반도에 새로운 안보 환경이 초래되면서 한국의 전략적 가치 역시 변화의 요구에 직면하게 되었다. 미국은 1991년 한국에 배치한 핵무기를 전면적으로 철수했고, 주한미군의 주둔비용 분담을 본격적으로 거론하기 시작했다. 한국은 한국 방위를 위한 책임을 확대해야 했으며, 주한미군 방위비 분담을 위해 1989년부터 매년 수천만 달러의 방위비를 지출했다.

한국은 한국군의 능력을 신장하면서 정치적·군사적 자율성의 확대를 요구하는 대미 동맹전략을 추진했다. 노태우 정부는 작전통제권 전환을 대선공약으로 내세우고 북방정책이라는 독자적 대외정책을 추진했으며, 뒤를 이은 김영삼 정부 역시 기존의 대미 의존정책에서 벗어나 외교의 다변화를 추구했다. 1994년 평시작전통제권이 한국으로 전환되면서 한국 방위의 한국화를 가속화하기 위한 여건이 조성되었고, 이는 대미 의존적 한미동맹 관계의 재조정을 불러온 전기가 되었다. 이러한 시대적 변화와 국내 자주권 의식의 확산은 대미 안보 의존 경향을 낮게 되는 요인으로 작용했다.

2000년대 들어 미 부시 행정부의 최대 위협은 테러, 대량살상무기의 확산, 중국의 급부상이었다. 부시 대통령은 이란, 이라크, 북한을 악의 축으로 지칭하면서 공세적인 군사 개입을 천명했고, 전 세계 130여 개 국가에 배치되어 있는 35만여 명의 해외 주둔 미군의 재배치를 추진했다. 미국의 동북아·한반도 국방전략은 당시 한국 정부의 대북정책, 주한미군 재배치, 전시작전통제권 전환 등의 동맹 현안에 있어 한미 간 상당한 인식의 격차를 불러왔다. 북한을 악의 축으로 비유한 부시 행정부와 달리 한국은 남북관계 개선을 통한 한반도 긴장완화를 고려할 수밖에 없었다. 미국은 동북아 신속기동군으로서의 성격 변화를 염두에 두고 주한미군 재배치를 추진했으나 한국은 용산기지 반환 등 국민정서를 주한미군 재배치의 중요한 동기로 인식했다. 주한미군의 '전략적 유연성' 합의는 동북아 분쟁 발발 시 한국의 연루 가능성에 대한 우려를 자아냈다.

노무현 정부 들어 '협력적 자주국방'을 기치로 전시작전통제권 전환을 본격적으로 추진하면서 전시작전통제권 전환 시기와 연합방위태세에 미치는 효용성 등을 두고 국내적 갈등이 분출되기도 했다. 특히 이 시기 한국 내 반미정서의 확산은 동맹의 결속력을 위협하는 상당한 요인으로 작용했다. 2002년 효순·미선 사망 사건을 계기로 촉발된 촛불시위, 한국군의 이라크 파병 반대, 평택 미군기지 확장 반대 등 일련의 반미시위는 한미동맹 관계의 균열을 우려할 정도로 확산되었다. 한국 내 반미시위는 이명박 정부 광우병 사태, 박근혜 정부 주한미군 사드 배치 반대 등 동맹의 주요 정책적 결정 사안을 두고 지속적으로 이어졌다.

2004년에 미국은 주한미군의 3분의 1, 독일로부터 2개 사단을 철수시키로 결정하면서 이러한 결정에 한국과 독일의 반미정서가 하나의 영향요인으로 작용했음을 부인하지 않았다. 당시 럼스펠드^{Donald Rumsfeld} 미 국방장관은 "미군은 원하지 않는 곳에 주둔하지 않는다"라고 언급함으로써 주한미군 철수 결정의 중심에 한국 내 반미감정이 있음을 시사했다.[172]

동맹의 결속력은 한미 상호간 동맹에 대한 상대적 의존 정도, 동맹이 주는 전략적 이익, 동맹의 정서 등 여러 요인에 의해 결정된다. 탈냉전기 한국의 안보적 자율성과 자주국방을 요구하는 대미 동맹전략은 상대적으로 미국에 대한 의존 정도를 감소시켰고, 한미 간 상이한 대북 인식과 한국 내 반미정서의 확산은 동맹의 결속력에 영향요인으로 작용했다. 미국은 대동북아 전략, 대일 전략 및 대중 전략을 고려해 한국의 전략적 가치를 여전히 높게 평가하고 있으나, 동맹의 건강한 발전을 위한 한미동맹의 결속력은 상당한 도전을 받고 있는 것도 사실이다.

이러한 동맹의 결속력과 동맹 문화는 미국이 냉전기 대북억제를 위해 고정배치한 주한미군을 탈냉전기 들어 역내 신속기동군으로서의 역할 변화를 모색하게 만드는 하나의 동인動因이 되었다고도 볼 수 있다.

작전통제권 환수 추진

작전통제권이란 "작전계획 또는 명령 상의 특정 임무나 과업을 수행하기 위하여 지휘관이 행사하는 비교적 제한적이고 일시적인 권한"이다.[173] 본래 작전권은 해당 국가의 군 통수권자가 행사하는 것이 원칙이다. 그러나 우리나라의 경우에는 6·25전쟁 발발 직후인 1950년 7월 14일 이승만 대통령이 맥아더^{Douglas MacArthur} 유엔군사령관에게 한국군의 작전지휘권을 이양하면서 유엔군사령관이 한국군에 대한 작전지휘권을 행사하게 되었다. 이후 1954년 11월 17일 발효된 '한미상호방위조약'과 '한미 합의의사록'에 '작전지휘권'은 '작전통제권'이라는 용어로 변경되었고, 1978년 11월 한미 연합군사령부가 창설되면서 한미 연합군사령관이 유엔군사령관의 작전통제권을 계승하게 되었다.[174]

북한의 위협 등으로 초래된 한반도 안보의 불안정성으로 인해, 냉전기 한국은 정부 차원의 작전통제권 환수 노력을 기울이지 않았다. 작전통제권 환수는 탈냉전기로 접어든 노태우 정부 때부터 추진되었다. 1980년대 후반 한국의 민주화에 대한 열망과 고도의 경제성장은 안보적 자율성의 요구로 나타났으며, 이러한 국민적 여론에 힘입어 노태우는 작전통제권 환수를 대통령 선거공약으로 내세웠고, 재임 기간 미국 측과 협의를 거쳐 1994년 '평시작전통제권'을 환수했다.[175] 노태우 정부의 작전통제권 환수 의지는 '한국 방위의 한국화'를 지향했던 미국의 대한반도 국방전략 변화와도 무관하지 않다. 냉전 종식에 따른 안보 상황 변화와 '넌-워너 수정안' 등 해외 주둔 미군의 전반적 감축 움직임에 따라 노태우 정부는 자주국방 의지를 천명했고, 한미 협의를 통해 평시작전통제권을 우선 환수하고, 단계적으로 전시작전통제권을 환수한다는 점진적 접근방법에 합의했다. 당시 이상훈 국방장관은 1990년 3월 국회에서 "주한미군의 역할이 주도적 역할에서 지원적 역할로 바뀌고 있는 시점에서 주권국가로서의 작전권 문제를 논의할 때가 온 것이라고 본다"고 언급[176]함으로써 이러한 한국 정부의 시각을 반증했다. 평시작전통제권 환수에 따라 1994년 12월 1일부로 한국 합참의장이 평시 한국군에 대한 작전통제권을 행사하게 되었다. 연합사령관은 '연합권한위임사항'CODA, Combined Delegated Authority'에 의해 평시 연합위기관리, 작전계획 수립, 연합교리 발전, 합동훈련의 계획 및 실시, 연합정보 관리, C4I Command, Control, Communication,

Computer, and Intelligence(지휘, 통제, 통신, 컴퓨터 및 정보) 상호운용성 6개 사항에 대한 권한을 행사하게 되었다.

평시작전통제권 환수는 1980년대 후반 변화된 안보 환경과 한국의 국력신장을 바탕으로 한국군의 방위태세를 미래에 대비할 수 있도록 한다는 차원에서 추진되었다. 한국군의 독자적 작전지휘 역량을 갖추면서 점진적으로 한국 방위를 위한 미군의 역할을 지원적 역할로 전환시켜나간다는 범정부 차원의 의지에서 비롯된 것이다. 미국 측 또한 1989년 8월 '넌-워너 수정안' 통과 후 작전통제권 전환을 검토했으며, 1991년 1월 1일부로 정전 시 작전통제권을 한국 측에 전환할 의도를 표명했다.[177] 미국 측 입장에서 보면 '한국 방위의 한국화' 전략을 추진하면서 주한미군의 역할을 동북아 지역의 안보를 위한 안정자·균형자 역할로 전환할 수 있는 환경이 조성된 것으로 볼 수 있다.

한국의 전시작전통제권 환수 노력은 2003년 노무현 정부가 들어서면서 본격화되었다. 협력적 자주국방을 기치로 내세운 노무현 정부는 2005년 한미 안보정책구상SPI, Security Policy Initiative 회의를 통해 전시작전통제권 전환 문제를 공식적으로 제의했고, 2005년 10월 제37차 한미안보협의회의SCM에서 전시작전통제권 전환 문제에 대한 논의를 '적절히 가속화'하기로 합의했다. 이후 한미 간 논의를 통해 2006년 10월 제38차 한미안보협의회의SCM에서 한미 국방장관은 "2009년 10월 15일 이후 그러나 2012년 3월 15일보다는 늦지 않은 시기에 신속하게 한국으로의 전시작전통제권 전환을 완료"하기로 합의했고,[178] 계속된 협상을 통해 전시작전통제권 전환 일자를 2012년 4월 17일부로 결정했다. 그러나 한국군으로의 전시작전통제권 전환은 북한의 핵·미사일 능력의 고도화와 북한의 잇따른 도발에 따른 안보 상황의 급변으로 두 번의 커다란 변화를 겪게 되었다.

첫 번째는 2010년 6월 26일 한미 정상이 전시작전통제권 전환 시기를 2012년 4월 17일에서 2015년 12월 1일로 조정한 것이었다. 이는 2009년 5월 북한의 2차 핵실험과 2010년 천안함 피격 사건, 연평도 포격 도발 등 한반도 안보 상황의 불안정성이 심화되었기 때문이나, 전시작전통제권 전환 이후 한국군과 주한미군, 태평양사령부를 연결하는 지휘통제체계의 구축이 더디고, 미군의 용산기지 이전 등이 예상보다 지연되는 점 등을 고려한 결과이기도 하다.[179] 전시작전통제권 전환 일자가 조정됨에 따라 2010년 10월 8일, 한미 국방장관은 제42차 한미안보협의회의SCM에서 '전략동맹 2015'에 서명하고, 전시작전통제권 전환을 포함한 제반 동맹 현안을 조정·보완해나가기로 했다. '전략동맹 2015'는 전시작전통제권 전환 일자가 2015년 12월 1일부로 조정됨에 따라 전시작전통제권 전환을 위한 이행계획 및 주한미군 기지 이전 등의 추진 일정을 담은 새로운 계획이다.

두 번째 변화는 '시기에 기초한 전시작전통제권 전환'에서 '조건에 기초한 전시작전통제권 전환'으로 조정한 것이었다. 이는 2013년 2월 북한의 3차 핵실험 등 북한의 핵·미사일 위협이 현실화되는 등 한반도 안보 환경의 변화에 따른 조치였다. 이러한 한반도 안보 상황의 변화를 고려해 한미 정상은 2013년 5월 7일 전시작전통제권 전환이 연합방위력 강화에 기여하는 방향으로 추진되어야 함을 강조했고, 2013년 5월 28일, 김관진 국방장관은 헤이글Chuck Hagel 미 국방장관에게 '조건에 기초한 전시작전통제권 전환'으로의 변경 검토를 공식적으로 제의했다. 한미 국방장관은 2013년 10월 2일 제45차 SCM에서 '조건에 기초한 전시작전통제권 전환 추진'에 공감했으며, 2014년 4월 25일 한미 정상은 "북한의 핵·미사일 위협 등 변화하는 안보 환경을 감안해 현재 2015년으로 되어 있는 전시작전통제권 전환 시기를 재검토할 수 있다"고 결정하고, "양국 실무진이 전시작전통제권 전환을 위한 적절한 시기와 조건을 결정하기 위해 계속 노력해나가기로 했다"고 발표했다. 2014년 10월 23일 한미 국방장관은 제46차 SCM에서 '조건에 기초한 전시작전통제권 전환 이행을 위한 양해각서'에 서명했고, 이후 한미 간 실무협의를 거쳐 2015년 11월 2일 제47차 SCM에서 '조건에 기초한 전시작전통제권 전환 계획COTP, Condition-based Operational Control Transition Plan'에 서명했다. 이 경우에서 보듯이 전시작전통제권 전환 협의는 한미 정상회담에서 합의 후 한미 실무협의를 거쳐 SCM에서 한미 국방장관이 새로운 전시작전통제권 전환 계획에 서명하는 절차를 거쳤다.

탈냉전기 들어 미군에서 한국군으로의 작전통제권 전환을 위한 노력은 한미동맹의 비대칭성, 즉 안보와 자율성의 교환 동맹에서 오는 딜레마에 결정적 영향을 받았다. 한국의 국력이 증대되면서 미국의 일방주의적 동맹전략은 역으로 한국의 자주적 동맹정책을 유발하게 되었으며, 안보적 자주성의 요구는 작전통제권의 전환이라는 형태로 나타나게 되었다. 작전통제권의 전환은 한국 방위를 위한 미군의 역할이 점차 지원적 역할로 전환하게 됨을 의미하며, 주한미군의 역할이 한반도 붙박이군에서 탈피하여 역내 기동군으로 확대될 수 있음을 인정하는 것이었다. 이는 자연스럽게 주일미군 역시 동북아를 벗어난 아시아·태평양 지역 전역으로 활동 범위가 넓어지는 연쇄적 역할 변화를 유발하게 되었다. 주한미군의 전략적 유연성이 확대됨에 따라 미국은 추후 중국의 군사력 팽창에 대비한 아시아·태평양 군사전략 구상에 큰 융통성을 보유하게 되었다.

주한미군 기지 이전(YRP/LPP)

주한미군 기지 이전 사업은 국토의 균형 발전과 주한미군 주둔 여건을 개선하기 위해 전국에 산재된 주한미군 기지를 재배치하는 사업이다. 주한미군 기지는 2000년 기준으로 전국에 69개 캠프와 7곳의 비행장이 산재해 있었다. 주한미군 기지 이전 사업은 이러한 시설을 평택·오산의 중부 권역과 대구·왜관을 중심으로 한 남부 권역의 2개 권역에 통·폐합[180]하여 재배치하는 사업으로서, 서울 용산에 위치한 주한미군사령부 등의 부대를 이전하는 용산기지 이전 계획YRP, Yongsan Relocation Plan과 한강 이북의 동두천·의정부 등에 위치한 미 2사단 부대 등을 통합·이전하는 연합토지관리계획LPP, Land Partnership Plan으로 구분하여 추진했다.

용산기지 이전 사업YRP은 서울 도심에 주둔하고 있는 미군기지 이전을 희망하는 국민적 열망에 부응하고 국토의 균형 발전과 주한미군의 안정적 주둔 여건을 조성하기 위해 1988년 3월부터 추진했다. 노태우 대통령은 취임 직후 1988년 3월 용산기지 이전 문제를 검토할 것을 관계부처에 지시했고, 1988년 7월 18일 한국을 방문한 슐츠George Shultz 미 국무장관에게 용산기지 이전에 대한 우리 측 의사를 전달했다. 1990년 6월 한미 간 용산기지 이전 합의서를 체결하면서 용산기지 이전 사업이 본격적으로 개시되었고, 이러한 노력에 힘입어 1992년 용산 골프장이 최초 반환되었다.

그러나 용산기지 이전비용 문제 등으로 1993년 6월 이후 용산기지 이

〈표 3-13〉 주한미군 기지 이전 사업 개요

2000년 기준 주한미군 기지	주한미군 기지 이전 계획
• 용산 : 연합사, 유엔사, 미 8군사 주둔 • 미 2사단 　- 의정부 소재 캠프 레드클라우드에 사령부 위치 　- 예하부대는 문산, 파주, 동두천 일대 주둔 • 공군 : 한국군 비행장과 오산, 군산, 청주, 김해, 광주, 수원, 대구 등 주둔 • 지원부대 : 서울, 인천, 원주, 횡성, 대구, 왜관, 부산 등에 미군 기지 운용	• 전국 91개 구역 7,300여 만평에 산재해 있는 주한미군 기지·시설을 평택·오산의 중부권과 대구·왜관·김천의 남부 권역으로 재배치 　* 기존 면적의 약 32% 수준으로 통·폐합 • 용산기지 이전(YRP) + LPP에 의한 전방부대 통합 및 재배치 + 미 2사단 이전으로 구분, 추진 • 먼저 이전을 요구하는 측에서 비용 부담 　- 한국 측 부담 : 용산기지 이전 계획에 따라 이전하는 용산 내 기지, LPP 계획 중 한국 측이 이전을 요구하는 기지 등 　- 미국 측 부담 : 나머지 LPP 이전비용

* 출처 : 국방부 주한미군기지이전사업단, 「주한미군기지 이전 백서: YRP 사업 10년의 발자취」(서울: 국방부, 2018), pp. 120-125를 참조하여 필자 작성.

전 사업은 사실상 중단된 상태로 시간만 흘러갔으며, 2001년 들어 용산 기지 내 미군 숙소 건립 문제가 대두되면서 용산기지 이전 문제가 다시 대두되었다. 한미 양국은 2002년 3월 '용산기지 이전 추진위원회'를 구성하여 용산기지 이전 사업을 재협의하기 시작했다. 노무현 정부 출범 후 2003년 5월 한미 정상이 용산기지 조기 이전 원칙에 합의함으로써 양국 간 협의가 가속화되었고, 1990년의 합의서를 대체하는 '용산기지 이전 협정'이 체결되어 2004년 12월 17일 국회에서 비준되었다. 용산기지 이 전 사업은 서울 도심의 균형 발전, 미군기지 주변의 민원 해소 등으로 우 리 국민의 생활 편익을 증진시키고, 주한미군 입장에서는 생활환경이 개 선된 평택으로 이전하여 안정적 주둔 여건을 확보할 수 있다는 공감대를 형성한 가운데 사업이 진행되어갔다.[181]

　미 2사단의 재배치는 한강 이북 지역에 위치한 주한미군의 군소 기지

들을 미군의 재배치 계획에 따라 평택, 군산 등지로 이전하는 사업이다. 연합토지관리계획에 의거해 재배치되는 미군기지의 이전비용은 요구자 부담 원칙에 따라 한국 측에서 부대 이전을 요구한 미군기지 이전비용은 한국 측이 부담하고, 나머지 기지 이전비용은 미국 측이 부담하고 있다.

2002년 3월 한미가 '연합토지관리계획LPP'을 체결한 이후 그해 10월 국회 비준을 받았고, 2004년 12월 연합토지관리계획 개정 협정이 다시 국회의 비준을 받으면서 2008년부터 평택 미군기지 공사가 본격적으로 개시되었다. 현재는 대부분의 부대시설이 완료되어 2017년 용산의 미 8 군사령부가 평택기지로 이전했고, 2018년에 주한미군사령부·유엔군사 령부·미 2사단 본부 등 주요 부대가 이전을 완료했다. 2022년 3월 기준 으로, 연합사 본부가 용산기지에, 미 2사단 예하 일부 부대가 동두천에 잔류해 있는 상태이다.

미군은 주한미군 기지의 재배치를 통해 의정부·동두천 등 서울 북방 에 산재되어 있던 주한미군을 후방지역으로 이전하여 통합된 부대로서 의 전력을 보유하게 되었다. 이로 인해 주한미군은 북한의 기습공격 시 미군의 자동개입을 보장하던 인계철선 기능에 구속되지 않고, 유사시 역 외로 신속 전개하여 대응할 수 있는 작전수행 여건을 갖추게 되었다.

또한 많은 군사전문가들은 평택 미군기지가 주한미군의 '허브'로서 역 할을 수행할 수 있다고 언급하고 있다. 평택 미군기지는 작전 허브로서의 기능을, 대구와 부산은 군수 허브로서의 기능을 제공하며, 특히 평택 미 군기지는 평택항(23킬로미터), 오산공군기지(20킬로미터)와 인접해 있어 유사시 한반도 외 지역으로부터 미 증원전력의 신속한 전개를 지원할 수 있다. 따라서 평택 미군기지는 유사시 동북아 문제에 대응하기 위한 신속기동군의 작전기지 역할을 수행하여 동북아 주둔 미군의 유연성과 즉응성을 향상시키는 데도 기여하고 있다고 평가된다.[182]

(2) 동북아 작전적 기동군으로서의 주한미군

탈냉전기 안보 환경의 변화와 한국의 적극적인 안보자율성의 확대 요구는 범세계적 미군 재배치 등 미국의 안보전략과 동북아 국방전략의 변화를 촉발시켰다. 1990년대 이후 주한미군은 병력은 감축되었지만, 병력 감축을 상쇄할 수 있는 전력 증강이 동시에 이루어졌다. 또한 한국 방위의 한국화가 가속화되면서 주한미군은 한반도 전구에 국한된 수준을 벗어나 아시아 지역으로 작전지역의 확대를 모색했다. 다양한 연합연습·훈련을 빌미로 주한미군의 활동 영역을 확대해나갔으며, 유사시 능력 범위 내에서 신속하게 대응할 수 있는 동북아 지역의 작전적 기동군으로 역할 전환을 도모했다.

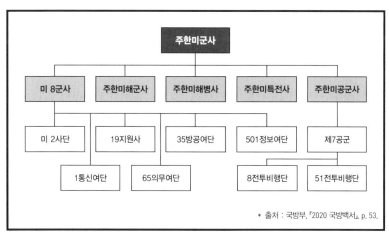

<그림 3-2> 주한미군 주요 조직

주한미군 병력 규모 및 전력의 변화

주한미군 병력 규모의 변화

탈냉전기 주한미군은 크게 두 차례의 병력 감축이 있었다. 첫 번째 병력 감축은 '동아시아 전략구상EASI-I'에 따라 1991년부터 1992년까지 진행되었으며, 두 번째 병력 감축은 '범세계적 방위태세 재검토GPR, Global

〈표 3-14〉 탈냉전기 주한미군 병력 규모 변화[183]

연도	계	육군	해군	해병	공군
1990	41,344	30,150	350	511	10,333
1991	40,062	30,536	344	154	9,028
1992	35,743	26,402	338	58	8,945
1994	36,796	27,486	282	68	8,960
1996	36,539	27,416	318	148	8,657
1998	36,890	27,918	287	105	8,580
2000	36,565	27,481	318	97	8,669
2002	37,743	28,527	342	155	8,719
2004	40,840	31,067	345	415	9,013
2005	30,983	21,372	326	241	9,044
2008	25,772	17,551	0	83	8,137
2010	27,869	19,375	319	118	8,056
2012	27,724	19,231	309	179	8,004
2014	29,074	20,592	301	197	7,983
2015	29,113	20,497	304	222	8,089
2016	25,020	16,622	262	181	7,953
2018	26,311	17,676	290	186	8,158
2020	25,430	16,978	342	197	7,911

* 출처 : 미(美) DMDC(Defense Manpower Data Center)의 DoD Personnel, Workforce Reports & Publications,(https://www.dmdc.osd.mil/appj/dwp/dwp_reports.jsp)

Defense Posture Review'에 따라 해외 주둔 미군 재배치의 일환으로 2004년부터 2006년까지 진행되었다.

두 차례의 병력 감축 모두 미국의 동아시아 안보전략의 변화에 따른 것으로, 이는 냉전기 소련의 위협에 대한 봉쇄전력으로서의 주한미군 역할 또한 상당한 변화가 있을 것임을 예고하는 것이었다.

1991~1992년 주한미군 감축

부시 행정부 출범 이후 주한미군을 포함한 동아시아 주둔 미군 감축은 국방예산의 삭감을 통해 만성적인 재정 적자 문제를 해소하기 위함이었다. 1990년 동아시아전략구상EASI-I은 향후 10년간 한국, 일본, 필리핀에 주둔하고 있는 미군 병력의 감축 내용을 담고 있으며, EASI-I에서 제시한 주한미군 철수 계획은 〈표 3-15〉와 같다.

〈표 3-15〉 EASI-I의 주한미군 철수 계획

구분	내용	철수 규모
1단계	• 행정 병력, 한국군이 담당 가능한 병력 위주 철수 • 불필요한 행정조직 간소화, 한국군 수행 가능한 임무 인계로 전력구조 개편 • 현 전투력 수준 유지하면서 미 2사단 경량화	육군 5,000명, 공군 2,000명 등 7,000명 (1992년 12월 완료)
2단계	• 1단계 철군 후 북한 위협을 재평가하고 계획의 진척 상황 감안, 2사단 재편성 문제 결정 * 남북관계, 한국의 군사력 증강 등 고려	추가로 6,500명 철수
3단계	• 2단계 성공 후 시행	

* 출처 : 황인락, "주한미군 병력 규모 변화에 관한 연구: 미국의 안보정책과 한미관계를 중심으로", 경남대학교 대학원 박사학위 논문(2010), p. 101.

EASI-I에 따른 주한미군 1단계 철수는 계획대로 진행되었다. 이로써 1990년 말 약 4만 3,000명의 주한미군은 2년여에 걸쳐 지상군 5,000명, 공군 2,000명이 철수하게 되어 1992년 12월 약 3만 6,000명 수준으로 감축되었다. EASI-I은 냉전 종식에 따른 위협의 감소에 따라 주한미군의 비중과 역할이 재평가되고 있음을 반영하는 조치였다. 한국 방어를 위한 한국군의 역할이 더욱 확대되어야 하며, 주한미군, 특히 미 지상군의 역할은 점차 한국군을 지원하는 역할로 전환되어야 한다는 미 조야의 시각을 반영한 것이었다. 그러나 1990년부터 시작된 북한의 핵 개발과 이로 인한 한반도 안보 상황의 불안정성이 다시 대두되자, 미 정부는 1992년 5월 EASI-II를 발표하면서 주한미군 철수 2단계 계획을 보류하기로 결정했다. 이에 따라 약 7,000명의 주한미군 감축 이후 추가적인 주한미군 병력 감축은 진행되지 않았으며, 주한미군은 매년 3만 6,000~3만 7,000명 수준을 유지했다.

2004~2006년 주한미군 감축

9·11 이후 범세계적 테러와의 전쟁은 미국이 최우선적으로 수행해야 할 안보적 과업이 되었다. 부시 대통령은 테러 예방을 위한 선제공격의 가능성을 열어두었고, 테러리스트의 대량살상무기의 확보·사용을 차단하기 위한 모든 군사적·비군사적 수단의 사용을 정당화했다. 2003년 3월 개시된 '이라크 자유작전'은 미국의 안보를 위협하는 적대세력과는 전쟁도 불사하겠다는 부시 대통령의 의지를 입증하는 대테러전쟁이었다. 부시 행정부의 안보전략의 또 다른 축은 동북아 지역을 포함한 아시아 지역의 군사적 불안정성에 대처하는 것이었다. 이러한 인식을 반영하여

2001년 QDR은 중동부터 동북아시아에 이르는 광범위한 '불안정의 호arc of instability'가 펼쳐져 있음을 언급하고, 특히 벵갈만으로부터 동해에 이르는 동아시아 연안 지역을 도전적 지역challenging area으로 명시했다.[184] 이에 따라 미국은 해외 주둔 미군 배치를 전면적으로 검토하는 GPRGlobal Defense Posture Review을 계획하게 되었고, 주한미군 또한 GPR에 의거해 부대 재배치 및 감축이 이루어지게 되었다.

한미 국방장관은 변화하는 안보 환경에 부합하는 동맹관계 발전이 필요하다는 인식 하에 2002년 제34차 한미안보협의회의에서 '미래 한미동맹 정책구상FOTA'을 출범시키기로 합의했고, 2003년 4월부터 2004년 9월까지 12회에 걸쳐 용산기지 이전, 주한미군 감축, 미 2사단 재배치 등의 문제를 협의했다. 2004년 6월 미국은 주한미군 규모의 3분의 1 수준인 1만 2,500명을 2005년까지 감축하겠다는 기본 구상을 한국 측에 제시했다. 한미 양국은 4개월의 긴 협상을 통해 주한미군 감축 시기를 미국이 제시한 2005년에서 3년 연장시켜 2008년 말까지 감축하기로 최종 합의했다.

〈표 3-16〉 FOTA에서 합의한 주한미군 감축 계획

구분	기간	감축 부대	병력 규모
1단계	2004년 말까지	• 미 2사단 2여단 전투단 • 군사임무 전환 관련 부대	5,000명 (이라크 기차출 3,600명 포함)
2단계	2005~2006년	• 일부 전투부대 및 비전투 병력 • 군사임무 전환 관련 부대	2005년: 3,000명 2006년: 2,000명
3단계	2007~2008년	• 기타 지원부대	2,500명

* 출처 : 황인락, "주한미군 병력 규모 변화에 관한 연구: 미국의 안보정책과 한미관계를 중심으로", 경남대학교 대학원 박사학위 논문(2010), p. 109.

주한미군 감축은 계획대로 진행되었다. 이라크전 수행을 위해 미 2사단 2여단 전투단 3,600명은 이미 이라크에 파병[185]되었고, 그 외 군사임무 전환부대 및 지원병력을 중심으로 2006년까지 주한미군의 단계적 철수가 진행되었다. 이 시기 감축된 주요 부대에는 2사단 1개 여단에 추가하여 대화력전 핵심 무기인 다연장로켓MLRS 1개 대대와 팔라딘Paladin 자주포(155밀리) 1개 대대가 포함되어 있었다.

　그러나 이명박 대통령 취임 이후 한미 동맹관계 회복이 정책적 우선순위로 부상했고, 이를 위한 동맹 차원의 노력의 일환으로 2008년 4월 19일 캠프 데이비드Camp David 한미 정상회담에서 주한미군의 추가 철수를 중지하고 현 수준의 주한미군 규모 유지에 합의했다. 이에 따라 주한미군 철수는 최초 계획되었던 1만 2,500명에서 9,000명만 철수를 완료하고 중단되었다. 이후 한미 국방장관은 매년 한미안보협의회의를 통해 주한미군 병력의 현 수준 유지 공약을 계속 확인하고 있으며, 2008년 이후 주한미군 병력 수준은 큰 변동 없이 유지되고 있다.

주한미군 전력 수준

탈냉전기 주한미군 주요 전력의 변화와 배치 및 전력 현황은 〈표 3-17〉과 〈표 3-18〉과 같다.

　주한미해군과 해병은 연합사령부와 주한미군사령부 참모와 연락단 등 소수 인원만 한국에 전개하고 있으며, 주한미군의 실질적 전력은 육군과 공군 위주로 편성되어 있다. 〈표 3-18〉에서 보는 바와 같이 탈냉전기 두 차례의 병력 감축으로 주한미군 전력 역시 1개 보병여단과 1개 항공여단이 한국에서 철수하여 현재 주한미육군은 1개 기갑여단과 1개 항공여단,

〈표 3-17〉 1995~2016년 주한미군 주요 전력의 변화

1995년	2006년	2016년

• 1개 보병사단
  (2개 여단: 6개 대대)
• 2개 항공여단
• 2개 포병대대
• 2개 다연장로켓(MLRS)대대
	• 1개 보병사단(-)
	  (1개 기갑여단: 2개 대대)
	• 2개 항공여단
	• 2개 포병대대
	• 2개 다연장로켓(MLRS)대대
		• 1개 보병사단(-)
		  (1개 기갑여단: 2개 대대,
		  포병대대)
		• 1개 전투항공여단
		• 1개 다연장로켓(MLRS)여단

• 2개 전투비행단	• 2개 전투비행단	• 2개 전투비행단

* 출처 : IISS, *The Military Balance 1995/1996, 2006, 2016* 참조.

〈표 3-18〉 주한미군 주요 전력(2020년 기준)

부대		주요 장비
	8군 사령부, 2사단 본부	
육군	1개 기갑여단	• M1A2 에이브람스(Abrams) 전차 (50여 대) • M2A2/M3A3 장갑차 (130여 대) • M109A6 자주포 (10여 문)
	1개 전투항공여단	• AH-64 아파치(Apache) (40여 대) • CH-47 치누크(Chinook) • UH-60 블랙호크(Blackhawk)
	1개 다연장로켓여단	• M270A1 MLRS (40여 문)
	1개 방공여단	• 패트리어트(Patriot) (60여 기) • 어벤저(Avenger)
	1개 지대공미사일 포대	• 사드(THAAD)
공군	7공군 사령부 (오산)	
	1개 전투비행단 (군산) | 2개 전투기대대	• F-16C/D (20대)
	1개 전투비행단 (오산) | 1개 전투기대대	• F-16C/D (20대)
	1개 지상공격기대대	• A-10 (24대)
	1개 정보감시정찰비행대대 (오산)	• U-2S

* 출처 : IISS, *The Military Balance 2020* 및 국방부, 『2020 국방백서』 참조.

1개 다연장로켓여단, 제7공군은 3개 F-16 전투기 대대, A-10 지상공격기 대대와 정찰대대로 편성된 2개 전투비행단이 주둔하고 있다.

주한미군 전력은 양적으로는 감축되었으나 지속적인 군사변혁을 통해 전력 구조를 개편했다. 항공여단을 다목적 항공여단으로 개편했고, 2003년부터 2006년까지 4년간 약 110억 달러를 투입하여 주한미군 전력 현대화를 추진했다. 주한미군 전력 현대화는 아파치 롱보우^{Apache Longbow} 2개 대대, PAC-3 8개 포대, 고속수상함 배치 등 전투부대 능력 보강과 C4ISR 분야 등을 중심으로 추진되었다.[186] 그러나 비록 주한미군 전력이 질적 현대화를 통해 병력 감축을 상쇄하고 전체적인 능력의 향상을 도모했다고는 하나, 여전히 대북억제 위주의 전력으로 편성되어 있음은 부인할 수 없다. U-2 정찰기를 제외한 다른 공군기들은 작전반경이 짧은 전술기 위주로 편성되어 있어 공중급유기 등의 전력이 지원되지 않는다면 한반도 이외 지역으로 장거리 전개하여 작전을 수행하는 것은 상당한 제약이 있다.

주한미군의 전략적 유연성 확보

9·11 이후 미국의 군사전략 기조는 대테러 및 대량살상무기 비확산에 맞추어져 있었다. 이러한 군사전략 기조 하에서 미국은 전 세계에 주둔하고 있는 미군의 태세를 신속기동군 형태로 변환하기 위해 미군의 전략적 유연성을 추진했다. 전략적 유연성은 미군 전력을 언제 어디서라도 신속하게 사용할 수 있는 태세를 갖춘다는 개념이며, "장비의 유연성, 병력 이동의 유연성, 기지 사용의 유연성, 사전협의 절차의 유연성"을 포함한다.[187]

주한미군의 전략적 유연성에 대한 협의는 2000년대 초부터 시작된 것으로 보인다. 한미 양국은 2002년 12월 제34차 SCM 공동성명에 '한미동맹의 변화, 주한미군의 이전' 등 동맹의 재조정을 위한 현안을 협의했음을 명시했고,[188] 2003년부터 시작된 '미래 한미동맹 정책구상FOTA'을 통해 주한미군의 역할 재조정에 관한 협의를 진행했다. 2003년 11월 개최된 제35차 SCM에서는 "주한미군의 전략적 유연성이 지속적으로 중요함을 재확인"했다고 표명했다.[189] 이후 한미 간 지속적인 실무 협의를 거쳐, 2005년 11월 17일 경주 한미 정상회담에서 '한미동맹과 한반도 평화에 관한 공동선언'을 통해 주한미군 재조정 문제가 성공적으로 합의된 것으로 평가했다. 이후 2006년 1월 19일 한미 장관급 전략대화에서 '주한미군의 전략적 유연성' 합의를 다음과 같이 공표했다.

"한국은 주한미군의 전략적 유연성의 필요성을 존중하되 미국은 한국이 한국민의 의지와 관계없이 동북아 지역 분쟁에 개입되는 일은 없을 것이라는 한국의 입장을 존중한다."

'전략적 유연성'의 합의는 동북아시아 지역기동군으로서 주한미군의 역할이 확대되고 한미동맹이 지역동맹으로 전환 중임을 의미한다.[190] 즉, 주한미군이 대북 억제 전력의 역할에 머물지 않고 지역, 때로는 범세계의 평화·안전을 위해 해외로 전개할 수 있는 '기동군'으로서의 역할 확대를 위한 과정에 진입했음을 뜻한다.[191] 주한미군의 전략적 유연성은 용산 미군기지 및 미 2사단 재배치와 긴밀히 연관되어 있다. 전략적 유연성 개념 하에서 미군 전력의 한반도 유입 및 유출 능력은 주한미군 기지 이전 완료 시 훨씬 더 강화되기 때문이다. 주한미군의 전략적 유연성 합의가 갖는 함의는 주한미군 전력이 한반도 이외의 지역으로 전개할 수 있는 제도적 장치가 마련되었다는 것이다. 또한 한미동맹의 성격이 지역동맹으로 변화되고 있음을 의미하는 것이다. 실제 주한미군 전력의 한반도 이외 지역으로의 투사는 2010년대 초반부터 개시되었고, 2014년에 한미가 미군 전력의 한반도 순환배치에 합의함으로써 공식화되었다. 순환배치는 장기간 한반도에 주둔하는 '고정배치'가 아닌, 미 본토 또는 다른 지역에서 한반도로 전개하여 단기간 주둔하고 다시 다른 지역으로 전개하는 미군 전력 운용의 한 형태이다. 2015년부터는 주한미군의 기갑여단 예하 대대, 아파치 대대, MLRS 대대, F-16 대대 등의 주요 전력이 순환배치 형태로 전개했다.

주한미군 참가 연합연습 및 훈련의 확대

탈냉전기로 전환된 이후에도 주한미군이 참여하는 한미 연합연습 및 훈련은 북한의 위협에 맞선 한국 방위를 주목적으로 시행되었다. 그러나 연합연습 및 훈련에 참가하는 한국군 및 미군의 규모는 지속적으로 확대되었다. 을지 포커스 렌즈^{UFL} 연습의 경우에는 참가 병력과 장비 측면에서 세계 최대 규모의 연합연습이었다.

한미 연합연습 및 훈련 현황

연합전시증원^{RSOI, Reception, Staging, Onward Movement, Integration} 연습은 1993년 팀스피리트 훈련이 종료된 후 팀스피리트 훈련을 대체하기 위해 1994년부터 2007년까지 실시된 한미 연합 지휘소연습이다. 미 증원전력이 전시

연습 / 훈련명	형태	목적	내용
을지 포커스 렌즈 (UFL) 연습	종합 지휘소 연습	한국방위를 위한 충무계획 및 작계 5027 수행 절차 숙달	• 연합위기관리 절차 • 전시 전환 절차 연습 • 미 증원군 전개 절차 연습 • 작계 시행 절차 연습
연합전시증원 (RSOI) 연습	지휘소 연습	미 증원전력 한반도 전개 보장 및 한국군 전쟁지속능력 유지	• 연합 / 합동 수용, 대기, 전방 이동 및 통합 절차 숙달 • 전투력 창출 및 한국군 전투력 복원능력 배양
독수리 연습 (Foal Eagle)	야외 기동 훈련	연합특전사 / 해·공군 작전 포함, 연합·합동 후방지역 작전 능력 향상	• 연합특전사 작계 시행 훈련 • 양륙공항·항만, 주요 시설 방호훈련 • 연합상륙, 전구·유도탄 방어훈련

* 출처 : 국방부, 「2004 국방백서」, p. 256.

한반도에 도착하고 전방으로 이동하여 야전군에 통합·배치되는 일련의 절차와 미 증원전력의 호송 및 군수지원을 위한 한국군의 임무절차 등을 숙달하는 연습이다. RSOI 연습은 2008년부터 전시작전통제권 전환에 대비해 한반도를 지키는 중대한 결의라는 의미를 지닌 키리졸브Key Resolve 연습으로 명칭을 변경하여 2018년까지 시행했다.

독수리 연습FE, Foal Eagle은 연합 특수작전 및 후방지역 작전 능력 향상을 위해 실시하는 훈련으로 출발했으나, 한미 연합 및 합동 공·지·해 작전과 해병 상륙단을 포함한 군단급 야외기동훈련 등을 포함한 대규모 훈련으로 확대되었다. 2002년부터는 RSOI와 FE 연습을 연계해 매년 3월에는 RSOI/FE(추후 KR/FE)를 실시하고, 8월에는 UFL(추후 UFG) 연습을 실시함으로써 1년에 두 차례 대규모 연합연습·훈련이 정례화되었다. KR/FE와 UFG는 2019년부터 CCPT^{Combined Command Post Training}(연합지휘소훈련)로 명칭을 변경하여 연 2회 실시하고 있다.

그 외에도 한미 양국군은 다양한 제대별로 전술제대급 연합훈련을 활성화했다. 한미 해병대의 연합상륙훈련, 한국 공군과 주한미군 공군의 대규모 전력이 참가하는 맥스 선더^{Max Thunder}와 같은 항공전역 훈련, 한미 공군 전투비행대대 간 쌍매훈련, 한미 특수전부대가 참여하는 연합 비정규전 훈련(밸런스 나이프^{Balance Knife}) 등 많은 연합훈련을 매년 또는 격년제로 시행하고 있고, 한반도 주변 해역에서는 미 7함대 전력이 참가하는 한미 해군 간 수색 및 구조훈련, 대잠전 훈련 등도 시행했다.

주한미군의 해외 훈련 참가

2006년 한미가 '주한미군의 전략적 유연성'에 합의한 이후 주한미군이 참여하는 해외 훈련의 성격과 범위가 변화하기 시작했다. 주한미군의 전략적 유연성은 필요시 아시아·태평양 지역을 비롯한 해외 지역으로 주한미군을 투사할 수 있으며, 이는 기존 대북방어를 위한 한반도 주둔군에서 역외 지역으로 전개 가능한 기동군으로의 주한미군의 역할 전환을 의미하는 것이었다.

주한미군은 2011년부터 해외에서 시행되고 있는 타 국가와의 연합훈련 등에 참가하기 시작했다. 그 시초로 2011년 3월 일본 대지진 시 정보수집 목적으로 U-2 정찰기를 일본에 파견하여 쓰나미 피해가 집중된 일본 동북부 지역에 대한 항공촬영 임무를 수행했고,[192] 이후에도 U-2 정찰기는 수시로 한반도 밖으로 전개하여 정찰임무를 수행하곤 했다. 또한

2011년 4월 5일부터 15일까지 미 2사단 수색대대 병력 500명이 미국과 필리핀 간 연합훈련인 '발리카탄Balikatan'[193] 훈련에 참가했다. 발리카탄 훈련은 미국과 필리핀 간 의료지원 등 인도주의적 활동과 지휘소훈련, 야외전술훈련 등의 군사훈련을 병행해서 실시하는 합동군사훈련으로, 주한미군 예하 단위부대로는 2011년에 처음으로 참가했다. 이후에도 7공군 소속의 A-10 선더볼트Thunderbolt 공격기가 2018년과 2019년에 발리카탄 훈련에 참가한 바 있다.

2012년에는 미 8군 병력 150명이 사상 처음으로 일본에 건너가 주일미군과 일본 육상자위대 간 연합훈련인 '야마사쿠라 훈련'[194]에 참가했다. 야마사쿠라 훈련은 일본 본토 방어를 위한 훈련이나, 훈련의 주된 목적은 미군 태평양사령부 예하 육군과 일본 육상자위대 간 상호운용성을 강화하는 것이다. 비록 소수 병력이기는 하나 주한미군의 야마사쿠라 훈련 참가는 한미일 3국간 군사협력을 강화하고자 하는 미국 측의 의지를 표명한 조치로서 미 8군과 주일미군, 일본 육상자위대 간 연합작전 수행능력을 증진시키기 위한 것이다.

주한미군이 참가하는 연합연습 및 훈련의 성격

탈냉전기 한미 연합연습 및 훈련 역시 북한의 도발에 대비한 연합작전 수행능력을 점검하고, 작전계획 절차를 숙달하는 데 일차적 목적이 있었다. 북한의 핵 개발 등 한반도 안보 상황의 유동성이 심화되면서 북한의 도발에 대비한 공동 위기관리 절차를 숙달하고, 미 증원전력의 전개 절차 등을 연습했다. 그러나 이 시기 한미 연합연습 및 훈련의 내용에는 상당한 변화가 수반되었다. 첫째, 작계 5015의 적용이다. 한미 양국은 북한과의 전면전에 중점을 두었던 작전계획 5027을 수정하여 북한의 국지도발, 전면전, 북한의 대량살상무기 위협에 대응하기 위한 작전계획 5015를 발전시켰다. 작계 5015는 북한의 도발 이후 한미 공동의 위기관리 필요성을 반영하고, 북한의 대량살상무기 위협에 대한 대응계획을 보완하면서 전시작전통제권 전환에 대비하기 위한 작전계획으로 발전되었다. 한미 양국군은 2015년 이후 작계 5015를 적용하여 연합연습 및 훈련을 진행하고 있으며, 작계 5015에는 한국 방위를 위한 한국군의 보다 주도적인 역할이 반영된 것으로 알려져 있다.

둘째, 주한미군의 해외 전개 훈련은 중국을 견제하기 위한 미 국방전략을 구체적으로 이행하고자 하는 군사전략적 측면에서 시행되고 있다고 볼 수 있다. 필리핀·태국 등 동남아 국가들과의 협력 및 일본과의 군사협력을 강화하여 대중국 포위전략을 실행하면서 이러한 국가들 간 연합·합동 군사훈련에 주한미군이 참여하도록 조치함으로써 주한미군의 전략적 유연성을 현실화하려는 조치라고 평가할 수 있다.

2010년 이후 주한미군이 참가하는 연합연습 및 훈련은 주한미군의 성격이 변해가고 있음을 보여준다. 한반도 방위를 위한 한국군과의 연합작전 수행능력을 계속 유지하면서 미군의 아시아·태평양 군사전략을 구현하기 위해 전 세계 어느 곳이라도 전개 가능한 신속대응능력을 갖추기 위한 연습과 훈련을 강화하고 있다.

주한미군의 역할

냉전기 주한미군은 북한의 도발을 억제하고 한국을 방위하며, 동북아에서 일본을 방어하고 중국의 군사적 팽창을 저지하기 위한 전진방어 전력으로서의 역할을 수행했다. 그러나 냉전 종식 이후 범세계적 안보 환경의 변화에 따라 주한미군의 성격과 역할은 실질적으로 변화하기 시작했다. 탈냉전기 주한미군은 안보적 · 경제적 · 사회적 · 군사적 측면에서 한반도 안보에 기여했다.

주한미군은 안보적 측면에서는 북한의 남침을 억제하고, 동북아 지역의 안정을 유지하는 안전보장 장치로서 기능을 수행했다. 경제 · 사회적 측면에서는 한국의 국방비 부담을 경감시켰고, 군사적 측면에서는 한국군의 군사력 성장과 작전대비태세 향상에 기여했다.[195] 주한미군의 안보적 기여에 힘입어 한국군은 굳건한 대북억제능력을 갖추기 위한 전력 증강에 집중했으며, 주한미군은 한국군의 군사력 신장에 부합하여 동북아 지역 안보를 담당하는 작전적 기동군으로 변화를 모색하기 시작했다.

'작전적 기동군'은 "미국의 안보전략의 목표를 달성하는 데 필요한 작전적 수준의 목표를 달성하기 위한 능력을 보유한 군"으로 정의할 수 있다.[196] 통상 작전적 수준은 전략과 전술을 연결하는 개념으로서, 야전군 수준의 작전에 적합한 수준을 의미한다. 전 세계 어느 곳이라도 신속하게 전력을 투사하고 타격할 수 있는 미군의 능력이 획기적으로 발전하고, 오바마 행정부 이후 본격화된 아시아 · 태평양 지역 중시 전략 등 미국의 안보전략과 동북아 전략이 변화함에 따라 주한미군은 한반도만이 아닌 동북아 지역의 안정 유지를 위한 핵심 전력으로의 전환을 추진하고 있다.

한미 연합 위기관리를 통한 한반도 상황 관리

탈냉전기 한미 군사관계의 커다란 변화를 야기한 한 축은 평시작전통제권을 한국군으로 전환한 것이었다. 1992년 10월 워싱턴에서 개최된 '한미안보협의회의^{SCM'}에서 평시작전통제권을 한국에 전환하기로 합의함에 따라 1950년 유엔군사령관에게 넘겨주었던 전·평시작전통제권 가운데 평시작전통제권은 1994년 12월 1일부로 한국군 합참의장이 행사하게 되었다. 한미 연합군사령관은 평시 한국 합참의장이 권한을 위임한 연합권한위임사항^{CODA, Combined Delegated Authority}에 대해 임무를 수행할 수 있었다. 그 결과, 한미 연합군사령관은 평시에도 CODA에 의거해 한반도에 위기 상황이 고조될 경우 한미 연합 위기관리 권한을 행사할 수 있으며, 이는 북한 도발 시 한국군의 독자적 대북 대응으로 한반도 상황이 악화되는 것을 방지하는 제도적 장치로서 기능했다.

CODA에 따라 한미 연합군사령관이 평시 연합 위기관리의 권한을 행사하고 있었으나, DEF-III 이전 위기 상황 시 한미 공동으로 위기를 관리할 수 있도록 체계화한 것은 2011년 완성한 '한미 공동 국지도발 대비계획'이었다. 2010년 북한의 천안함 피격·연평도 포격 도발로 한반도에 전례 없는 안보 불안정성이 심화되자, 동맹 차원의 협조된 위기관리를 통해 한반도 상황의 불안정성을 조기에 해소하는 것은 미국의 최우선 관심 사안이었다. 이에 따라 한미 공동의 위기관리를 위해 '한미 공동 국지도발 대비계획'을 발전시켰으며, 이는 동맹 차원의 위기관리를 통해 한반도 상황이 악화되는 것을 방지하는 것이 주된 목적이었다.

한국 방위 지원

탈냉전기 들어 한국 방위를 위한 주한미군의 역할은 냉전기의 틀에서 벗어나 '한국군 주도-미군 지원'이라는 틀로 변화하기 시작했다. 또한 2004년 이후 시작된 주한미군의 재배치를 통해 북한의 도발을 억제해왔던 실효적 장치로서 주한미군의 인계철선 기능도 약화되었다.

1990년대 이후 미국의 대한반도 전략의 핵심은 한국군이 한국 방위를 위한 책임을 주도적으로 시행해야 한다는 것이었다. 6·25전쟁 이후 미국의 군사원조 및 지원 아래 추진되어온 한국군의 전력 증강으로, 1990년대 들어 한미 연합군은 충분한 대북억제능력과 군사적 응징능력을 갖추고 있었다. 한국 방위를 위한 한국군의 책임 증대는 1989년과 1990년 SCM 공동성명에 명기되었다. 한국 방위를 위한 미국의 역할을 지원적인 것으로 하겠다는 원칙은 1991년 제23차 한미안보협의회의에서 처음으로 명시되었으며, 1992년 제24차 한미안보협의회의에서는 미국의 한국 방위 역할이 지원적 역할로 순조롭게 전환되고 있다고 평가했다. 이후 매년 SCM을 통해 한국 방위를 위한 한국의 주도적 역할과 미국의 지원적 역할을 지속적으로 확인했다. 한미 양국은 1992년 7월 1일부 한미 야전군사령부CFA의 해체, 1992년 12월 1일부로 지상구성군사령관에 한국군 장성 임명, 1994년 12월 1일부 한국군으로 평시작전통제권 이양 등의 조치를 취했다. 이는 미국의 범세계적 안보전략과 대한반도 군사전략 전환에 따른 조치로서, 주한미군의 성격과 기능이 전환하고 있음을 반증한다.

유엔사와 유엔사 후방기지를 통한 정전체제의 유지 및 관리

한반도 정전체제의 유지를 위한 핵심 기구는 유엔군사령부이다. 1950년 7월 7일 유엔안보리결의 84호에 따라 창설된 유엔사는 16개 참전국을 지휘하여 6·25전쟁을 수행했고, 1978년 한미 연합사 창설 전까지 한국 방위 임무를 담당했다.

유엔사는 유엔안보리 결의와 정전협정에 근거를 두고 그 기능과 역할을 수행한다. 유엔사의 기능과 역할은 첫째는 북한의 무력공격 격퇴 및 한국 방위, 둘째는 한반도 통일 지원, 셋째는 정전협정의 유지·관리 책임 및 권한 행사, 넷째는 한반도 전쟁 발발 시 한반도로 파견되는 유엔 회원국 군대 전력의 제공자로서 역할 수행이었다.[197] 그중 북한의 무력공격을 격퇴하고 한국을 방위하는 유엔사의 역할은 1978년 창설된 한미 연합군사령부로 전환되었으며, 나머지 임무는 현재에도 여전히 유엔사가 주도적 책임과 권한을 행사하고 있다. 유엔사가 정전협정의 이행·준수 임무를 수행하는 데 필요한 전력은 연합사로부터 제공받는다. 이러한 이유로 유엔사와 연합사는 상호 협조·지원관계를 유지하고 있다.

냉전이 종식된 이후에도 유엔사의 위상은 그대로 유지되었다. 이는 탈냉전기 미국의 동북아 안보전략 변화와 무관하게 한반도 유사시 전력제공자로서의 유엔사 역할은 여전히 중요하며, 향후 한국군으로 전시작전통제권이 전환되고 한반도 안보 환경이 변하더라도 유엔사는 미국의 대한반도 군사전략과 안보이익을 구현할 수 있는 유용한 장치이기 때문이다.

유엔사는 한반도 유사시 전력제공자force provider로서 기능을 수행하기 위해 일본에 유엔사 후방기지 7개소를 운용하고 있다. 유엔사 후방기지 7개소는 주일미군사령부·7함대·5공군·해병항공기지가 위치한 자마座間, 요코다橫田, 가데나嘉手納, 요코스카橫須賀, 화이트비치White Beach, 사세보佐世保, 후텐마普天間 기지이다. 유엔사 후방기지는 주일미군기지 시설을 공유하여 유사시 유엔사 전력제공국의 기지 사용과 한반도 전개를 지원한다. 한국에 위치한 유엔사와 일본에 위치한 유엔사 후방기지에는 유엔사 전력제공국에서 파견한 다국적 참모들이 위치하고 있다. 이들은 정전협정 유지를 위한 임무, 유엔사 예규 및 정책 발전, 한국·미국·유엔사 전력제공국

〈표 3-20〉 유엔사와 한미연합사의 관계

구분	유엔사(UNC)	한미연합사(CFC)
창설 근거	유엔안보리결의 (1950년 7월 7일)	한미 '군사위원회 및 연합군사령부에 관한 권한 위임사항'(1978년 7월 27일)
임무	정전협정 유지·관리	한국 방위
지휘계통	미 합참 전략지시	한미 군사위원회(MC) 전략지시
작전통제부대	유엔군 및 제3국군	지정된 한미 전투부대
상호관계	• 상호 협조 및 지원관계 • 연합군사령관은 정전업무 관련 유엔군사령관의 지시에 부응 • 유엔군사령관과 연합군사령관은 동일인으로 겸임 • 연합사 참모 중 일부가 유엔사 참모 겸임	

* 출처 : 이상철, 『한반도 정전체제』(서울: 한국국방연구원, 2012), p. 129.

간 정보 공유, 한국 합참과 주한미군사령부, 주일미군사령부와 연락 채널 유지 등의 과업을 수행하고 있다. 이러한 유엔사와 유엔사 후방기지와의 종속성 및 긴밀성은 역내 다자간 안보·군사협력을 촉진시키는 장치로도 작용하고 있다.

아시아의 전략적 중요성이 부각됨에 따라 아시아에서 다국적 안보협력의 확대는 미 국방전략의 핵심이다. 미국은 유엔사와 유엔사 후방기지에 유엔사 전력제공국의 파견을 확대하고, 한국·일본과 유엔사 전력제공국 간 협조 및 협의를 촉진하고자 노력하고 있다. 미국은 동맹·우방국 간 안보·군사협력의 장(場)으로 유엔사와 유엔사 후방기지를 활용하고 있으며, 주한미군과 주일미군이 이를 지원하고 있다.

미국의 대중 견제 지원

냉전기 주한미군은 주일미군과 함께 아시아 지역에서 중국의 군사적 팽창을 저지하기 위한 최일선의 전력으로서 역할을 수행했다. 탈냉전기 들어서도 이러한 주한미군의 역할은 변함없이 유지되었다. 오히려 중국을 견제하는 역할은 더욱 과중해졌으며, 중국이 군사적으로 도발할 경우 대응전력으로서의 역할도 부여되었다고 볼 수 있다. 이는 근본적으로 탈냉전기 아시아 · 태평양 지역에서의 미중 갈등이 확대되면서 주한미군의 역할과 기능이 더 확장된 것으로 이해할 수 있다.

1995~1996년 사이에 발생한 대만해협 위기 시 미국의 대응은 아시아 · 태평양 지역에서 미중 간 군사적 충돌 가능성이 상존함을 실질적으로 보여준 사건이었다. 중국은 1996년 대만의 대선에 영향을 미칠 목적으로 1995년 7월~1996년 2월까지 대만해협에 미사일을 발사하고, 12만 명의 병력, 300대 이상의 전투기, 5척의 잠수함을 동원하여 무력시위를 벌였다. 미국은 이에 대응하여 7함대 전력을 대만 인근에 재배치했는데, 이는 베트남전 이후 최대 규모의 미 해군 전력이 집결한 것이었다. 대만해협 위기는 1996년 3월 대만의 리덩후이李登輝가 재집권하고, 양국 전력들이 원대복귀하면서 종료되었다.

미국의 중국에 대한 공세적 전략은 부시 행정부 및 오바마 행정부에서도 이어졌다. 특히, 오바마 행정부 시절 '재균형 전략Rebalancing Strategy'으로 표방된 미국의 국방전략은 중국을 잠재적 적으로 인식하고, 중국의 팽창을 저지하기 위해 중국과의 충돌 위험 가능성을 수용할 만큼 보다 공세적으로 대중 전략이 전환되었음을 의미했다. 센카쿠 분쟁(중국명 댜오위다오) 발생 시 미국이 일본을 지원할 것임을 표명하고 남중국해 주변 국가들과 군사협력을 강화하는 것 등은 중국에 대한 미국의 공세적 전략의 구체적 단면을 보여주고 있다.

주한미군은 아시아 지역 위기 발생 시 신속하게 전개하여 대응하는 지역기동군으로 진화하고 있다. 주한미군은 해외에서 동맹국 · 우방국과 연합훈련에 참가하고 있으며, 2015년부터 순환배치를 시작했고, 공군 전력을 수시로 해외에 전개하고 있다. 즉, 대북억제 이외에 미국의 군사적 필요에 따라 대테러전쟁, 중국의 견제 및 양안분쟁 등에 투입될 수 있는 전력으로서 그 기능과 역할 전환을 모색하고 있는 것이다.[198]

역내 다자 안보협력 촉진

탈냉전기 주한미군은 한미일 안보협력의 촉진자였다. 주한미군을 매개체로 한미일 3국간 군사훈련 및 고위급 군사협의가 활발하게 시행되었다. 1990년부터 해상교통로의 안전 확보를 위한 대규모 연합 해상종합기동훈련인 환태평양RIMPAC, Rim of the Pacific 훈련[199]에 한국 해군이 참가하여 일본을 포함한 태평양 연안국가들 간 군사협력을 확대하기 시작했고, 2000년대 이후 칸퀘스트Khann Quest, 서태평양 잠수함 탈출 및 구조훈련Pacific Reach, 서태평양 기뢰대항전 훈련WP MCMEX, 태평양 공군 연합전술훈련인 레드플래그-알래스카RED FLAG-Alaska 등의 다국적 훈련에 일본과 함께 참가했으며, 한일 간에는 수색 및 구조연습SAREX, Search and Rescue Exercise[200]을 실시했다.

한미일 3국간 국방협력은 2010년 10월 8일 제42차 한미안보협의회의SCM를 계기로 체결한 '한미 국방협력지침'에 명문화되었다. '한미 국방협력지침' 제4조(지역 및 범세계적 안보 도전)에는 "PSI와 유엔안보리결의 안 이행을 포함한 정부 간 노력에 적극 참여하고, 대응능력 향상 및 역내 파트너들과의 안보협력 촉진을 위해 양자·삼자·다자간 국방협력을 강화"할 것임을 명시하고 있다.[201] 한미일 3국은 이를 계기로 3국 국방장관회담, 한미일 안보토의DTT, Defense Trilateral Talks를 정례적으로 실시해오고 있다. 한미일 3국 국방장관회담은 아시아안보회의(일명 샹그릴라 회의)를 활용하여 개최하고 있으며, 미국 합참의장 및 태평양사령관이 배석하고 있다. 한미일 3국 차관보급 안보토의에는 주한미군사령부 관련 참모들도 배석하여 3국의 공동 안보 현안을 논의하고 있다. 또한 한미일 3국간 공동 군사훈련으로서 2012~2013년간 한반도 남방 해역, 하와이 주변 해역, 규슈 서방 해역 등지에서 각국의 이지스함과 구축함 등이 참가하는 해상훈련을 실시한 바 있다.

아시아·태평양 지역 내 미군의 주작전기지(MOB) 제공

부시 행정부 출범 초기 미국의 군사전략은 해외에 주둔하고 있는 미군의 기동력과 신속대응능력을 강화하는 방향으로 추진되었다. 이는 냉전 종식 후 미국에 안보적 위협이 발생 가능한 지역과 이에 대비하기 위한 범세계적 미군의 배치가 일치하지 않는다는 인식에 기인한 것이었다. 이에 따라 동북아 주둔 미군도 세계적 차원의 군사력 운용이 가능하도록 배치 상태를 조정할 필요성이 제기되었다. 이러한 미 군사전략의 변환에 따라 주한미군의 기동력과 신속대응능력을 확대하고, 필요시 전 세계 어느 곳이라도 미군 전력을 투사할 수 있는 방안이 강구되었다. 주한미군 전력의 해외 투사는 2006년 1월 19일 한미 외교장관이 '주한미군의 전략적 유연성'에 합의함에 따라 정책적·제도적 기반이 마련되었다. 또한 용산 미군기지 이전, 미 2사단의 한강 이남 재배치 등을 통해 주한미군 기지가 통폐합되면서 평택·오산·군산·대구 등에 위치한 기지로부터 주한미군 전력의 신속한 출경 및 수용이 가능해졌다.

이러한 일련의 조치를 통해 주한미군은 미군의 범세계적 안보전략을 지원하고, 해외 주둔 미군의 훈련과 타국의 안보협력을 지원하는 주작전 기지MOB, Main Operating Base로서 역할을 담당하게 되었다. 미국의 군사전략적 관점에서 미군기지는 단순한 '기지'가 아닌 '전력 투사를 위한 미군 배치' 의 관점에서 이해해야 한다. 미군 부대배치는 그 성격에 따라 네 가지로 분류한다. 1급은 전력 투사 근거지PPH, Power Projection Hub로 미 본토, 괌, 일본 등 대규모 전력을 원거리로 투사할 수 있는 능력을 가진 기지이다. 2급은 주작전기지MOB로서 장기적 주둔 여건을 갖추고 각종 훈련 및 군사협력을 실시하며 사령부가 설치된 부대로서 한국, 독일 등이 해당된다. 3급은 전 진작전기지FOS, Forward Operating Sites로서 소규모 부대를 유지하면서 필요시 순환부대를 수용하거나 신속히 증원 가능하도록 대규모 시설을 유지하 는 기지이다. 4급은 협력적 안보지역CSL, Cooperative Security Locations으로 상주 병력 및 시설은 없으나 훈련 및 유사시 배치할 수 있는 법적 근거가 있는 호주, 필리핀, 싱가포르 등과 같은 지역을 뜻한다.[202]

〈표 3-21〉에서 보는 바와 같이 일본과 괌은 아시아·태평양 지역 내 전력 투사 근거지로서 역할을 담당하고, 아시아·태평양 지역 내 주작전 기지에 위치한 주한미군은 영구적 주둔시설을 갖춘 가운데 역내 유사시 제한된 전력의 해외 투사를 할 수 있으며, 동맹국·우방국과의 군사훈련 을 통해 역내 군사협력을 견인하고 있다.

<표 3-21> 미군 전개 거점으로서의 일본·한국·괌의 특징

구분	일본	한국	괌
방위상의 필요성	○	○	–
지역안정상의 필요성	◎	△	◎
배치 병력의 안정성	○	△	◎
인프라 정비의 정도	◎	○	△
주둔 지역의 재정적 지원	◎	○	△

* 출처 : 김상철, "미일동맹의 변화와 일본의 대응: 주일미군의 재편을 중심으로", 「한·일 군사문화연구」, 제6편(2008), p. 13.

역내 미사일방어체계의 운용을 위한 전진기지

미국은 레이건 행정부 시절부터 미사일방어MD, Missile Defense 정책을 추진해오고 있다. 미군의 MD는 소련의 해체, 중국 견제, 북한 핵·미사일 능력 개발 등 국제 정세의 변화에 맞춰 레이건 행정부 시절 SDIStrategic Defense Initiative(전략방위구상), 클린턴 행정부에서는 NMDNational Missile Defense(국가 미사일방어)+TMDTheater Missile Defense(전구미사일방어), 부시 행정부에서는 MD, 오바마 행정부에서는 BMDBallistic Missile Defense(탄도미사일방어)라는 명칭으로 사용해오고 있다. 미국의 범세계적 미사일방어체계 구축은 미사일 방어에 필요한 무기체계의 개발·배치·운용과 국제적 협력을 아우르는 미국의 외교·군사전략의 일환으로 추진되고 있다. 미국은 2001년부터 우리나라에 북한의 탄도미사일 위협에 대비한 미사일 방어 협력을 제안해왔으며, 현재 한국군과 주한미군은 북한의 핵·미사일 위협으로부터 한미 연합 군사력을 보호하기 위해 연합작전체제 하에서 정보 공유 및 책임 방어구역 분담 등의 미사일 방어 협력을 진행 중이다.

미군의 미사일방어체계는 미사일 방어에 운용되는 무기체계의 요격 성능에 따라 본토방어용과 지역방어용으로 구분한다. ICBM^Intercontinental Ballistic Missile(대륙간탄도미사일)이나 IRBM^Intermediate Range Ballistic Missile(중거리탄도미사일)의 위협에 대응하기 위한 GBI^Ground-based Interceptor(지상발사 요격미사일) 등은 본토방어용이며, 주한미군에 배치된 패트리어트나 사드 체계는 MRBM^Medium Range Ballistic Missile(준중거리탄도미사일), SRBM^Short Range Ballistic Missile(단거리탄도미사일) 위협에 대응하기 위한 지역방어용 무기체계이다.

미국은 북한의 탄도미사일 위협을 들어 2016년에 주한미군에 사드 THAAD, Terminal High Altitude Area Defense(종말단계 고고도 지역방어) 체계[203]의 배치를 결정했다. 사드 체계는 단·준중거리 탄도미사일이 목표 지역을 향해 하강할 때 직접 맞춰 타격하는 탄도미사일 방어체계이다. 사드 체계는 포대통제소, TPY-2 TM 사격통제레이더, 발사대 6기, 요격용 미사일 48발, 기타 지원장비 등으로 구성된다. 주한미군 사드 포대의 레이더는 최대 탐지거리가 800킬로미터이며, 유도탄의 요격능력은 40~150킬로미터 이하의 고도에서 최대 250킬로미터 사거리까지 요격 가능하다. 주한미군 사드 포대는 현재 전력화된 총 7개의 미군 사드 포대 중 하나로서,[204] 2017년에 배치 완료되어 운용 중이다.

한국에 사드 체계 배치는 한국군과 주한미군 간 다층의 미사일방어체계를 구축하여 미군의 지역 미사일 방어 능력을 강화하고, 미국과 동맹국 간 미사일 방어 협력을 실현한 조치로서, 중국의 반대를 극복하고 아시아·태평양 지역 내 국가들과 군사동맹을 강화하고자 하는 미국의 동북아 전략의 일환으로 평가된다. 비록 주한미군 사드 체계의 유효 탐지 범위는 600~800킬로미터 수준이나, 미국의 조기경보위성체계, 일본에 배치된 X-밴드^{Band} 레이더 등과 함께 역내 미사일방어체계를 구축했다는 데 그 의의가 있다.

3

탈냉전기 주일미군의 역할

(1) 미일 방위협력의 가속화 및 '보통국가화' 추구

탈냉전기 일본은 미일 안보협력의 틀 아래 미국의 안보·국방전략에 적극적으로 편승했다. 미국의 요청과 여망을 토대로 '보통국가화'를 기치로 내걸었고, 자위대의 역할과 능력을 확대해나갔다. 보통국가론은 1990년대 초 이후 일본의 우파 학자들이 지속적으로 주장하고 있다. 일본이 경제강국으로 성장함에 따라 그에 상응하는 정치적·군사적 역할을 해야 한다는 논리를 기반으로, 일본이 군대를 보유하고 외국과 동맹을 맺어 집단 자위권을 행사할 수 있는 나라로 나아가야 한다는 주장이다.

탈냉전기 한국이 안보적 자율성을 추구하면서 한미 안보협력을 병행해나갔다면, 일본은 안보적 자율성을 주장하기보다는 미국의 전략적 요구에 순응하면서 자국의 군사적 능력을 점진적으로 확대해나갔다.

냉전 종식 이후 일본은 미일 안보체제의 우산 아래 미일동맹을 더욱 심화시키면서 자위대와 미군의 일체화를 지향했다. 국가안보에 관한 외교·국방의 기본정책을 결정하는 국가안보회의는 미일 안보체제를 일본의 방위뿐만 아니라 아시아와 태평양 지역의 안정을 위한 기제로 활용했고, 미국의 정책과 전략을 적극적으로 지원하여 일본 방위정책의 대강을 수립했다. 일본의 국가안전보장회의는 2006년부터 설치가 논의되었으나, 2013년 '국가안전보장회의 설치법'이 통과된 이후 실질적으로 설치되었고, 2013년 12월 4일 첫 회의가 개최되었다. 이어 국가안전보장회의 운영을 위해 2014년 1월 14일 상설국인 국가안전보장국이 설치되었다. 국가안보국은 총괄·조정반, 정책1반, 정책2반, 정책3반, 전략기획반, 정보반으로 구성되며, 2020년 경제반이 추가로 신설되었다.[205]

미일 안보체제는 미일안보조약, 미일 간 안보협의기구, 미일 방위협력지침을 통해 구체화된다. 미일안보조약은 1951년 '샌프란시스코 강화조약'의 체결과 함께 맺은 조약으로, 일본 유사시 미군 참전과 일본 내 미군 주둔을 명시했으며, 1960년에 개정되어 오늘에 이르고 있다. 미일은 양국 간 안보협력에 관한 협의 채널로 외교·국방장관이 참석하는 안보협의위원회(2+2), 안보소위원회, 방위협력소위원회 등 다양한 수준의 협의체를 운영하고 있다. 미일 양국은 또한 양국 간 방위협력 방향을 규정하는 문서로서 '미일 방위협력지침'을 1978년에 최초로 제정했으며, 이후 1997년, 2015년 두 차례 개정을 통해 현재까지 유지하고 있다.

일본의 대미 동맹전략의 변화

냉전기 일본의 안보전략을 간단히 정의하면, 소련의 위협에 대응하기 위한 최소한의 억제력을 보유하되 미일 안보협력체제를 통해 일본의 안전을 보장받는 것이었다. 일본은 비핵 3원칙, 무기수출 3원칙, 전수방위 원칙 등 비군사화 규범을 견고하게 유지했으며, 탈냉전기 들어서도 그 연속선상에서 방위정책을 추진했다. 비핵 3원칙은 1967년 12월 사토 총리가 "핵무기를 만들지도, 보유하지도, 반입하지도 않을 것이다"라고 선언한 것에 유래하며, 현재까지도 유효하다. 무기수출 3원칙은 "① 공산권 국가에 무기를 수출하지 않는다. ② 유엔 결의에 의하여 무기 등의 수출이 금지된 국가에 무기를 수출하지 않는다. ③ 국제분쟁의 당사국이나 분쟁이 발생할 우려가 있는 국가에 무기를 수출하지 않는다"는 원칙으로, 1967년 사토 총리의 언급에 기초한다. 무기수출 3원칙은 2014년 4월 1일 방위장비이전 3원칙으로 대체되었다. 방위장비이전 3원칙은 "① 국제조약/유엔 안보리 결의 등을 위반한 국가, 분쟁 당사국에는 무기수출을 금지한다. ② 평화공헌/국제협력과 일본 안보에 기여할 경우 무기수출을 허용한다. ③ 목적 외 사용과 제3국으로의 이전은 일본 정부의 사전 동의가 필요하다"라는 원칙이다. 전수방위 3원칙은 일본 자위대의 수동적 방어전략 개념으로 "자위대를 비롯한 방위력의 동원은 일본의 영토·영해·영공 방어만을 위해 적이 공격한 이후 일본 영토 안에서만 이루어진다"는 내용을 담은 원칙으로, 사토 총리가 기본 방침으로 채택했다.

그러나 탈냉전기의 미일관계는 냉전기보다 훨씬 심화된 동맹관계로 발전했다. 1990년대 이후 일본의 대미 국방전략은 일본 자위대와 미군 간의 상호협력을 확대하고 상호운용성을 증진시키며, 주일미군의 안정적 주둔을 적극 지원하고, 글로벌 수준으로 파트너십을 확대하는 등 일관되게 미일 정책공조를 강화하고 미일 간 협력의 범위를 확대하는 방향으로 추진되었다. 일본은 미국의 대동북아 및 대일본 국방전략에 편승하여 자국의 안보정책을 조정했으며, 자위대의 안보적 역할을 재검토했다. 1990년대 중반 이후 일본은 자국의 안보전략 범위를 일본을 넘어 아시아·태평양 지역으로 확대했으며, 미일 안보체제를 아시아·태평양 지역의 평화 기반이자 일본 자위대의 역할 확대를 추동하는 촉매제로 활용했다.

미일 양국은 정상 수준의 전략대화를 통해 미일동맹의 심화 방안을 논의했다. 1992년 1월 부시 대통령의 일본 방문 시 '미일 간 글로벌 파트너십 도쿄 선언The Tokyo Declaration on the U. S.-Japan Global Partnership'은 일본과 미국의 안보협력관계를 명실상부한 동맹관계로 격상시키는 계기가 되었다. 도쿄 선언에서 양국은 미군의 전방배치와 이를 위한 일본의 방위비 분담률 증가, 자위대와 미군 간 협력 확대와 상호 방위기술 교류를 공언했다. 또한 1996년 클린턴 대통령 방일 시, 하시모토 류타로橋本龍太郎 총리와 클린턴 대통령은 '21세기를 향한 동맹' 공동선언을 발표하여 탈냉전기 시대적 상황에 부합하는 '지역 및 글로벌 수준의 미일 안보협력관계'로 미일동맹을 재정의했다. 이를 구체화하기 위해 1978년 제정된 '미일 방위협력지침'을 개정하고, 차기지원전투기(F-2) 등의 장비 공동개발연구, 탄도미사일방어 공동연구 등의 안보협력 방안에 합의했다. 또한 주일미군의 안정적 주둔을 위한 일본의 적극적 지원을 기반으로, 주일미군은 아시아 주둔 미군 중에 가장 많은 규모를 유지하면서 아시아·태평양 지역의 평화·안정을 위한 영속성 있는 역할을 수행할 수 있었다.

2000년대 들어 일본은 보통국가로의 변환 노력을 본격화했다.[206] 2001년 출범한 고이즈미 준이치로小泉純一郎 정부는 미국의 대외정책에 이전 정부보다 더 강력한 지지를 보냈다. 9·11 테러에 대한 미국의 선제적 행동을 지지했으며, 이라크전쟁의 정당성에 대한 논란에도 불구하고 자위대의 해외 파병을 결정했다. 일본은 미국의 대테러전쟁과 이라크 전쟁 수행에 적극적인 협력자로서 역할을 다했다. 이러한 일본의 결정은 1990년대 미일 안보협력의 범위를 주변 사태로 확대한 이후, 21세기 들어서 더욱 글로벌한 범위의 안보협력으로 진일보하는 기반이 되었다. 2005년 2월, 고이즈미 정부는 '미일 안전보장협의위원회(2+2)'를 통해 미국과 일본 간 공통의 전략 목표를 발표했다.[207] 고이즈미 정부는 지역 차원에서는 대만 문제의 평화적 해결을 촉구하고, 중국의 책임 있는 역할 수행과 중국의 군사력 투명성을 촉구했으며, 글로벌 차원에서는 평화유지활동[PKO] 및 개발협력, 미일 파트너십 강화 등 미국의 대외 안보전략을 적극 지지한다는 입장을 표명하고, 유엔안보리 상임이사국 진출을 위한 미국의 지지를 확보하여 정치·군사대국으로서의 독자적 지위를 확대하려 했다.[208]

아베 신조安倍晋三 총리가 집권하면서 일본은 미국의 협력 하에 탄도미사일 방어체계의 공동연구, 미국·일본·호주·인도의 4자 안보협력 추진 등을 제안하면서 미국의 대외전략과 공조 의지를 재차 강조했다.[209]

2000년대 이후 일본의 안보전략의 관심은 중국의 부상과 주일미군 재편 및 센카쿠 열도를 둘러싼 중일 간의 갈등이었다. 2004년 일본 방위백서는 중국의 국방정책과 군사력에 대한 투명성을 향상시켜야 하며, 중국의 국방비 증액, 핵·미사일 전력과 해·공군력의 현대화, 해양에서의 활동 범위 확대 등 중국군의 군사전략과 군사력 현대화 동향에 주목해야 한다고 경고했다.[210] 이와 관련해 중국의 칭나엔찬카오青年參考 신문은 "2004년 일본 방위백서는 중국군의 현대화가 일본 안보를 위협하는 존

재가 되었다면서 중국을 일본의 가상의 적으로 규정했다"고 보도했다.[211]

미일은 2010년 '미일 안전보장협력위원회(2+2)'를 통해 미일동맹의 변혁과 주일미군 재편의 일환으로 후텐마 비행장 이전 등 8개 분야의 주일미군 재편 계획에 합의했다. 미일이 합의한 분야는 첫째, 미일 연합훈련 및 미군의 훈련을 위해 훈련시설을 오키나와현 밖으로 이전, 둘째, 주일미군 시설에 대한 환경조사, 셋째, 자위대와 주일미군 간 시설의 공동 사용 확대, 넷째, 오키나와 동부 해역의 미군 훈련 수역의 일부 해제, 다섯째, 주일미해병의 괌 이전, 여섯째, 가데나 이남 기지의 반환, 일곱째, 가데나 지역의 소음경감조치 실행, 여덟째, 오키나와현과의 의사소통 및 협력이다. 이러한 조치들은 역내 미군의 억제력과 신속대응력을 유지하면서 오키나와현 등의 지역주민 부담을 경감시키고, 주일미군의 원활한 재편과 안정적 주둔을 위한 일본의 지원을 강화하는 조치였다.

주일미군의 안정적 주둔을 위한 일본의 협력은 2013년 12월 17일 책정된 '국가안보전략'에도 명시되어 있다. 일본은 국방·군사전략 수준의 문서로서 방위계획대강을 작성하고 있었으나, 방위계획대강의 상위문서 필요성을 인식하고 2013년 12월 최초의 '국가안보전략'을 공표했다.[212] 일본은 2013년 '국가안보전략'을 통해 '국제협조주의에 기반한 적극적 평화주의'를 외교안보정책의 이념으로 제시하면서 아시아·태평양 지역에서 최적의 미군 병력태세의 실현을 위해 적극 협력할 것을 천명했다.[213] 또한 2014년 7월 1일 집단적 자위권 행사에 대한 헌법 해석을 변경함으로써 동맹국이나 우방국이 무력공격을 받을 경우 필요한 최소한의 무력을 행사할 수 있도록 했다.[214] 아울러 센카쿠 열도(중국명 댜오위다오) 영유권에 대한 일본의 열망은 2015년 '미일 방위협력지침'에 중국의 센카쿠 열도 침입에 대한 적절한 대응조치를 포함시키고, 2017년 2월 미일 정상이 "미일안보조약 제5조에 센카쿠 열도가 적용된다"는 공동성명을 발표하는 결실로 나타났다.

탈냉전기 일본의 대미 동맹전략은 '미일동맹의 일체화'를 위한 여정이었다고 평가할 수 있다. 소련의 위협은 사라졌지만, 중국과 북한의 군사적 위협은 증가했으며, 아시아·태평양 지역의 정세는 더욱 유동적으로 전개되었다. 일본은 미일 안보협력을 기제로 새로운 국제질서의 형성을 도모해나갔다. 미일 안보체제의 원활한 운영을 위해 미일 간 방위협력을 강화했으며, 이는 일본 자위대의 방위역량 확충과 역할을 확대하는 결과로 이어졌다. 이를 통해 주일미군은 냉전기보다 더 증대된 전략적 유연성을 확보할 수 있게 되었다.

미일동맹의 결속력

냉전체제 하에서 미국은 소련의 위협에 대응하고 동북아 영향력을 확보하기 위해 일본의 전략적 가치를 이용했으며, 일본은 미국의 안보우산 아래 경제성장과 군사력 증강에 주력했다.[215] 이런 측면에서 냉전기 미일동맹은 미일 양국의 이익에 부합하는 상호호혜적 동맹이었다고 평가할 수 있다.

그러나 냉전 종식에 따른 국제적 안보 환경의 변화로 인해 미국에 의존하여 안보 문제를 해결하고자 한 일본의 대미 동맹전략은 근본적 검토를 요구받게 되었다. 또한 이 시기 1995년 9월 오키나와현에서 발생한 미군 병사에 의한 소녀 폭행 사건은 오키나와에 위치한 미군기지 이전 문제를 촉발시켰고, 반주일미군 여론으로 비화되었다. 주일미군의 소녀

성폭행 사건으로 인해 '10·21 오키나와 현민 총궐기대회'에 8만 5,000명의 주민이 집결했으며, 이를 계기로 미일 양국은 '오키나와 시설구역에 관한 특별행동위원회SACO, Special Action Committee on Okinawa'를 설치하여 후텐마 기지 반환을 합의하게 되었다.[216] 일본은 미국과 대등한 미일관계를 설정하는 새로운 정책구상을 추진해야 할지, 혹은 미국과 상호협력을 강화하면서 국제 사회에서 강대국으로서의 지위와 군사적 능력을 확보해나갈지를 두고 선택의 기로에 직면하게 된 것이다.

일본은 일련의 반미시위 및 불미스러운 사건들이 미일동맹의 근간을 흔들리게 해서는 안 된다는 인식 하에 미일동맹 강화라는 정책 기조를 설정했다. 이러한 기조에 부응하여 1995년 신방위계획대강, 1996년 4월 미일 안보공동선언, 1997년 6월 신가이드라인 등을 발표하여 미일 안보협력 및 안보체제의 신뢰도를 강화하는 방향으로 나아갔다.[217]

특히 1995년 7월~1996년 3월에 대만해협에서 발생한 중국의 미사일 발사 연습을 비롯한 일련의 위기는 미일관계 강화 필요성을 증폭시켰다. 아울러 미일 안보협력 강화 기조는 탈냉전 후에도 일본의 전략적 가치가 미국이 패권적 지위를 유지하는 데 필수적이고, 미일 협력의 범위를 아시아·태평양 지역 협력으로 확장하면서 일본 자위대의 역할 또한 조정되어야 한다는 일본 내 여론에도 부합했다.

이에 따라 일본은 미일동맹을 기존의 극동지역 방어를 위한 동맹에서 아시아·태평양 지역의 안보를 위한 동맹으로 확장했고, 2000년대 들어서는 '미일동맹 일체화'를 선택함으로써 미영동맹과 필적할 만한 동맹으로 격상했다.[218] 이러한 조치는 한국이 국가지위 상승과 민주화에 따라 자율성을 추구한 것과는 상이한 선택이다. 이는 한국과 일본의 위협 인식,

정체성과 안보 문화, 정치지도자의 인식 차이에서 비롯된 것으로 볼 수 있다. 즉, 일본은 중국과 북한의 위협을 강하게 인식한 반면에 한국은 상대적으로 약하게 느끼고 있으며, 일본은 현실주의적 안보 문화를, 한국은 자유주의적 안보 문화를 추구하고 있고, 일본의 정치지도자는 미일동맹을 선호한 반면에 한국의 정치지도자는 균형외교를 선호하는 것에서 기인한 것으로 평가할 수 있다.[219]

미국의 군사적 요구에 따라 일본은 적극적으로 군사력 증강을 추진했고, 이는 일본 자위대의 역할이 확대되고 일본의 전략적 가치가 제고되는 효과로 이어졌으며, 탈냉전기 미국과 일본의 안보협력은 더욱 긴밀하게 유지되었다. 미국은 아시아·태평양 지역 패권 유지를 위한 막대한 군사비용을 절감하기 위해, 일본은 보통국가화를 향해 나아가기 위해 미일동맹을 강화하고 있다. 중국의 위협은 미일동맹의 결속력을 유지시키는 중요 요인으로 작용하고 있으며, 동맹의 결속력은 주일미군이 아시아·태평양 지역의 전략적 기동군으로 역할을 수행하는 데 탄탄한 추동력을 제공하고 있다.

미일 방위협력 가속화

미일 방위협력의 범위와 수준은 미국과 일본 간에 체결된 '미일 방위협력지침'이 그 기준을 제공한다. '미일 방위협력지침'은 미일 간 방위협력의 가이드라인으로서, 일본에 대한 무력공격 등에 신속히 대처하기 위한 미일 양국 간 역할 분담 및 협력 방향 규정과 공동 작전계획 수립 등에 토대가 되는 문서이다.[220] 1978년에 최초로 제정되었고, 이후 변화하는 국제 정세와 안보 환경 등을 고려해 1997년에 개정되었으며, 2015년

4월에 재개정되어 오늘에 이르고 있다.

탈냉전기 미일 방위협력의 기본 방향은 미일동맹의 억제력과 대응력을 강화하고, 미일 안보협력을 폭넓게 확대·강화하며, 주일미군의 안정적 주둔을 위한 시책을 착실하게 이행하는 것으로 요약될 수 있다. 미일 방위협력은 평시부터 유사시까지 모든 단계에 걸쳐 미일 양국 간 정보공유를 강화하고, 미일 간 공동의 정찰감시활동, 공동의 미사일방어훈련, 공동계획 작성, 확장억제 협의 등 군사 분야 협력을 심화시키고, 해양질서 유지 활동을 포함하여 인도·태평양 지역에서 미일 양국의 군사적 존재감을 강화하는 것을 지향한다. 또한 오키나와 소재 미군 시설과 구역의 정리, 통합, 축소 등을 통해 미군 억제력을 유지한 가운데 지역주민의 부담을 경감시키는 방향으로 발전되어왔다.

1978년 제정된 '미일 방위협력지침'은 소련의 군사적 위협에 대한 일본 자위대와 주일미군 간 역할 분담에 중점을 두었다. 극동지역에서 소련도발 시 자위대는 일본 영역과 주변 해역을 담당하고, 주일미군은 자위대의 능력을 보완하기로 했는데, 이는 유사시 핵 공격력을 보유한 7함대와 태평양 공군 부대들이 일본 자위대와 공동작전을 실시한다는 것을 내포하고 있다.

1997년 미일은 안전보장회의를 통해 '신新 미일 방위협력지침(97 가이드라인)'을 발표했다. 이는 소련이 붕괴하고, 1993년 북한이 핵확산금지조약을 탈퇴하면서 미일동맹 관계를 새롭게 설정하고자 하는 계기가 조성된 것에 따른 조치이다. 97 가이드라인은 방위협력 대상 지역을 일본 주변 지역으로 확대하고, 주변 유사사태를 포함하여 작전영역을 확대함으로써 미일동맹이 '종이 위의 동맹'에서 '행동하는 동맹'으로 탈바꿈하

〈표 3-22〉'미일 방위협력지침' 변천 과정과 핵심 중점

1978년 **'미일 방위협력지침'** **(1978년 11월 27일)**	• 자위대는 주로 일본 영역 및 주변해·공역에 대한 방어작전을 행하고, 미군은 자위대가 행하는 작전을 지원한다. • 미 해군 부대는 '기동타격력'을 갖춘 부대 사용이 수반되는 작전을, 미 공군은 '항공타격력'을 보유한 항공부대 사용이 수반되는 작전을 실시
1997년 **'미일 방위협력지침'** **(1997년 9월 23일)**	• (방위협력 대상 지역 확대) 협력 지역을 극동에서 일본 주변 지역으로 확대, 주변 유사사태를 포함하여 작전영역을 확대 • (방위협력 내용의 질적·양적 확대) 일본은 주변 유사시 전투 중인 미군에 대한 보급·수송을 행하며, 기뢰제거·경제제재를 위한 선박검사와 미군에 대한 정보 제공 등을 수행
'미일동맹: 미래를 위한 **변혁과 재편'** **(2005년 10월 29일)**	• (자위대 및 미군에 의한 시설 공동 사용) 동일 주둔지 내 미군과 자위대 사령부를 함께 배치, 공동 기지 사용, 미일 합동훈련 확대 • (탄도미사일 방어협력) 새로운 미군 X-밴드 레이더 배치 검토 • (태평양 지역 미 해병대 재편) 후텐마 비행장 이전 가속, 제3해병기동부대 이전 등
2015년 **'미일 방위협력지침'** **(2015년 4월 27일)**	• (협력 범위 확장) 지역·범세계 안전과 평화 유지, 우주·사이버 공간으로 동맹 협력 범위 확장 • (미일 협력의 실효성 확보를 위한 체계 구성) 미일 공동 군사장비·기술 협력, 정보 협력 및 교육·연구교류 강화 • (동맹 조정 메커니즘* 설치) 미군과 자위대의 활동 및 정책·운용 협력 * ACG (Alliance Coordination Mechanism)

* 출처 : 防衛廳, 『防衛白書, 1994』, 防衛省, 『日本の防衛, 2007, 2013, 2018』

는 변곡점이 되었다.[221]

2000년대 들어 북한의 핵·미사일 능력 고도화, 중국의 급격한 경제 성장과 군비증강 등의 안보 상황에 따라 2005년 미일 양국은 '미일동맹: 미래를 위한 변혁과 재편'을 공표하여 미일 방위협력을 한층 가속화했다.

2015년 미일은 국제안보 환경 변화를 고려하여 97 가이드라인을 수정하고 중국에 대한 억지력 강화에 초점을 맞춘 '미일 방위협력을 위한 지침(신 가이드라인)'을 발표했는데, 이는 미일동맹에서 일본이 차지하는 군사적 책임과 역할을 증대시키고, 미일동맹의 억지력과 대응력을 강화시키고자 하는 노력의 발로였다.

일본 자위대의 능력과 역할 변화

1990년대 중반 이후 일본은 동아시아 지역으로 안보 영역을 확대하기 시작했다. 그 배경으로 몇 가지 요인을 꼽을 수 있는데, 우선 소련의 위협은 사라졌으나 북한의 핵·미사일 위협으로 인한 안보 위기가 다시 도래한 점, 일본 국내적으로 자위대의 활동 확대에 대해 긍정적 여론이 조성되기 시작한 점, 그리고 클린턴 행정부의 새로운 동아시아 전략 평가로 인해 일본의 안보적 역할 확대를 요청하기 시작했다는 점을 들 수 있다.[222]

이러한 배경 하에 일본은 자위대의 역할과 전력 증강 방향을 검토했으며, 1994년 2월 히구치 히로타로口廣太郎 아사히 맥주 회장을 좌장으로 전직 각료와 경제·안보 전문가로 구성된 '방위문제 간담회'를 조직했다. '방위문제 간담회'는 일주일에 한 번씩 회합하여 일본 방위력 문제를 논의했으며, 그해 8월 스무 번째 논의에서 '일본의 안전보장과 방위력의 방향-21세기를 향한 전망', 일명 '히구치 보고서'라고 불리는 일본의 방위정책 방향에 대한 분석보고서를 총리에게 제출했다.[223] 히구치 보고서는 일본이 수동적 역할에서 벗어나 국제 사회에서 건설적 안보질서를 형성하기 위해 보다 능동적인 역할을 수행하고, 자위대가 유엔평화유지활동에 적극 참가하고, 미일 안전보장 협력관계를 충실히 이행하며, 다각적인 안전보장협력을 적극 추진해야 한다는 방위정책 기조를 제언했다. 아울러 1995년 미 클린턴 행정부가 '동아시아 전략보고서EASR'를 공표하자,

일본은 1976년 제정된 방위계획대강을 대체하는 새로운 방위계획대강 개정에 착수하여 1995년 11월 새로운 방위계획대강을 발표했다.

일본의 국가안전보장 정책 체계는 국가안보전략 – 방위계획대강 – 중기 방위력 정비계획 – 회계연도 예산으로 이루어진다. 국가안보전략은 국가 안보의 기본방침으로, 기존 일본의 국방정책의 기초가 되었던 '국방의 기본방침'을 대체하여 2013년 아베 내각에서 최초로 책정했다. 방위계획 대강은 국가안보전략을 바탕으로 향후 일본 방위의 기본방침, 방위력의 역할 및 자위대가 지니는 구체적 목표 수준 등을 제시한 문서로서 대략 10년 정도의 중·장기적 미래를 염두에 둔다. 중기 방위력 정비 계획은 방위대강에서 제시한 방위력 목표 수준을 달성하기 위해 향후 5년 동안 의 예산 총액 한도와 주요 장비의 수량을 명시한 문서이다. 회계연도 예산은 중기 방위력 정비 계획을 사업의 형태로 구체화하여 매 회계연도에 필요한 예산을 제시한다.

'방위계획대강 1995'는 1976년 방위계획대강에서 표명된 '기반적 방위력'의 개념을 유지했으나, 미소 간의 냉전 상황이 아닌 탈냉전적 상황을 반영한 '기반적 방위력Basic Defense Force'의 특성을 반영했다. '기반적 방위력'은 "일본 스스로 힘의 공백이 되어 일본 주변 지역에 불안정 요인이 되지 않도록 독립국으로서 필요한 최소한의 방위력을 보유한다는 개념"이다.[224] 즉, '방위계획대강 1995'는 '방위계획대강 1976'과 비교하여 육·해·공 자위대의 병력 규모는 축소하는 방향을 제시하고 있으나, 미일 간 정보교환 및 정책협의, 공동연구, 공동훈련, 무기·군사기술의 상호 교류 등 미국과의 안전보장 체제는 보다 중시하는 기조를 제시했다.

그러나 21세기 들어 미국이 대테러전쟁을 개시하고, 북한의 핵개발과 중국의 군사력 현대화가 가속화되는 상황이 전개되자 '방위계획대강 1995'의 재개정 필요성이 제기되었다. 고이즈미 내각이 작성한 '방위계획대강 2004'는 방위력의 개념을 특정화하지는 않았지만, 즉응성·기동성·유연성·다목적성과 고도의 기술력 및 정보능력을 갖춘 '다기능 탄력적 방위력'을 갖추면서 미국과의 협력을 강화하고, 중동과 동아시아 지역 안정을 위해 일본이 적극 노력해야 한다는 정책 방향을 제시했다.

'다기능 탄력적 방위력'을 갖추기 위한 전력 건설 방향은 육상자위대의 병력과 주요 장비는 대폭 축소하고, 항공자위대의 항공기도 감소하는 것이었다. 그러나 이지스 시스템Aegis Combat System 탑재 호위함과 지대공 유도탄 부대, 특수전 수행을 위한 중앙즉응집단은 신편하고, 이미 미국, 러시아, 영국 등과 더불어 세계 3위권으로 평가받는 해상자위대의 군사능력은 오히려 증강하는 것이었다. 해상자위대는 '방위계획대강 2004'에 따라 배기량 1만 4,000톤급 경항모 2척을 추가로 건조하여 2009년 취역시켰으며, 미국으로부터 SM-3 미사일을 획득하여 이지스함에 장착하면서 미사일 방어능력을 증강했다. 항공자위대는 2008년 공중급유기 4대를 도입하기 시작했고, 미국이 개발한 F-22 스텔스 전투기에 필적하는 차기 전투기 개발을 추진하기 시작했다. 항공자위대 또한 해상자위대와 마찬가지로 미사일방어체계의 일익을 담당했는데, 2006~2008년 4개의 PAC-3 요격미사일 포대가 도쿄 근교 등 주요 지역에 배치되었고, 기존 28개의 레이더 기지를 연동하는 JADGEJapan Air Defense Ground Environment 시스템을 구축했다. 이러한 전력 증강 과정에 추가하여 일본은 미국의 합참 및 국방부의 역할과 모델을 본받아 2006년 기존 통합막료회의를 육·해·공 자위대를 통합운용하는 통합막료감부로 개편했다. 또한 2007년 종전의 방위청을 방위성으로 승격하여 여타 정부부처와 마찬가지로 정부 예산 편성 및 법률 제출 권한을 갖게 했다. 일본은 방위청의 방위성 승격 의의를 "① 방위정책에 관한 기획입안 기능을 강화하고, ② 긴급사태 대처를 충실히 수행하고 강화하며, ③ 국제 사회의 평화와 안정에 주체적·적극적으로 대처하기 위한 체제 정비"에 두고 있다고 명시했다.[225] 통합막료감부의 재편과 방위성으로의 격상은 일본이 독자적으로 방위정책과 전략을 수립하고, 3군의 자위대를 통합운용하는 보통국가의 안보체계를 갖추었음을 의미한다.

2010년 방위계획대강은 기존의 '기반적 방위력' 개념을 폐기하고, 방위력 개념이 근본적으로 변화된 '동적 방위력' 개념을 제창했다. '방위계획대강 2010'에서 제시한 '동적 방위력'은 각종 사태에 대한 실효적 억제와 대처를 위해 즉응성·유연성·지속성·다목적성을 갖춘 방위능력을 구축하여 글로벌 위협과 북한 위협, 중국의 군사적 불투명성에 대비하기 위한 개념이다. 이전 '방위계획대강 1995'와 마찬가지로 '보통국가'의 군사전략을 추구하고 있다고 말할 수 있다. '동적 방위력' 개념을 구현하기 위해 육상자위대의 전력 규모는 축소 또는 현상유지하고, 해상·항공자위대의 전력은 대체로 현상유지하는 것으로 계획했으나, 그 대신 미사일 방어체계를 강화하고, 오키나와 남서부 도서지역에 육상자위대와 오키나와 기지에 전투기 1개 대대를 배치하여 중국과 대치하고 있는 도서지역에 전력을 전진배치하는 모습을 제시했다.

3년 후 아베 내각은 '방위계획대강 2013'을 발표했다. 2013년 방위대강은 이전보다 중국의 위협에 대해 더 자세하고 명확하게 기술하면서 2010년 방위계획대강의 '동적 방위력' 개념 대신 '통합기동방위력' 개념

구분	상위 문서	안보 환경 평가	핵심 개념
1976년 방위계획대강	국방의 기본방침	• 미소 데탕트	• 기반적 방위력
1995년 방위계획대강		• 냉전 종결, 분쟁 종식	
2004년 방위계획대강		• 테러, 탄도미사일 등 새로운 위협	
2010년 방위계획대강		• 세력균형 변화 • 북한 핵미사일 위협	• 동적 방위력
2013년 방위계획대강	국가안전보장전략	• 북한 핵미사일 위협 • 중국의 군사력 증강 • 미국의 재균형 정책	• 통합기동 방위력
2018년 방위계획대강		• 북한 핵미사일 위협 • 강대국 간 경쟁적 관계 • 그레이존 사태 장기화	• 다차원통합 방위력

* 출처 : 조은일, "일본 방위계획대강의 2018년 개정배경과 주요내용", 「국방논단」 제1742호(한국 국방연구원, 2019)

을 채택했다.[226] '통합기동방위력' 개념은 미일동맹의 효율성을 극대화하려는 노력의 발로로서, 주변 해·공역에 대한 안전 확보, 도서지역에 대한 공격 대응, 우주·사이버 안보, 탄도미사일 공격 대응, 재해·재난 대응 등을 자위대의 역할로 제시했다. 또한 미국과 공동훈련, 공동정보수집, 탄도미사일 방어 협의, 확장억제 협의를 지속하고, 한국·호주·동남아 국가들과의 안보협력 확대를 언급하고 있다.

2018년 책정된 방위계획대강은 안보 환경의 불확실성을 감안한 실효적인 방위력으로서 '다차원 통합 방위력'을 구축하는 것을 제시했다. '다차원 통합 방위력'은 우주·사이버·전자전을 포함한 모든 영역에서의 능력을 결합해 전체 역량을 증폭시키는 영역횡단Cross-Domain 작전을 수행해야 한다는 개념이다. 이 개념은 미일동맹의 대응능력을 강화하고 다각적·다층적인 안보협력이 추진되어야 한다는 것을 전제로 한다.

지금까지 일본의 방위계획대강은 1976년 최초 제정된 이래 1995년, 2004년, 2010년, 2013년, 2018년 다섯 차례에 걸쳐 개정되었다. 1976년 최초 방위계획대강 발표 후 근 20여 년 만에 1995년 방위계획대강이 발표되었으며, 이후 3~5년 주기로 재개정된 것은 냉전 종식 이후 안보 상황의 유동성이 심화됨에 따라 일본 방위정책 및 군사전략의 변화 역시 가속화되고 있음을 반증한다.[227] 2014년 아베 내각은 집단적 자위권에 대한 헌법 해석을 변경하는 각의 결정을 내렸다. 이를 통해 일본은 미국의 군사작전에 실질적으로 동참할 수 있는 여지를 마련했으며, 미일 안보협력의 틀 내에서 자위대의 군사적 역할을 확대하고 그 중요성을 제고시켰다.

지금까지 살핀 바와 같이 탈냉전기에 접어들면서 일본은 '보통국가화'의 기조 아래 군사전략을 추구하고, 자위대의 역할을 확대해나가면서 동적 방위력을 구비해나가고 있다. 제도적 측면에서 방위청의 방위성으로의 승격과 통합막료회의의 통합막료감부로의 개편 등 여타 국가들과 유사한 안보체제를 갖추었다. 비록 군사력의 규모 측면에서는 큰 변화가 없을지라도 첨단 무기의 도입, 미국과 공동 연구개발 및 상호 기술교류 등을 통해 중견 군사강국 수준 이상의 군사능력을 보유하게 되었다. 미국과의 안보협력을 바탕으로 자위대의 활동 영역과 범위를 일본을 넘어 세계 수준으로 확장하고 있고, 테러, 우주·사이버 위협, 국제평화활동 등 글로벌 차원의 안보 문제에도 적극 대응하고 있다.

자위대의 능력과 역할의 확대는 미일 안보협력을 글로벌 차원으로 확대하는 것과 궤를 같이한다. 일본은 자위대와 주일미군의 일체화를 통해 전통적 안보위협에 대응할 뿐만 아니라 비전통적 안보위협에 대응하기 위한 상호협력을 강화하고 있다. 자위대와 주일미군의 일체화는 일본 해상·항공자위대의 탄도미사일 방어체계 도입, 탄도미사일방어BMD 시스템 정비, BMD용 성능개량형 요격미사일의 공동개발, 자위대와 미군 간 상호운용성 증진, 상호 정보 공유, 연합합동 공동훈련의 확대 등으로 시현되고 있다.

일본은 미일 안보체제를 효과적으로 활용하여 일본 자위대의 방위능력을 확충하는 전략을 선택했다. 일본 자위대와 주일미군의 일체화를 통해 자위대의 활동 영역과 역할을 글로벌 차원으로 확대해나가고 있으며, 주일미군이 그 첨단에 서서 이를 견인하고 있다.

(2) 아시아·태평양 지역 전략적 기동군으로서의 주일미군

냉전 종식 이후 일본 자위대와 주일미군의 일체화를 선택한 일본의 대미 동맹전략은 미일 안보협력을 더욱 가속화시키면서 주일미군이 보다 역동적이고 전략적 임무에 투사될 수 있는 환경을 조성했다. 냉전시대 한국 방어를 지원하면서 소련 봉쇄에 주력하고 유사시 동북아 안정을 위한 신속대응전력으로서의 주일미군은 냉전 종식 이후 미국의 아시아·태평양 전략 구현을 위한 중심 전력으로서, 호주·베트남·필리핀·싱가포르

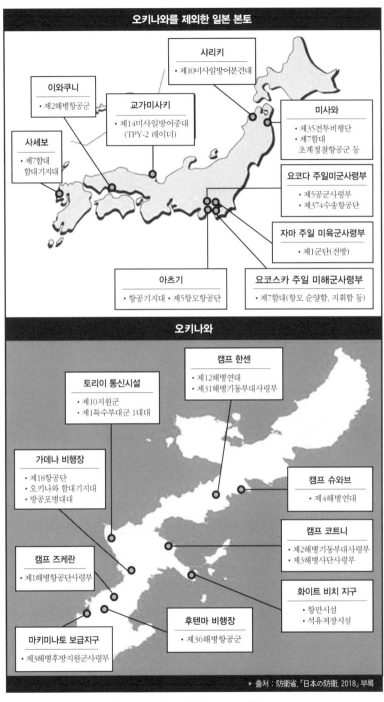

오키나와를 제외한 일본 본토

샤리키
• 제10미사일방어분견대

이와쿠니
• 제2해병항공군

교가미사키
• 제14미사일방어중대
(TPY-2 레이더)

미사와
• 제35전투비행단
• 제7함대
초계정찰항공군 등

사세보
• 제7함대
함대기지대

요코다 주일미군사령부
• 제5공군사령부
• 제374수송항공단

자마 주일 미육군사령부
• 제1군단(전방)

아츠기
• 항공기지대 • 제5항모항공단

요코스카 주일 미해군사령부
• 제7함대(항모 순양함, 지휘함 등)

오키나와

캠프 한센
• 제12해병연대
• 제31해병기동부대사령부

토리이 통신시설
• 제10지원군
• 제1특수부대군 1대대

가데나 비행장
• 제18항공단
• 오키나와 함대기지대
• 방공포병대대

캠프 슈와브
• 제4해병연대

캠프 코트니
• 제2해병기동부대사령부
• 제3해병사단사령부

캠프 즈케란
• 제1해병항공단사령부

화이트 비치 지구
• 항만시설
• 석유저장시설

마키미나토 보급지구
• 제3해병후방지원군사령부

후텐마 비행장
• 제36해병항공군

* 출처 : 防衛省, 『日本の防衛, 2018』 부록

〈그림 3-3〉 주일미군 주요 배치도

등 아시아 · 태평양 지역 국가들과의 군사협력을 견인하는 대중^{對中} 포위 전력의 핵심이 되었다. 또한 지역적으로 좌로는 인도양, 우로는 서태평양 전역에 걸쳐 미국의 군사력을 과시하는 전략적 기동군으로서의 역할을 수행하고 있다.

주일미군 병력 규모 및 전력의 변화

주일미군 병력 규모의 변화

탈냉전기 주일미군의 병력 규모 역시 미국의 범세계 · 동아시아 전략의 결과로서 이루어졌다. '동아시아 전략구상'에 따라 1990년부터 1995년 까지 병력 감축이 있었으며, 2003년 범세계적 대테러전 수행에 따라 병 력 규모의 큰 변화가 있었다.

1991~1992년 주일미군 감축

1990년 4월 발표한 동아시아 전략구상^{EASI-I}은 동아시아에 주둔하고 있 는 13만 5,000명의 미군 중 약 10~12%의 병력을 철수시키는 계획이었 다. 1990년 11월 미 국방장관이 EASI-I에서 제시한 동아시아 주둔 미군 철수 계획을 최종 승인함에 따라 1990년 말부터 1992년 12월 31일까 지 한국, 일본, 필리핀으로부터 1만 5,250명의 병력을 철수시키는 1단계 철수 계획이 시행되었다. 각 군별로 5,000명 이상의 육군, 5,400여 명의 공군, 1,200여 명의 해군, 3,500여 명의 해병, 그리고 200여 명의 합동조 직 인원을 철수하는 1단계 철수 계획이 수립되었다. 주일미군의 경우 오 키나와 주둔 해병 병력의 일부 철수 및 재편성, 공군 통신부대 및 SR-71 전략정찰기(일명 블랙버드^{Blackbird}) 대대 철수 등이 포함되었다. 1992년 말

〈표 3-24〉 탈냉전기 주일미군 병력 규모 변화[228]

연도	계	육군	해군	해병	공군
1991	44,566	1,892	6,567	21,366	14,741
1992	45,946	1,866	6,155	22,581	15,344
1994	45,398	1,979	6,907	21,181	15,331
1996	42,962	1,879	6,885	19,795	14,403
1998	40,364	1,799	5,626	19,184	13,755
2000	40,025	1,749	5,398	19,699	13,179
2002	41,626	1,884	6,492	19,124	14,125
2004	36,365	1,790	4,802	15,533	14,240
2005	35,571	1,665	4,445	15,926	13,535
2008	42,521	2,497	18,594	9,886	11,519
2010	46,313	2,515	18,213	14,371	11,190
2012	49,350	2,280	18,432	16,845	11,766
2014	52,518	2,236	19,228	19,649	11,391
2015	55,744	2,442	22,030	19,869	11,386
2017	44,889	2,597	11,655	18,678	11,942
2019	57,094	2,516	20,733	21,070	12,757
2021	56,010	2,519	20,739	19,815	12,017

* 출처 : 미(美) DMDC(Defense Manpower Data Center)의 DoD Personnel, Workforce Reports & Publications. (https://www.dmdc.osd.mil/appj/dwp/dwp_reports.jsp)

까지 1만 5,250명의 동아시아 주둔 미군 철수가 완료되었으며, 그중 주일미군은 해병 3,489명과 공군 560명 등 4,773명의 철수가 이루어졌다. 1단계 철수 종료 후 주일미군은 4만 5,300여 명 수준으로 감소되었다.

1993~1995년 주일미군 감축

미 국방부는 1992년 5월 EASI-I을 수정한 EASI-II를 발표했다. EASI-II는 북한 핵 및 탄도미사일 개발, 아시아 4개 공산주의 국가, 즉 중국, 베트남, 북한, 라오스로 인한 아시아의 정치 · 경제적 불확실성, 중국의 핵 · 미사일 확산 위협 등 변화하는 안보 환경을 반영하여 EASI-I에서 제시한 병력 감축 계획을 재조정했다. 태평양 지역의 미군 전력은 기본적으로 해군 전력에 중심을 두고, 지상군과 공군이 지원하는 전력 구조를 지향한다. 따라서 태평양 지역에는 1개 항모전투단과 상륙강습단, 1개 해병기동군MEF, Marine Expeditionary Force이 일본에 주둔하면서 거의 전 세계에 전개 가능한 신속기동군으로서 역할을 수행하게 했다. 주일미군은 아시아 · 태평양 지역 주둔 미군의 핵심을 이루는 전력으로서, 1993~1995년 기간에 최소한의 전력만을 감축했다. 오키나와 주둔 미군 재편성을 통해 200여 명을 감축했으며, F-15 대대를 24대형에서 18대형으로 조정하면서 500명을 감축하여 같은 기간 700명의 주일미군을 감축했다.

2004~2005년 이라크 파병으로 인한 일시적 감축

앞에서 기술한 바와 같이 주일미군은 범세계적 안정과 평화를 위해 전 세계 어느 곳이라도 전개할 수 있는 신속기동군으로서의 역할을 수행했다. 7함대를 주축으로 하는 항모전투단과 3해병기동군을 기반으로 하는 해병 전력은 평시부터 다국적 연습 · 훈련을 위해 해외에 자주 전개했다. 7함대는 서태평양 일대 해군 전력의 현시를 위해 한국, 태국, 호주, 필리핀 등 주요 국가를 순회했고, 3해병기동군 예하 부대들도 아시아 · 태평양 국가들과 연합훈련을 위해 자주 전개하곤 했다.

미국은 아프간전과 이라크전 수행을 위해 주일미군의 7함대 전력과 3해병기동군 소속 부대를 일정 기간 중동지역에 파견했다. 키티호크 항공모함을 포함한 7함대 전력은 2003년 1월 미 태평양사령부로부터 중부사령부로 지휘권이 전환되어 2006년 10월까지 대테러전 임무를 수행했다.[229] 오키나와에 주둔하고 있던 3해병기동군^{MEF} 소속의 31해병기동부대^{MEU, Marine Expeditionary Unit} 또한 이라크 자유작전과 아프간 대테러전에 참여했다. 31해병기동부대는 해병연대, 대대 상륙팀, 중형헬기대대 등으로 편성된 합동부대로서 병력은 약 2,200명이다. 31해병기동부대는 2004년 1월부터 서태평양 마리아나 제도에서 훈련을 실시하고 있었으며, 그해 7월부터 쿠웨이트에 전개하여 2004년 9월부터 2005년 2월까지 이라크 자유작전에 참가했고, 이후 일본 오키나와로 복귀했다.[230]

주일미군의 해군 및 해병 전력은 다국적 연합연습·훈련 또는 위기·긴급사태 대응을 위해 수시로 해외에 전개했으며, 이러한 이유로 주일미군의 병력 규모는 상시 일정한 수준이 아니라 수시로 변하는 양상을 보여왔다.

주일미군 전력 수준

탈냉전기 주일미군 주요 전력 현황은 〈표 3-25〉와 같다. 육군은 1군단 전방지휘소와 방공포병대대를 제외하고는 지상전투를 수행할 수 있는 실질적 전력은 거의 전무하다. 그러나 주일미군의 해군, 해병, 공군 전력은 4세대 이상의 첨단 전력으로 편성되어 있으며 웬만한 중소국가의 전체 군대 규모에 필적한다. 주일미군의 작전적·전략적 임무수행능력은 일본과 동북아 지역을 넘어 전 세계 어디든지 투사할 수 있는 전력 수준임을 알 수 있다.

주일미해군은 요코스카에 7함대의 주축인 항모전투단 전력이, 사세보에 와스프WASP 강습상륙함 등이 배치되어 있다. 와스프급 강습상륙함은 해병대 상륙작전 간 핵심 자산으로, 상륙준비단ARG, Amphibious Ready Group 및 원정강습단ESG, Expeditionary Strike Group의 중심 역할을 한다. 2,000여 명 이상의 병력과 수십여 대의 수직이착륙기 및 헬기, 전차·야포 등을 탑재할 수 있다. 항모강습단과 와스프급 강습상륙단 등 주일미해군은 실질적으로 2항모 체제를 운용하면서 미국의 힘을 전 세계 어디든 투사할 수 있는 능력을 보여주고 있다.

주일미공군 전력 역시 전략적 기동 전력으로 평가되며, 특히 주한미군과 비교할 경우 그 차이점은 명백하다. 주한 미 7공군의 주력전투기가 F-16C/D인 데 반해, 주일미공군은 조기경보기, 공중급유기와 함께 F-16보다 훨씬 작전영역이 넓고 강력한 화력을 지닌 F-15 전투기를 운용하고 있어 대만 등 주변 지역에 신속하게 전개할 수 있다. 또한 각종 전자전기, 특수정찰기 등은 주일미해군과 공군의 임무수행을 지원하면서 별도의 전략적 임무를 수행하고 있다.

탈냉전기 미국의 국방전략에 따라 해외 주둔군의 재배치와 병력 감축이 추진되었음에도 불구하고 주일미군 병력 규모의 변화는 상대적으로 미미했다. 오히려 탐지거리 2,000킬로미터 이상의 X-밴드 레이더 등의 전략자산이 추가 배치되는 등 주일미군 전력은 미국의 아시아·태평양 전략을 뒷받침하기 위해 꾸준히 증강되었는데, 이러한 사실은 주일미군의 역할이 전략적 차원에서 수행되고 있음을 입증한다.

〈표 3-25〉 주일미군 주요 전력 현황(2020년 기준)

부대		주요 장비
육군	1개 군단본부(전방), 1개 특전단, 1개 항공대대, 1개 지대공미사일(PAC-3) 대대	
해군	• CVN (항공모함) 1척 • DDGHM (구축함, 헬기탑재) 2척 • LCC (상륙지휘함) 1척 • LHD (다목적 강습상륙함, 와스프급) 1척 • LSD (상륙함) 2척 • CGHM (순양함) 3척 • DDGM (구축함) 8척 • MCO (기뢰대응함) 4척 • LPD (상륙수송함) 1척	
해군	3개 지상공격전투기 대대	• F/A-18E 슈퍼 호넷(Super Hornet) 10대
	1개 지상공격전투기 대대	• F/A-18F 슈퍼 호넷 10대
	1개 대잠전기 대대	• P-8A 포세이돈(Poseidon) 6대
	2개 전자전기 대대	• EA-18G 그라울러(Growler) 5대
	1개 공중조기경보통제기 대대	• E-2D 호크아이(Hawkeye) 5대
	2개 대잠헬기 대대	• MH-60R 시호크(Seahawk) 12대
	1개 수송헬기 대대	• MH-60S 나이트 호크(Knight Hawk)
공군	5공군 사령부 (오키나와-가데나)	
	1개 전투비행단 (미사와)	2개 전투기대대	• F-16C/D 22대
	1개 전투비행단 (가데나)	2개 전투기대대	• F-15C/D 27대
		1개 지상공격기대대	• F-22A 랩터(Raptor) 14대
		1개 급유기 대대	• KC-135R 15대
		1개 공중조기 경보기 대대	• E-3B/C 2대
		1개 전투탐색 구조기 대대	• HH-60G 10대
	1개 수송비행단 (요코다)	• C-130J 10대 • C-12J 2대
	1개 특수작전단 (가데나)	1개 대대	• MC-130H 5대
		1개 대대	• MC-130J 5대
		1개 부대	• CV-22 오스프리(Osprey) 5대
	1개 정보감시정찰비행대대	• RC-135 리벳 조인트(Rivet Joint)
	1개 정보감시정찰 UAV 편대	• RQ-4A 글로벌 호크(Global Hawk) 5대
해병	1개 해병사단, 1개 해병연대, 1개 포병연대, 1개 정찰대대, 1개 상륙돌격대대 등	
	2개 지상공격전투기대대 (이와쿠니)	• F/A-18C/D 호넷(Hornet) 24대
	1개 지상공격전투기대대 (이와쿠니)	• F-35B 라이트닝(Lightning) 12대
	1개 급유기대대 (이와쿠니)	• KC-130J 15대
	2개 수송기대대 (후텐마)	• MV-22B 오스프리(Osprey) 12대
전략사	AN/TPY-2 (X-밴드 레이더) 2개 (샤리키, 교가미사키 각 1개씩)	

* 출처 : IISS, The Military Balance 2020

〈표 3-26〉 주일미군 주요 무기체계

니미츠급 항공모함

현재 미 해군의 주력 핵추진 항공모함으로 10척이 운용 중이며,
70~100여 기의 함재기를 탑재하고, 승무원은 6,000여 명임.

와스프(WASP)급 강습상륙함

제7원정타격단(ESG, Expeditionary Strike Group)의 기함이며,
일본 사세보가 모항이다.
약 4만 톤급으로 20여 대 이상의 수직이착륙전투기 및 헬기 탑재 가능.

F/A-18E/F 슈퍼 호넷(Super Hornet) 전폭기

미 해군의 다목적 전폭기로서,
F/A-18C/D 호넷(Hornet)을 성능개량하고,
기체를 보다 크게 개발했음.

P-8A 포세이돈(Poseidon) 대잠초계기

미 해군이 운용 중인 해상 대잠초계기로서,
APY-10 다목적 레이더와 어뢰·미사일 등을 무장하고 있다.

EA-18G 그라울러(Growler) 전자전기

F/A-18F를 베이스로 개발한 최신예 전자전 공격기

E-2D 호크아이(Hawkeye) 공중조기경보통제기

미 항모전투단의 필수요소로 조기경보와 항공관제 임무를 수행한다.

KC-135R 장거리 공중급유/수송기

미 공군의 주력 공중급유기

E-3B/C 조기경보통제기(AWACS)

수백 킬로미터 밖 항공기 움직임 및
제한적으로 지상·해상의 차량·함정 등 탐지 가능

F-22A 랩터(Raptor)

록히드마틴사와 보잉사가 제작한
미국 공군의 5세대 고기동 스텔스 전투기

RQ-4A 글로벌 호크(Global Hawk)

고고도 무인정찰기로 1만 9,500미터 고도에서
24~36시간 작전 수행 가능

F-35B 라이트닝(Lightning)

미국의 5세대 전투기인 F-35 중 미 해병대용 버전으로
수직이착륙이 가능

F-15C/D 이글(Eagle)

공대공 및 공대지 임무 수행 가능한 미 공군의 주력 전투기

KC-130J

C-130J 수송기를 공중급유기로 개조한 항공기로,
무장 시스템을 장착하면, 헬파이어 미사일과 정밀유도폭탄을
장착할 수 있다.

RC-135 리벳 조인트(Rivet Joint) 정찰기

신호정보를 수집하는 특수목적 정찰기로서,
한국에서도 북한의 탄도미사일 발사 탐지를 위해
수차례 정찰비행을 실시한 바 있다.

MV-22B 오스프리(Osprey) 다목적 쌍발 수직이착륙기

항모·상륙함 등에서 운용 가능하도록 수직이착륙이 가능한 수송기

* 출처 : 필자 작성

주일미군의 재편

주한미군의 전략적 유연성이 미국의 전략적 필요에 따라 주한미군을 한 반도 이외 지역으로 전개할 수 있도록 제도적 근거를 마련하기 위한 것 인 데 비해, 주일미군의 전략적 유연성은 일본 자위대와의 상호운용성을 증가하고, 주일미군의 작전 범위를 아시아·태평양 지역 전역으로 확대 한 것으로 특징지을 수 있다.

미군은 미일방위조약 체결 이래 사실상 일본 정부와 그 어떤 협의도 없이 자유로운 미군 전력의 입출을 보장받았다. 1951년 9월의 '요시다-애치슨 교환공문'을 통해 한반도 유사시 유엔군 지휘 하의 주일미군이 일본 내 미군기지를 자유롭게 사용할 수 있었으며, 베트남전 당시에도 미국은 일본과 사전 협의 없이 일본 내 기지를 자유롭게 사용할 수 있었다.[231] 실상 미국은 1960년 미일안보조약을 개정할 때, 미일안보조약 '제6조의 실시에 관한 교환공문'을 통해 주일미군 병력과 장비의 중요한 변경, 전투작전행동에 주일미군 기지가 이용될 때 일본 정부와 사전에 협의하기로 합의했다. 그러나 미국의 합의는 국제 사회에서 일본의 위상을 고려한 조치였으며, 실제로는 주일미군 기지 이용간 미일 간 사전 협의가 이루어진 적은 한 번도 없었다.[232]

따라서 주일미군의 전략적 유연성은 주일미군을 중앙아시아로부터 동해에 이르는 '불안정의 호arc of instability'를 지휘할 광역사령부로 격상[233]시키고자 하는 미국의 주일미군 재편 측면에서 보아야 한다. 주일미군 재편은 일본 자위대와 주일미군의 일체화를 통해 일본 자위대의 역할을 확대하고 주일미군의 작전 범위를 아시아·태평양 지역 전역으로 확장하여 범세계적 테러 대응과 지역 패권에 도전하는 중국을 견제하고자 하는 데

주목적이 있다.[234]

　미 육군 1군단사령부가 일본의 자마 기지에 이전하는 것은 유사시 아시아·태평양 지역 내 미 육군과 일본의 육상자위대를 사실상 지휘하는 미일 공동작전사령부로서 임무를 수행할 수 있도록 하는 조치로 이해할 수 있다. 일본 항공자위대를 주일미군의 5공군사령부가 있는 요코다 기지로 이동하는 것은 미일 공군의 통합작전을 수행하기 위한 것이며, 요코다 기지의 미사일 방어를 위해 '공동통합운용조정소'를 설치하는 것은 중국과 북한의 미사일 위협에 대비한 통합미사일방어사령부로서 역할을 수행하도록 하기 위한 조치이다. 아울러 주일미군과 일본 자위대가 공동의 기지를 사용함으로써 미일 공동훈련 및 통합작전수행능력 향상을 기대할 수 있으며, 주일미군과 자위대 상호간 전투지원 및 전투근무지원의 효율성을 기할 수 있다.

　오키나와에 있는 미 해병의 괌 이전은 오키나와에 위치한 3해병기동군이 동북아는 물론 아시아·태평양 지역 전역에 전개할 수 있는 기동군인 점을 고려한 조치이다. 전체 주일미군 기지의 74%가 집중되어 있는 오키나와현의 부담을 줄이면서 오키나와 주민의 기지 이전 및 반환 열망을 반영한 것이다.

　미국의 주일미군 재편은 괌을 아시아·태평양 지역의 전략적 허브로 격상시키고, 역내 안보를 위한 일본의 역할을 보다 확대하면서 주일미군의 작전 범위를 아시아·태평양 지역 전역으로 확장하고, 일본 자위대와 주일미군의 일체화를 촉진시키고자 하는 미국의 안보전략의 산물로 평가할 수 있다.

미일 연합연습 및 훈련

냉전기 육·해·공군의 지휘부가 참여하는 대규모 미일 지휘소연습과 대부대 실기동훈련은 1980년대 중반부터 실시되었으며, 그 이전에는 연대급 이하 제대의 전술훈련 위주로 시행되었다. 1986년 최초의 미일 연합통합지휘소연습이 실시되었으며, 1988년 9월에는 일본 해상자위대와 주일미군이 참가하는 해상 훈련을 실시함으로써 대규모 미일 연합훈련의 서막을 열었다. 이렇듯 미일 연합훈련은 1980년대 들어서야 본격적으로 모색되었는데, 이는 일본의 방위를 주일미군에 의지하면서 가급적 군사협력에 소극적이었던 일본 측의 태도가 주된 원인이라 할 수 있다.

그러나 냉전 종식 후 주일미군이 참여하는 연합연습·훈련은 훈련 지역과 범위, 규모·횟수 면에서 매우 다양해지고 확대되었다. 미일 연합연습·훈련이 정례화되었고, 훈련 지역 또한 태평양 지역까지 확장되었다. 일본 자위대의 활동 범위가 확대됨에 따라 미 본토의 미군과 일본 자위대간 연합훈련도 활성화되었다.

탈냉전기 주일미군과 일본 자위대는 매년 미일 공동의 통합지휘소연습 및 통합실기동훈련을 정례적으로 실시하고 있다. 일본의 통합막료 및 주일미군사령부가 참여하여 지휘부의 연합작전 지휘능력과 일본 방위 및 주변 사태 시 미일 공동대응을 위한 상호협력 방안을 숙달하고 있다. 지휘소연습과 별개로 양국군의 육·해·공군 전력이 참여하는 통합실기동훈련도 실시 중이다. 특히 2014년 11월에 실시한 통합실기동훈련에는 주일미군 약 1만 명과 일본 자위대 병력 약 3만 700명이 참가[235]하는 등 통합실기동훈련에 참여하는 일본의 병력 규모·장비가 계속 확대되고 있다.

주일미육군과 일본 육상자위대 간 지휘소연습은 육상막료 또는 각 방

〈표 3-27〉 탈냉전기 미일 연합연습 및 훈련 현황

구분	연습 / 훈련명	참가 규모	내용
통합훈련	미일 공동통합훈련 (지휘소연습)	• 미(美): 주일미군사령부 등 3,000~4,000여 명 • 일(日): 통막, 육·해·공 자위대 1,400여 명	• 일본 방위 및 주변 사태 시 각종 임무에 대한 미일 공동 대처 방안 연습 • 1986년 이후 매년 실시
통합훈련	미일 공동통합훈련 (실기동훈련)	• 미(美): 주일미군사령부, 1군단, 7함대, 5공군 등 * 함정 20~30척, 항공기 200여 대 • 일(日): 통막, 육·해·공 자위대 1만여 명 이상 병력 및 장비	• 일본 방위 및 주변 사태 시 미일 공동대응 및 상호운용성 증진을 위한 실기동훈련 • 1992년 이후 매년 실시
육상자위대	육상방면대 지휘소연습	• 미(美): 주일미육군사령부, 1군단 등 1,000여 명 이상 • 일(日): 육상 막료 및 각 방면대별 실시, 약 4,000여 명 참가	• 워싱턴 소재 미 1군단과 주일미육군사령부와 일본 육상자위대 간 상호운용성 증진 및 연합작전 수행능력 숙달 • 1982년 이후 매년 실시
육상자위대	미 본토·주일미군과 일본의 각 방면대 단위로 실시하는 기동훈련 (연 6~8회)		• 도시지역전투 등 전투수행방법 숙달을 위한 전술훈련
해상자위대	해상자위대 지휘소연습	• 미(美): 주일미해군 • 일(日): 해상 막료	• 연합작전지휘능력 숙달 • 1984년 이후 매년 실시
해상자위대	소해훈련, 대잠훈련, 기지 위생훈련 등 7함대와 전술훈련 (연 10회 내외)		• 해상작전수행능력 숙달 및 전술적 기량 향상
항공자위대	전투기 전투훈련, 방공훈련, 기지방호훈련, 구난훈련, 공중급유훈련, 공대지 사격훈련 등 다양한 유형의 실기동전술훈련 (연 10회 내외)		• 미일 공군 간 연합작전 및 전투수행능력 숙달 • 일본 공역, 괌, 알래스카 등지에서 실시

* 출처 : 防衛省, 『日本の防衛』(1994~2015년)에 제시되어 있는 미일 공동훈련 현황을 참조하여 필자 작성

면대가 순환하면서 실시하고 있으며, 매년 동부·중부·서부·북부·동북 방면대 중 1개 방면대가 주일미육군 및 미 1군단과 합동으로 실기동훈련을 실시 중이다.

일본 육상자위대는 일본 주둔 미 해병 및 미 본토의 해병대와도 연합전술훈련을 실시하고 있다. 일본 해상자위대 역시 7함대와 지휘소연습과 실제 훈련을, 항공자위대는 미 5공군 등과 연합훈련을 정례적으로 실시 중이다.

미일 연합연습 및 훈련 지역 또한 일본 영토·영해·영공뿐만 아니라 일본 주변 수역, 괌, 하와이, 알래스카 등 서태평양 전역에서 실시하고 있으며, 훈련 유형 역시 각 군의 작전수행능력 및 전술적 기량 훈련뿐만 아니라 미 본토 훈련장을 활용한 미사일 실사격훈련 등 다양해지고 있다.

일본 자위대와 주일미군은 오바마 행정부 들어 미국의 아시아·태평양 재균형 전략이 추진되면서 미일 양자 간 연합훈련뿐만 아니라 다국적 연합훈련에도 공동으로 참여하여 아시아·태평양 지역에서의 다국적 안보 협력을 활성화하는 데 보조를 맞추고 있다. 2014년에 실시한 미일 연합훈련 1,265일 중, 미일을 포함한 다국적 훈련일수는 500여 일이며, 미일 양국 간 연합훈련은 700여 일이다.

〈표 3-28〉 2000년대 이후 미일 연합훈련 일수

연 도	2006	2010	2011	2012	2013	2014
훈련 일수	353일	759일	715일	854일	915일	1,265일

* 출처 : 2006년 훈련일수는 Japan Press Weekly; https://www.japan-press.co.jp/s/news/?id=5744(검색일: 2021년 4월 2일). 2010~2014 훈련일수는 일본 아카하타 신문, 2015년 12월 28일자; https://www.jcp.or.jp/akahata/aik15/2015-12-28/2015122801_01_1.html(검색일: 2021년 4월 2일).

이렇듯 미일 연합연습·훈련은 탈냉전기 들어 크게 확대되었다. 이는 일본 방위성과 자위대의 역할 확대를 바라는 미일 양국의 공통된 여망에 기인한다. 미국은 아시아·태평양 지역 내 각종 사태에 대응하기 위해 일본의 방위력을 다양하게 활용할 필요성을 인식하고 1997년과 2015년에 미일 방위협력지침을 개정하는 등 미일의 군사일체화를 추진하고 있다. 일본은 미국의 인식에 부응하여 2007년 방위청을 방위성으로 승격했으며 자위대를 '억지'를 중요시하는 자위대에서 '대처'를 중시하는 '한층 더 기능을 발휘하는 자위대'로 역할을 확대[236]하기 위한 조치를 이행해나가고 있다.

주일미군의 역할

냉전 종식 후 미국의 범세계적 안보전략 구현을 위한 주일미군의 역할은 더욱 중요해졌다. 일본 방위를 위한 지원적 역할뿐만 아니라 일본의 군사적 잠재력을 적극 활용하여 역내 안정을 위한 자위대 역할이 확대되는 것을 보장함으로써 일본 주변 사태에 공동대응할 수 있는 미일 군사협력체제의 핵심 전력으로서의 역할이 추가되었다. 소련을 대신하여 중국이 미국의 전략적 경쟁국으로 부상함에 따라 중국의 군사적 팽창을 견제하고 역내 군사적 균형을 맞추기 위한 주일미군의 기능과 역할은 보다 분명해졌다. 주일미군은 1990년대 이후 걸프전과 이라크·아프간전으로 대변되는 대테러전 수행을 위한 미군 전력의 중간 기착지로서 역할을 수행했다. 미국의 범세계적 대테러전 수행 기간 태평양과 인도양으로 미군 전력을 투사할 수 있는 일본의 지전략학적 중요성은 더욱 부각되었고, 미국은 미 본토로부터 중동지역에 이르는 주요 전략물자의 중간지 또는 병참기지로서, 때로는 주요 전력의 통합기지로서 주일 미군기지를 활용했다.

일본의 지전략학적 중요성이 부각되고 일본 자위대의 능력이 비약적으로 발전하면서 미일 군사협력을 견인하는 주일미군의 기능과 역할은 더욱 확대되었으며, 동북아를 넘어 아시아·태평양 지역, 그리고 필요시 전 세계 어느 곳이라도 신속하게 전개할 수 있는 신속기동군으로서의 주일미군의 역할은 한층 더 중요해졌다.

극동지역의 첨단 방위 전력

극동지역의 첨단 방위 전력으로서 주일미군의 역할은 탈냉전기에도 여전히 유효하다. 미일안보조약 제5조에 따라 일본 영역에서 무력공격이 발생할 경우 공동 대처함으로써 일본의 안전을 보장한다. 이와 관련해 일본 방위백서(2008년)에는 주일미군은 "상대국이 일본에 대한 무력공격 시 자위대뿐만 아니라 주일미군과도 직접 대결해야 하므로 일본에 대한 무력공격을 미연에 방지하는 억제력으로 작용하고, 또한 일본 방위를 위한 미군 병력 증원을 위한 기반이 된다"고 명시하고 있다.[237] 미일안보조약 제6조는 주일미군이 극동지역의 평화 및 안전 유지에 기여해야 함을 명시하고 있다. 미일안보조약은 주일미군의 방위 지역이 일본뿐만 아니라 한반도를 포함한 극동지역까지 포함하고 있음을 명확히 하고 있으며, 주한미군과 함께 극동지역에서 발생 가능한 국지분쟁의 억제력과 대응 전력으로 운용되고 있다.

주일미군은 1997년 개정된 '미일 방위협력지침'에 따라 일본에 대한 무력공격 시 공동대처뿐만 아니라 일본의 평화·안전에 중대한 영향을 미치는 일본 주변 지역 사태 시에도 주변 지역의 평화와 안전을 유지하기 위한 중요한 역할을 수행한다. 2015년 '미일 방위협력지침'에는 '중요한 영향을 미치는 사태'에 대해 공동대처하고 해당 사태를 지리적으로 규정할 수 없다고 명시함으로써 주변 사태라는 지역적 제약을 제거하여 세계 어느 곳이라도 미군과 타국군을 지원할 수 있도록 했다.

'미일 방위협력지침'에 따른 주일미군의 활동은 일본 자위대와의 긴밀한 정보교환, 정보수집, 정찰감시, 일본 자위대 전력의 보호, 육상·해역·공역을 보호하기 위한 군사작전 등 평시·분쟁 시의 다양한 활동이 포함된다. 이러한 군사활동의 실효성을 보장하기 위해 주일미군과 일본 자위대는 공동의 작전계획을 수립하고, 상호협력을 강화할 수 있는 계획의 발전 및 쌍방의 활동을 조정하기 위한 '미일 공동조정소'를 운용하고 있다.

아시아·태평양 지역의 전략적 균형자

1995년 7월부터 1996년 3월까지 발생한 대만해협 위기 시 미국의 대응은 아시아·태평양 지역의 전략적 균형자로서, 또한 역내 신속대응전력으로서 주일미군의 역할이 여실히 드러난 사례이다. 당시 중국의 미사일 도발 등 대만에 대한 군사적 압박에 맞서 미국은 주일미군의 7함대 전력을 대만해협 인근에 재배치하고, 며칠 후 니미츠 항공모함을 주축으로 한 항모전대를 페르시아만에서 대만해협 인근으로 재배치했으며, 중국은 이러한 미국의 강력한 군사적 힘에 맞설 수 없음을 실감할 수밖에 없었다. 미국은 만일 중국이 대만에 대한 통제권을 확보할 경우 자동적으로 대만으로부터 일본에 이르는 해상접근로와 필리핀 루손 해협 등 남방해상접근로의 통제권도 확보할 것이라고 인식했다.[238] 즉, 대만해협의 안전보장은 남태평양 해상접근로의 안정과 직결되어 있다고 인식한 것이다. 이러한 인식에 근거하여 미국은 대만에 대한 중국의 도발에 강력하게 대응했다.

중국의 부상에 맞서 미국의 대중국 견제는 2000년 들어 부시 대통령

구분	주일미군 전력의 투입
6·25전쟁 기간	• 6·25 전쟁이 발발하자 2개 전선에서의 확전을 방지하고 중국의 대만 침공 억제 목적으로, 트루먼 대통령은 **미 7함대 전력을 대만해협에 배치**
제1차 대만해협 위기 (1954년 9월~1955년 5월)	• 중국, 아이젠하워의 '대만해협 중립화 중단' 선언 및 7함대의 대만해협 봉쇄 해제 이후 미국의 대만 안보의지 시험 목적으로 대만 외도를 포격하고 점령하여 현상 변경을 시도 • 미국, 군사적 개입 의지 천명 　– 미·대만 상호방위조약 체결 (1954년 12월 2일) 　– 아이젠하워 대통령, 핵무기 사용 의지 표명 (1955년 3월 16일) 　– 대만 공격에 대비하여 **3개 항모전단을 파견** • 중국은 미국의 군사적 개입 의지를 확인하고, 군사활동을 중지함 (1955년 5월)
제2차 대만해협 위기 (1958년 7월~1958년 12월)	• 중국, 대만의 독립활동과 미국의 대중 정책에 대한 반발로서, 대만 외도인 진먼도를 포격하고 봉쇄 • 미국, 대규모 전력을 파견, 중국을 강압 　– 2개 항모전투단, 항공전력, 해병 등 3만 명 이상의 대규모 전력을 파견, **무력 과시** • 중국은 미국의 군사적 개입 의지와 능력을 확인 후 진먼도 봉쇄 해제
제3차 대만해협 위기 (1995년 7월~1996년 3월)	• 중국, 대만 독립주의에 반발하고 대만의 대선에 영향을 미칠 목적으로 미사일 발사 및 상륙훈련 등 무력시위 • 미국, **인디펜던스·니미츠 항모전투단을 투입**, 대만해협에 대한 제공권·제해권 장악 • 중국, 미군 개입이 본격화되고, 대만 대선이 종료됨에 따라 무력시위 종료

* 출처 : 필자 작성

이 전략적 중심을 유럽에서 아시아로 전환하면서 보다 강경해졌다. 중국을 가상 적국으로 한 전구급 전쟁에서 승리하는 개념의 국방전략이 제시되었고,[239] 중국 견제를 위한 미사일방어체계를 구축하고, 대만 문제에 대해 본격적으로 개입하기 시작했다. 매년 미 해군 함정의 대만해협 통과작전이 감행되었고, 남중국해로 중국의 영향력이 확장되면서 남중국해에서 항행의 자유 작전을 수시로 실시하고 있다.

아시아·태평양 지역의 전략적 균형을 유지하기 위해 주일미군은 한국·미국·일본 군사협력 및 미국·일본·호주의 3각 군사협력을 촉진하고 있다. 한국·미국·일본 군사협력은 북한의 핵·미사일 위협에 대비하고, 3국간 인도주의적 지원 및 재난구호 등의 분야에서 협력을 강화하기 위해 활성화되었다. 미국의 대중국 견제가 본격화되면서 미국·일본·호주의 3각 군사협력이 한층 주목받게 되었다. 일본과 호주는 미국과 안보 동맹관계이고, 호주는 미국, 영국, 캐나다, 뉴질랜드와 함께 5개국 정보공동체인 '파이브 아이즈Five Eyes'의 멤버이기도 하다. 2000년대 이후 일본과 호주 간 양자협력이 증진되면서 2006년 미국·일본·호주 간 장관급 전략대화 협의체가 신설되었고, 일본은 2015년부터 미국과 호주가 주도하는 대규모 연합훈련인 '탈리스만 세이버Talisman Sabre'[240]에 참가하고 있다.

범세계적 신속대응전력 및 전략적 기동군

탈냉전기 주일미군은 아시아·태평양 지역에 위치한 미군의 신속대응전력 및 전략적 기동군이다. 전략적 기동군이란 '국가전략을 지원하기 위하여 범세계적으로 군사력을 전개하고 지속적으로 유지할 수 있는 능력'[241]을 가진 군으로 정의할 수 있다.

현재 주일미군 기지는 대규모 전력을 원거리로 투사할 수 있는 아시아·태평양 지역의 전략적 허브 기지로서 기능을 제공한다. 이라크전쟁 시 미 본토 및 하와이 등지에서 중동지역으로 파병되는 많은 수의 병력과 장비가 주일미군 기지를 중간 경유지로 선택하여 병력·장비의 재편성을 실시했다. 이후에도 범세계적 미군 운용을 위해 아시아·태평양 지역 내 위치한 군수·보급 기지로서 기능을 병행해왔다.

조지 W. 부시 행정부 시절 범세계적 미군 재배치 이후 미 군사전략의 중점은 아시아·태평양 지역으로 전환되었다. 주일미군 기지는 미군의 전략수송기, 장거리 폭격기, 항공모함 및 잠수함 전력 등 대규모 전력투사기지로 임무를 수행해왔다. 주일미군은 해병과 해·공군 중심의 기동군으로서 골격을 유지하고 있어, 자체 전력만으로도 역내 긴급사태 시 신속기동이 가능하며, 하와이·괌 등에 위치한 미군의 전략수송능력이 보강될 경우 단기간 내 전 세계 어느 곳이라도 전개하여 신속대응전력으로서의 역할을 수행할 수 있다. 또한 미군은 보유 중인 8척의 와스프 강습상륙함 중 1척을 7함대에 배치하여 아시아·태평양 지역에서 실질적 2항모 체제를 운용하고 있다. 실제 2012년부터 2018년까지 7함대에 배치된 강습상륙함인 본험 리처드^{Bonhomme Richard} 함은 배수량 4만 톤으로, 임무에 따라 고속상륙정, 20여 대의 수직이착륙기 등을 탑재할 수 있어 경항공모함의 기능을 수행할 수 있다. 7함대 전력은 아시아·태평양 지역뿐만 아니라 중동지역까지 포함하여 전략적 억제·대응전력으로 활용되고 있으며, 오키나와의 해병기동군은 평시부터 괌·하와이·알래스카 등 미 본토까지 전개하여 다국적 훈련 및 연습에 참가하고 있다. 오키나와의 지전략학적 중요성에 대해 일본 방위백서는 다음과 같이 설명하고 있다. "오키나와는 미 본토 및 하와이 등에 비해 동아시아 각 지역에 근접한 거리에 위치하며 이 지역 내에서 긴급 전개가 필요한 경우 오키나와 주둔 미군이 신속히 대응할 수 있다. 또한 오키나와는 일본의 주변국과 일정 거리를 두고 있다는 지리상 이점이 있어, 이러한 점들이 긴급사태 시 1차적인 대처를 담당하는 해병대를 비롯한 미군이 오키나와에 주둔하는 이유이다."[242]

주일미군은 전 세계에서 미국의 탄도미사일방어체계를 직접 운용하는 중추적 역할을 수행한다. 미국과 일본은 1998년 북한의 장거리 미사일 발사 이후 탄도미사일 방어를 위한 공동연구에 착수했으며, 2005년 탄도미사일 방어용 개량형 요격미사일을 공동개발하기로 결정했다. 2006년과 2014년에 탄도미사일 방어를 위한 조기경보레이더(TPY-2 레이더, 일명 X-밴드 레이더)를 배치하여 현재 2기의 조기경보용 레이더를 운용하고 있다. 또한 하와이를 모항으로 하는 해상배치레이더$^{SBX,\ Sea\text{-}based\ X\text{-}band\ Radar}$를 별도 운용하고 있어, 북한이나 중국의 미사일 발사에 대비하고 있다. 실제 미 해군은 해상배치 X-밴드 레이더를 2012년 12월 북한의 장거리 로켓 '은하 3호' 발사에 맞춰 필리핀 주변 해역에 보냈으며, 2016년 9월부터 10월까지 북한의 장거리 탄도미사일 발사시험에 대비해 서태평양 공해상으로 이동배치했던 것으로 알려져 있다.[243] 또한 주일미군은 이지스 순양함과 탄도미사일요격체계를 갖춘 이지스 구축함을 10여 척 이상 보유하고 있으며, 2012년에는 일본 항공자위대와 통합미사일방어작전 수행을 위해 '미일 공동통합운용조정소'를 설치했다.

레이건 행정부부터 추진해온 미국의 미사일방어정책은 지역적 차원뿐만 아니라 범세계적 탄도미사일 위협으로부터 미국을 보호하기 위한 군사전략 차원에서 추진되고 있다. 현재 일본은 미국과 협력하여 가장 조밀한 탄도미사일방어체계를 구축하고 있으며, 미국 주도의 미사일방어체계에 가장 적극적으로 참여하고 있다. 미일 공동의 미사일방어체계는 북한뿐만 아니라 중국·러시아 등을 집중 감시하기 위한 전략적 억제·대응능력을 강화하고, 범세계적 탄도미사일방어체계를 구축하고자 하는 미국의 국방전략을 모범적으로 구현한 동맹협력의 틀이라고 평가할 수 있다.

UNITED STATES

FORCES

KOREA

★★★★★★★★★★   ★ CHAPTER 4 ★

탈냉전기
주한미군과 주일미군의
역할 변화 및
상관관계

UNITED STATES

FORCES

JAPAN

탈냉전기 소련의 붕괴와 중국의 부상이라는 안보 지형의 변화, 유럽에서 아시아·태평양 지역으로 미국의 전략적 우선순위 전환, 아시아·태평양 지역 재균형 전략의 본격 추진에 따른 미국의 군사력 재배치 등은 탈냉전기 주한미군과 주일미군의 역할에 상당한 변화를 불러왔다.

미국은 미일동맹을 아시아·태평양 지역의 안정과 평화를 유지하기 위한 전략적 중심으로 설정하고, 동맹국·우방국과의 안보협력을 확대하면서 미일 안보협력체제를 근간으로 아시아·태평양 지역의 군사적 대비태세를 강화해나갔다. 특히 21세기 들어 아시아·태평양 지역에서 미국에 대항하여 지역 패권국가를 추구하는 중국의 부상을 억제하고 중국의 반접근/지역거부[A2/AD] 전략을 거부하기 위해서, 미국은 동맹국과 협력하여 군사적 대응태세를 보다 공세적으로 운용해야 했으며 대만·남중국해 등지에서 상시 미국의 군사력을 과시해야만 했다. 이를 위해서는 무엇보다 동북아 지역의 안정이 긴히 요구되었기 때문에 미국은 한미 안보협력체제를 동북아 지역의 안정을 보장하기 위한 중심축으로 설정했다.

또한 한국과 일본의 대미동맹전략은 주한미군과 주일미군의 역할 확대를 촉진시킨 동인[動因]이 되었다. 한국의 적극적인 안보 자율성 확대 노력은 주한미군의 전략적 유연성을 확대시키는 유인[誘因]이 되었으며, 일본은 자위대와 주일미군과의 일체화를 추진함으로써 자위대의 활동 범위를 확장하고, 주일미군은 일본 자위대의 적극적 지원에 힘입어 작전수행 범위와 영역을 확장할 수 있었다. 이러한 아시아·태평양 지역 안보 환경의 변화와 미국과 동맹국인 한국과 일본의 전략적 선택으로 인해 주한미군과 주일미군의 전략적 역할은 자연스럽게 확대되었으며, 미국의 안보전략을 뒷받침하기 위한 주한미군과 주일미군의 상호보완적 관계는 냉전기보다 훨씬 심화되었다.

1

★
주한미군 및 주일미군의
역할 변화

(1) 주한미군의 역할 변화

주한미군은 6·25전쟁의 산물로서, 한미상호방위조약에 근거하여 태동했다. 냉전기 한반도 방어에 집중할 수밖에 없었던 주한미군은 북한의 도발을 억제하고 억제 실패 시 한국군과 연합작전을 통해 북한을 격퇴하는 데 최우선 임무가 부여되었다. 이를 위해 대부분의 육군 전력은 의정부와 동두천에 연하는 선 이북에 집중 배치되어 있어 북한 남침 시 주한미군 및 증원전력의 자동 개입을 보장해주는 인계철선으로 작용했다.

또한 주한미군은 동북아 첨단에 배치된 전력으로서 동북아에서 소련과 공산주의 중국의 남진을 막아내는 방패 역할도 수행했다. 이처럼 주한미군은 최일선에서 일본을 방어하는 역할도 수행함으로써 일본이 미국에 안보를 위탁한 채 자국 경제발전에 집중할 수 있는 여건을 만드는 데 기여했다. 냉전기 미국의 아시아 안보전략의 중심은 일본이었고, 당시 주일미군은 해·공군 위주로 배치되어 있었기 때문에 지상군 위주의 주한미군에게 일본을 최일선에서 방어하는 역할이 부여되었다고 평가할 수 있다.

냉전시대 주한미군과 주일미군이 보유했던 핵전력은 소련의 핵 위협에 맞서 미국의 핵전략을 뒷받침하는 전력이었다. 한국에 배치된 수백 기의 전술핵은 북한의 남침을 억제하는 유용한 수단이자 소련의 핵 위협에 맞서 미국의 핵전략의 실행 의지를 천명하는 기제였다. 1950년대 후반, 미국은 4, 5개의 전술핵무기투발체계와 150여 기의 탄두를 한국에 배치했고, 주한 미 7보병사단을 펜토믹Pentomic 사단으로 개편했다. 또한 핵 폭탄을 투하할 수 있는 폭격기를 주한미군의 8전투비행단에 배치하여 대북억제전력 및 소련·중국의 위협에 맞서 신속대응전력으로서 운용하도록 했다. 그러나 핵 능력 및 핵 투발 수단이 비약적으로 발전하면서 미국의 확장억제능력 또한 획기적으로 증강되었고, 아울러 1991년 미소 간 '전략무기감축조약'이 체결되자 그 연장선상에서 부시 대통령은 한반도에 배치된 전술핵 철수를 결정했다. 이러한 조치가 핵 전력의 배치를 불원하는 한국의 이해와도 부합하면서 1991년에 한국에 배치된 미국의 핵무기는 모두 철수되었다.

지상군 위주의 고정배치된 전력이라는 특성상, 주한미군은 한국 방위를 위한 한국군의 전력 증강과 함께 미군의 동북아 국방전략의 변화에 민감할 수밖에 없었다. 1969년 닉슨 대통령의 괌 선언과 닉슨 독트린의 재생이라고 불리는 카터 대통령의 철군정책 등은 한반도에 대한 미국의 개입 의지의 약화로 여겨졌으며,[244] 반대로 미국의 주한미군 감축 중단 결정은 동맹에 대한 확고한 안보 공약의 현시顯示이자 동북아 지역에 대한 미국의 전략적 우선순위가 격상되었다는 신호로 해석되었다.

1980년대 후반까지 주한미군은 한국군의 전력 증강을 견인하면서 확고한 대북억제전력이자 미국의 동북아 군사전략을 구현하는 전진배치 전력이었다. 이 시기 한미 연합연습 및 훈련은 한미 연합군의 작전수행능력 숙달에 중점을 두었으며, 미 본토로부터 한반도까지 대규모 증원전력이 전개하는 절차 연습을 매년 시행했다. 이러한 연습을 통해 한미 연합군의 전투태세를 북한, 중국, 소련에 과시했고, 7함대를 포함한 주일미군 전력과 태평양사령부 예하 전력도 연습·훈련에 참여함으로써 대규모 연합작전 수행능력을 숙달했다.

그러나 냉전이 종식되면서 중국의 부상, 범세계적 테러의 확산 등 위협이 다변화되고 국제 사회의 안보를 위한 한국의 기여 요청이 증가하면서 한국군과 주한미군의 역할은 상호 보완적으로 발전하기 시작했다. 이는 한국군의 능력 신장과 함께 한국의 안보 자율성 확대 노력에도 부응하는 결과였다. 미국은 한국 방위의 한국화를 꾀하면서 한국군의 전력 증강을 독려했고, 주한미군의 해외 전개 빈도를 증가시켜나갔다. 한국은 작전통제권의 환수 및 주한미군 기지 재배치를 본격적으로 추진하고 미국과 전략적 유연성에 합의함으로써 주한미군 전력 운용의 융통성을 수용했다.

이러한 한미 간 노력의 결합으로 주한미군은 한반도에 고정배치된 붙박이군에서 벗어나 지역적 차원의 역할을 모색하는 작전적 수준의 기동군으로 탈바꿈하기 시작했다.

주한미군은 2006년 한미가 합의한 전략적 유연성, 2010년 이후 주한미군의 해외 훈련 참가 확대, 2015년부터 본격적으로 시작된 주한미군 순환배치 등에 따라 그 성격이 변화했다. 미국은 북한의 핵·미사일

〈표 4-1〉 주한미군의 역할 변화

구분	냉전기	탈냉전기
주요 영향 요인	• 전술핵 배치 (1958~1991) • 닉슨 대통령의 괌 선언 (1969년)	• '전략적 유연성' 합의 (2006년) • '미군 전력의 한반도 순환배치'에 합의 (2014년) • 한국의 안보자율성 확대 요구 * 주한미군 기지 이전, 작전통제권 전환 등

주한미군
전력
규모
	• 약 5.6만 명(1960년) → 5.4명 (1970년)
	 → 4.6만 명 (1988년)
	• 주요 전력 (1988년 기준)
	 – 육군 : 1개사단
	  * 2개 여단 (6개 대대), 2개 포병대대
	 – 공군 : 2개 비행단 (5개 대대)
	  * F-4, F-16, A-10
		• 약 4만 명(1991년) → 3명 (2005년)
		 → 2만 5,400명 (2016년)
		• 주요 전력 (2020년 기준)
		 – 육군 : 1개 여단, 화력여단
		 – 공군 : 2개 비행단
		  (4개 비행대대 + 1개 ISR 대대)
		  * F-16, A-10, U-2

연합연습 훈련	• 을지 포커스 렌즈 • 독수리훈련 • 팀스피리트 훈련	• 을지 포커스 렌즈 • 연합전시증원연습 / 독수리훈련 • 발리카탄 훈련, 야마사쿠라 훈련 등 다수의 해외 훈련 참가
주한미군 역할	• 북(北) 도발 억제, 한국 방위 지원 • 한국의 대북 무력 사용 억제 • 정전체제의 유지 및 관리 • 일본 방위를 위한 동북아의 전진방어 전력 • 소련·중국의 군사적 팽창 저지 • 소련·중국의 핵전력 대응	※ 작전적 기동군으로서 역할 • 북(北) 도발 억제, 한반도 상황 관리 • 정전체제의 유지 및 관리 • 미국의 대중(對中) 견제 및 방어 지원 • 한미일 국방협력 촉진 • 미국의 범세계적 해외 전개, 장기 훈련 위한 아시아·태평양 지역 위치 주(主)작전기지 • 미사일방어체계 전진기지

* 출처 : IISS, *The Military Balance 1987-1988, 2016* 등을 참고하여 필자 작성

위협이 고조됨에 따라 다양한 미군의 전략적·전술적 자산을 한반도에
순환 배치하는 등 미군 전력의 한국 입·출경을 유연하게 시행했다. 예
를 들어, 미국은 2004년 9월 한반도 위기 시 대응능력을 보강하기 위해

F-117 스텔스 전폭기와 F-15E 전폭기를 한국에 전개시켰으며, 일정 기간 배치 후 한반도 외 지역으로 다시 이동했다. 이러한 전력운용 형태는 한반도 또는 동북아 안보 상황에 따라 비정기적으로 시행되었으며, 주한미군이 작전적 기동군으로 변모해가는 단면을 보여주고 있다고 평가할 수 있다. 미군 전력 운용의 유연성으로 인해 지상군 위주의 상시 고정배치된 전력만을 가지고 주한미군 전력 수준을 평가하는 것은 더 이상 의미가 없게 되었다. 또한 한국의 평택·대구 등 주한미군 기지는 전략적 허브 역할을 수행하는 오키나와 등 주일미군 기지와 함께 아시아·태평양 지역 내 작전적 허브 역할을 담당했다. 미군은 한국·일본의 허브 기지를 발판으로 동북아 출입을 보다 유연하게 시행할 수 있는 여건을 구비하게 되었으며, 이에 따라 대북·대중 견제를 위한 군사력 운용의 융통성을 확보할 수 있었다. 주한미군은 또한 미국이 구축하고자 하는 범세계적 미사일방어체계의 한 축을 운용하는 전진기지로서 역할을 했으며, 한국·미국·일본 3자, 한국·미국·일본·호주 4자 등 역내 안보를 위한 다자협력을 촉진하는 데도 기여했다.

　이러한 변화는 탈냉전기 미국의 안보전략, 동북아 국방전략의 변화에 크게 기인한다. 또한 한국의 국력증대에 따른 안보적 자율성, 더 나아가 군사적 주권을 회복하려는 한국의 노력은 자연스럽게 주한미군의 역할 전환을 촉진시켰다. 즉, 한국 방위에 있어 한국군의 역할이 확대되면서 주한미군은 점차 지원적인 역할로, 그리고 역내 중국 등 새로이 부상하는 위협세력에 대한 대응전력으로서의 역할로 변화해나가고 있다고 볼 수 있다.

(2) 주일미군의 역할 변화

냉전기 주일미군은 미일 안보협력체제를 축으로 주한미군과 함께 아시아에서 소련과 중국 공산주의 세력의 팽창을 저지하는 임무를 담당했다. 주한미군이 전방에 배치된 전방방위 전력이라면, 주일미군은 주한미군을 지원하는 예비대 또는 증원전력으로서 역할을 수행했으며, 아시아에서 소련과 중국의 위협에 대응하여 군사적 균형을 유지하면서 유사시 신속대응전력으로서 역할을 수행했다. 요코스카와 사세보의 7함대 전력은 역내 어디든지 신속히 전개할 수 있었으며, 오키나와라는 천혜의 거점은 아시아 전역, 필요시 인도양과 남태평양까지 미군 전력을 투사하여 미국의 군사적 대응 의지를 천명할 수 있는 지리적 이점을 제공했다.

이 시기 자위대는 주로 소련 위협에 대비한 일본 방위에 매진하고 있었으며, 역내 유사시 대응은 주일미군에 전적으로 의존하고 있었다. 일본 자위대와 주일미군 간 군사협력의 틀은 1978년 11월 27일 미일 안보협의위원회에서 '미일 방위협력지침'을 승인하면서 정해졌으며, 미일 간 군사협력을 상징하는 연합연습 및 훈련은 1980년대 이후 실질적으로 개시되었다.

그러나 동북아의 전략적 균형자로서 미국의 범세계적 안보전략을 지원하고 동북아 국방전략을 직접 구현하는 주일미군의 임무와 중요성으로 인해 주일미군 전력은 1970년대 중반 이후 4만 5,000~4만 8,000명 내외의 수준을 꾸준히 유지했다. 또한 닉슨 독트린에 따른 아시아 지역 주둔 미군 감축에 따라 주일미군 역시 1976년 말 해·공군 및 해병대 전력 위주로 재편되었다. 이에 따라 오늘날 주한미군은 육·공군 위주로,

〈표 4-2〉 주일미군의 역할 변화

구분	냉전기	탈냉전기
주요 영향 요인	• 1978년 미일 방위협력 지침 제정	• 주일미군 재편 / 재배치 • 미일 방위협력 가속화 * 미일 방위협력지침(1997년, 2015년), 2012년 '미일 공동 통합운용조정소' 설치 등 • 일본 자위대와 주일미군의 일체화
전력 규모 변화	• 약 8만 명(1960년) → 4.7만 명 (1976년) → 4.7만 명 (1988년)	• 4.5~5.5만 명 규모의 일정 수준을 유지
	• 주요 전력 (1980년대 이후 부대의 변동은 없음) – 해군 : 7함대 (항모전단), 항모항공단 – 해병 : 3해병기동군 – 공군 : 2개 전투비행단	
연합연습 훈련	• 1986년 최초의 미일 연합 통합지휘소연습, 이후 매년 실시 • 1986년 최초의 미일 연합 통합실기동훈련, 1992년 이후 매년 실시 • 1980년대 이후 육·해상 자위대와 주일미군 간 연합훈련 정례화 • 탈냉전기 들어 미일 간 훈련 지역 확장, 참가 규모 확대	
주일미군 역할	• 일본 방위 • 한반도 유사시 증원전력 • 소련·중국의 군사적 팽창 대응 • 역내 미군의 신속기동전력 • 미국·서유럽·일본 3각 협력 견인 • 미국의 핵전력 운용(1950년대 초~1972년) • 대만 및 동남아 지역으로 전력 투사를 위한 작전적 허브 기지 제공	※ **아시아·태평양 지역 전략적 기동군** • 일본 방위 및 주변 사태 대응 • 미국의 대중(對中) 견제 • 아시아·태평양 지역의 신속대응전력 • 한국·미국·일본 / 미국·일본·호주 국방협력 촉진 • 범세계적 미군 전력의 투사를 위한 전략적 허브 기지 제공 • 미사일방어체계 핵심 운용 기지

* 출처 : 필자 작성

주일미군은 해·공군 및 해병 위주의 전력 구조를 갖추게 되었다.

　일본은 주일미군에 안보를 위탁한 채 경제성장에 매진하기 위해 전략적으로 일본 자위대와 주일미군의 일체화를 선택했다. 미일 양국군의 상호운용성이 증진되고 일본 자위대의 전력 증강이 이루어지면서 자연스럽게 자위대와 주일미군의 작전 지역과 범위가 확대되었다. 자위대는 미일 연합작전체제를 기반으로 일본으로 이어지는 중요 해상교통로에 대한 방어 임무까지 역할을 확대했으며, 주일미군은 미국의 범세계적 안보전략을 구현하는 전략적 기동군으로서의 역할로 전환했다.

탈냉전기 주일미군은 미일동맹을 연결하는 중심축으로 아시아·태평양 지역에 위치한 동맹국·우방국과의 상호 협력을 견인하고 있다. 또한 일본 내 주일미군 기지는 미군의 범세계적 전력 투사를 위한 거점기지로 활용되고 있다. 일본으로부터 미군의 전력투사능력은 1991년 걸프전과 2003년 '항구적 자유작전'의 성공을 견인한 핵심 요인이었다.[245] 또한 미 본토를 위협하는 핵·미사일 공격에 대한 전진방어기지로서의 역할을 다하고 있다. 주일미군에 배치된 탐지거리 2,000킬로미터 이상의 조기경보 레이더(X-밴드 레이더)는 북한과 중국의 미사일 전력의 감시를 위한 전략자산이며, 주일미해군과 일본 자위대의 이지스 함정은 상호운용성에 기반한 연합작전을 수행하고 있다.

현재 미국은 아프간·이라크전을 종료하고, 중국의 부상에 본격 대응하면서 인도·태평양 전략을 실행하고 있다. 중국과 러시아, 북한, 이란 등 수정주의적 적대세력의 부상을 억제하면서 전·평시 미국의 군사력을 효율적으로 운용할 수 있는 태세를 재점검하고 있다. 주일미군은 미국의 범세계적 안보전략의 시행을 뒷받침하는 전략적 기동군이자 신속대응전력이다. 미군 전력 운용의 형태는 일반적으로 현장배치 전력—신속대응전력—증원전력으로 구분할 수 있다. 현장 배치 전력은 아시아·태평양 지역 유사시 적대세력과 접촉하여 초기 작전을 주도하는 전력으로, 동북아 지역의 경우 한국군과 일본 자위대가 해당된다. 신속대응전력은 주일 미군과 괌에 배치되어 있는 미 해·공군, 하와이 등에 배치된 태평양사령부 예하 전력이 해당되고, 증원전력은 미 본토 전력이 해당된다. 이러한 중요성 때문에 탈냉전기 주일미군의 병력 규모는 거의 변화가 없었으며, 오히려 첨단 이지스함과 전략폭격기, 미사일방어용 탐지체계 등이 배치되어 주일미군의 물리적 작전 범위와 작전 영역은 더욱 확대되었다. 특히 최근에는 적대세력이 예측하지 못하도록 불규칙하게 군사력을 전개시키고, 무력시위, 다양한 연합연습 등을 통해 상대방을 압박하며, 동맹국·우방국을 순환하면서 미국의 안보전략을 동맹국·우방국에 강요하는 정치적 역할까지 수행하고 있다.

2

★

주한미군과 주일미군의
상관관계

소련 붕괴 후 미국의 군사력 배치는 미국의 범세계적 패권 유지 관점에
서 바라보아야 한다. 테러 위협 및 대량살상무기 확산, 중국의 부상이라
는 안보 도전에 직면하고 있는 미국으로서는 국방비의 제약에 따른 병력
감축을 수용하면서도 필요한 경우 미국의 군사적 능력을 세계 어느 곳에
서라도 보여주어야만 했다. 이를 위해서는 동맹국·우방국의 안보 책임
을 확대하면서 해외 주둔 미군의 기능과 역할 변화를 모색해야만 했다.
아울러 한미동맹과 미일동맹의 성격이 진화하고 동맹국인 한국과 일본
의 국력이 급속도로 성장하면서 주한미군과 주일미군의 과업과 역할에
대한 재검토를 요구하는 목소리가 분출되기 시작했다.

　이러한 미국의 국방전략과 동맹국인 한국과 일본의 시대적 요구로 인
해 주한미군과 주일미군의 역할은 냉전기와는 확연히 다른 수준으로 변
모하게 되었다. 전략적 기동군으로서의 주일미군의 역할은 더욱 중요해
졌고, 주한미군은 지역방위군 또는 붙박이군의 성격에서 벗어나 신속대

응역량을 갖춘 작전적 기동군으로 변모하기 시작했다.

주한미군과 주일미군은 전략적 역할 분업을 통해 상호 승수효과를 극대화하면서 아시아·태평양 지역 안보를 담당하고 있다. 주한미군의 역할 변화는 주일미군의 역할 변화를 초래했고, 역으로 주일미군의 역할 변화가 주한미군의 역할 변화를 견인하기도 했다. 그러나 주한미군과 주일미군의 상관관계가 심화될수록 주한미군과 주일미군 상호간 민감성과 취약성 또한 증대되고 있다. 이는 주한미군과 주일미군이 갖는 구조적 특성에 기인한 바가 크다.

(1) 주한미군과 주일미군의 전력 구조 특성 및 성격

주한미군과 주일미군의 전력 구조 및 특성

주한미군과 주일미군의 전력 구조는 편성에 있어 큰 차이를 보이고 있다. 주한미군은 병력의 3분의 2가 육군이며, 주일미군은 해군·해병·공군으로 편성되어 있다. 작전적·전술적 소요에 따라 육군이 필요한 경우에는 주한미군의 육군을, 해군·해병이 필요한 경우에는 주일미군을 선택적으로 운용할 수 있다. 주한미군과 주일미군을 통합 운용할 경우 중견국가의 전체 군사력과 버금가는 수준의 병력과 장비를 보유하게 되어 전구급 통합·합동작전 수행능력을 갖추게 된다.

이러한 전력 구조의 차이로 인해 미군이 병력 감축과 전력 구조의 변화를 추진할 경우, 주한미군과 주일미군은 상이한 민감성을 드러내게 된다. 1990년대 '동아시아전략구상'과 2000년대 초 '해외 주둔 미군 재배치' 등 미 군사전략의 변화에 따라 주한미군의 육군과 주일미군의 해병

〈표 4-3〉 주한미군과 주일미군의 병력 및 전력 현황 비교

구분	주한미군	주일미군
병력	**2만 8,500여 명** • 육군 1만 9,200여 명 • 공군 8,800여 명 등	**5만 5,600여 명** • 육군 2,650명　　• 해군 2만 950명 • 해병 1만 9,450명　• 공군 1만 2,550여 명
주요 전력	• 1개 보병사단(1개 기갑여단) • 1개 전투항공여단 (AH-64) • 1개 다연장로켓여단 (MLRS) • 2개 전투비행단 (F-16, A-10)	• 7함대 (항모전단, 4개 전투기대대) • 3해병기동군 (해병사단, 3개 전투기대대) 　* F-35B, FA-18, 공중급유기, 수송기 등 • 5공군 (2개 전투비행단) 　* F-15, 공중급유기, 조기경보기, 수송기, 　정찰기 등

* 출처 : IISS, *The Military Balance 2020*

대 병력은 주요 감축 대상으로 고려되었다. 그러나 감축 규모는 주일미군에 비해 주한미군이 상대적으로 더 컸다. 이는 원거리 전개능력이 없는 고정배치된 병력이 군사력의 재편·재배치에 훨씬 더 민감함을 반증한다. 미 국방부 DMDC^{Defense Manpower Data Center}의 자료에 의하면, 주한미군은 1990년 4만 1,344명에서 2016년 2만 5,020명으로 1만 6,324명이 감축되었다. 반면, 주일미군은 1991년 4만 4,566명에서 2015년 5만 5,744명으로 오히려 증가했다. 주일미군의 병력 증감은 7함대 병력과 3해병기동군의 전략적 유연성에 기인한다. 즉, 주일미군은 인도·태평양 지역의 연습 및 훈련, 군사외교 지원을 목적으로 수시로 해외에 전개하고, 미 태평양사령부의 전력이 수시로 주일미군 기지에 전개하고 있기 때문이다. 따라서 탈냉전기 주일미군 병력 규모는 거의 변화가 없다고 보는 것이 타당할 것이다.

　미군은 주한미지상군이 갖고 있는 취약점을 극복하기 위해 전략적 유연성 확보, 순환배치 등을 통해 주한미군 운용의 융통성을 확보하고 있으나, 향후 미 국방예산의 절감 압력으로 인한 미군 병력 감축과 중국 위협에 대비하여 아시아·태평양 지역 주둔 미군 재배치가 추진될 경우 주한미군의 추가적인 감축 및 재배치 가능성도 간과할 수 없을 것이다.

탈냉전기 미국은 '한국 방위의 한국화'를 일관되게 추진해왔고, 미국과 일본의 군사적 일체화를 지향하고 있다. 한국 방위를 위한 한국군의 역할과 능력이 증대되면서 미군의 역할을 해·공군 위주의 지원적 역할로 전환하는 것을 모색하고 있다. 이는 병력의 숫자보다는 능력이 중요하다는 미군의 인식과 상응하며, 만일 상당 규모의 주한미군 병력이 철수하게 될 경우 주한미군사령부와 주일미군사령부의 위상과 기능의 변화에도 영향을 미칠 것이다.

비록 주한미군의 전략적 유연성이 확보되었다 하더라도 원거리 전개 능력이 부족한 주한미군의 한계로 인해 현재 주한미군의 신속대응능력은 동북아 지역으로 한정되어 있다. 그러나 주한미군은 아시아·태평양 지역 내 유일한 중무장 육군 전력을 보유하고 있고, 이러한 능력은 동북아에서 강력한 억제전력으로 작용하고 있으며, 미국의 군사적 필요에 따라 언제라도 중국의 견제 및 대만 등지에 투입될 수 있는 태세로 전환할 수 있다.

반면, 아시아·태평양 지역으로 전략적 우선순위를 전환한 미국의 군사전략은 미군이 보유한 해군력의 전략적 운용을 통해 현실화되고 있다. 7함대의 전략적 가치는 더욱 제고되고 있으며, 7함대와 3해병기동군의 작전수행 범위는 확장되고 있다. 여전히 많은 수의 해병 병력이 일본에 주둔하고 있으나, 3해병기동군의 주둔은 일본에 방위력을 제공하기 위한 것이 아니라 태평양 지역에 미 군사력을 전개하기 위한 것으로 봐야 한다. 이러한 이유로 탈냉전기 미 군사전략을 지원하기 위해 주한미군은 동북아에 배치된 전방전개전력이자 동북아 군사적 균형을 유지하기 위한 전력으로 기능하고 있으며, 주일미군은 주한미군의 강력한 억제력과 방위력을 바탕으로 아시아·태평양 지역으로 확장된 작전 지역에서 미국의 범세계적 군사전략을 구현하기 위한 전력으로 평가할 수 있다.

전략적 기동군 vs. 작전적 기동군

주한미군과 주일미군의 상이한 전력 구조와 특성으로 인해 탈냉전기 주일미군은 미국의 범세계적 안보전략을 구현하기 위한 전략적 기동군으로, 주한미군은 동북아 안보전략을 뒷받침하는 작전적 기동군으로 규정할 수 있다. 주일미군은 예하 7함대 및 3해병기동군, 5공군의 해상 전력과 공중수송 전력[246]을 통해 추가적인 지원 없이 전 세계 어느 곳이라도 신속하게 전개할 수 있다. 이미 이라크 파병을 통해 주일미군의 작전수행 범위는 인도·태평양 전역으로 확장되었으며, 중국의 군사력 투사에 맞서 7함대 전력은 대만해협 통과 및 남중국해 항행의 자유 작전을 실시하고 있다. 미군의 남중국해 항행의 자유 작전은 트럼프 행정부 이후 더욱 거세지고 있다.

　미국은 인도를 포함한 아시아·태평양 국가들과 긴밀한 안보협력을 통해 더욱 촘촘한 대중對中 포위 라인을 구축하여 중국의 군사굴기에 대응하고 있다. 주일미군의 해병·해군은 인도양과 서태평양 전역에 걸쳐 미일 양자 훈련과 인도·호주 등이 참여하는 다자 훈련을 주도하고 있다. 일본 자위대의 해상작전 범위가 일본 영해로부터 1,000마일까지 확장되면서 주일미군은 일본 및 주변 지역 방위에서 벗어나 태평양 지역의 전략적 해상수송로의 방호에 보다 집중하고, 중국·이란·북한 등 반접근 및 지역거부A2 / AD, Anti-access / Area denial 역량을 보유한 국가들의 도전을 억제하고 거부하는 데 집중하고 있다. 주일미군은 또한 재래식 분쟁을 억제하는 것 외에 안정화 작전, 인도적 구호, 재난·재해 구조 등 다양한 우발상황에 대비할 수 있는 다목적 합동전력[247]으로서 역할을 수행하고 있다.

주한미군은 한국을 방어하고 동북아의 안전보장에 기여하며, 유사시 역내 주요 지역에 파견되어 작전적으로 대응할 수 있는 작전적 기동군이라고 이해할 수 있다. 현재 주한미군은 우발상황 발생 시 한반도 밖으로 대규모 전력을 투사할 수 있는 원거리 수송 자산이 없다. 주한미공군의 C-130 수송기 등의 자산은 전술적 수준의 부대를 투사할 수 있으며, 전투비행단은 한국 영공 외곽에서 제한된 수준의 작전을 수행할 수 있다. 따라서 현존 전력은 여전히 한국과 극동지역 방위를 위해서만 최적화된 전력이라고 볼 수 있다. 그러나 주일미군 등이 보유한 전략적·작전적 수송능력이 결합되면 주한미군은 역내 어느 곳이라도 신속히 전개·대응할 수 있는 원거리 기동군으로 전환할 수 있다. 또한 평택과 대구 기지를 중심으로 주한미군 전력이 재배치되면서, 단시간 내 즉각 대응전력으로 역내 우선 투입이 가능하다. 아울러 주한미군 전력의 상당수가 순환배치 전력이어서 한반도 배치 이전 역내 국가들과 연합·합동훈련을 통해 다양한 우발상황에 신속하게 투입될 수 있는 준비태세가 갖추어져 있다. 즉, 주한미군은 군사적 필요에 따라 대테러분쟁이나 동북아 우발상황에 신속대응전력으로 운용될 수 있다.

(2) 주한미군과 주일미군의 상호 승수효과

주한미군과 주일미군의 전력 구조·능력의 차이는 상호보완적 관계를 형성하면서 승수효과를 낳고 있다. 미군은 전략적·작전적·전술적 소요에 따라 주한미군과 주일미군이 보유하고 있는 병력과 장비, 부대를 각각 사용하거나 상호 결합하여 운용함으로써 군사력 운용에 있어 신속대응능력과 유연성을 증진시킬 수 있다.

이는 부시 행정부 출범 이후 미국의 범세계적 방위태세 재검토^{GPR}에 따라 주한미군을 아시아·태평양 지역에 위치한 미군의 주작전기지^{MOB,} ^{Main Operating Base}로, 주일미군을 대규모 전력을 원거리에 투사할 수 있는 능력을 가진 전력투사근거지^{PPH, Power Projection Hub}로 재편한 것과 맥을 같이한다. 주한미군은 해외 주둔 미군의 훈련과 타국과의 안보협력을 지원하면서 역내 주요 지역에 제한된 규모의 전력을 투사할 수 있고, 주일미군은 범세계적 차원의 군사력 운용이 필요한 지역에 전력을 직접 투사하거나 투사된 전력을 지원하는 역할을 수행한다. 이러한 상호 승수효과는 한국 전역에 산재한 주한미군 기지가 평택과 대구 권역으로 통폐합되면서 가능해졌다.

냉전기 주한미군은 고정배치된 전력으로서 한국방위 임무에 집중했다. 소련과 중국, 그리고 이들의 지원을 받는 북한의 직접적 군사위협으로부터 한국을 방어해야만 동북아 지역으로의 공산주의 확장을 차단할 수 있었다. 이는 역내 전략적 기동전력으로 배치되어 있는 주일미군의 전략적 유연성을 확보할 수 있는 방법이기도 했다. 주일미군은 일본 방위를 주한미군과 일본 자위대에 위탁하고, 역내 위기 시 즉각 투입할 수 있는 신속대응전력으로 임무를 수행했다. 대만해협 위기 시 7함대 전력의 즉각 투입은 대표적인 예이다.

그러나 탈냉전기 한국 방위의 한국화를 위한 한국군의 전력 증강이 본격적으로 추진되고, 한국의 적극적인 안보자율성 확대 요구가 제기되면서 주한미군의 역할은 한반도를 벗어나 동북아 지역을 방위하는 전력 및 역내 작전적 기동전력으로 변모했다. 특히 21세기 들어 아시아 중시 정책이 본격적으로 추진되면서 주한미군의 전략적 유연성의 확대 필요성은 더욱 커졌다. 그 결과, 주한미군 전력의 순환배치가 이루어지면서 주한미군은 그 자체로 작전적 기동전력의 모습을 띠게 되었고, 한국에 배치되기 전·중·후 해외 전개 훈련 및 연습을 본격적으로 시행했다.

현재 주한미군은 북한뿐만 아니라 중국·러시아의 위협에 대비한 동북아 지역 방위를 보장하는 전력이다. 주한미군의 501정보여단은 대북對北정보를 수집·분석하는 핵심 전력이면서 전술적 수준의 정보뿐만 아니라 전략적 수준의 정보를 수집·분석한다. 501정보여단은 특수정찰기, 저고도정찰기 등을 동시에 보유하고 있는 미 육군의 유일한 부대로, 이들이 수집한 정보는 주일미군을 포함한 태평양사령부 예하 부대 및 미 본토와 공유한다. 주한미군은 한미상호방위조약에 따라 여전히 한국 방위의 핵심 전력이나, 미국의 동북아 전략을 실천하고 한미일 안보협력 등 한국군의 지역적 역할의 확대를 독려하고 있다. 이런 측면에서 주한미군사령부는 때로는 미 국방부와 합참을 대신하여 정책적·전략적 역할을 수행하고 있다. 주한미군사령관은 한국 국방부장관과 주기적인 대담을 통해 미국의 정책·전략적 관심사안을 협의하고 있으며, 아울러 미 합참의장을 대신하여 상설 군사위원회MC의 대표로서 한국 합참의장과 전략대화를

하고 있다. 미 국방부와 합참 역시 한반도 관련 정책·전략적 사안에 대한 협의의 재량권을 주한미군사령관에게 상당 수준 위임하고 있으며, 의사결정 과정에서 주한미군사령관의 견해를 반영하고 있다. 주한미군사령부의 참모들은 FOTA·SPI 등 한미 국방부 간 정책협의와 한미일 안보토의 등에 참여하여 군사적 사안뿐만 아니라 정책 사안까지 미국의 입장을 대신하고 있다.

주한미군의 역할과 기능이 확장됨에 따라 주일미군의 전략적 융통성은 더욱 확대되었다. 동북아 군사안보의 역할이 점차적으로 주한미군에 위임되고 있는 상황에서 주일미군은 활동 범위의 중심을 인도양과 남태평양 지역으로 전환하고 있다.

인도양·남태평양 일대 미군 전력 발진의 허브 기지는 일본 오키나와, 괌, 싱가포르의 창이Changi 기지가 있다. 싱가포르는 동남아 국가 중에서 미국과 가장 적극적으로 군사협력을 실행하고 있으며, 싱가포르 내 창이 기지를 포함한 해군기지에는 연간 100척 이상의 미군 함정이 기항하고 있다. 특히 창이 해군기지는 남중국해에서 미군의 '항행의 자유' 작전을 위한 발진 기지로 활용 중이며 미국의 재급유·보급 등을 지원한다.[248] 인도양과 남태평양 일대 구축한 허브 기지를 활용하여 주일미군의 7함대와 3해병기동군은 아시아·태평양 지역 작전에 투입되고 있으며, 인도·태평양 지역 국가들과의 군사협력을 촉진하는 데 중요한 역할을 수행하고 있다.

동북아에서 주한미군의 강력한 억제력과 방위력은 주일미군이 일본 본토를 떠나 인도양, 서태평양, 남태평양 전역까지 작전 지역을 확장하여 활동할 수 있게 만드는 원천이 된다. 이런 측면에서 주한미군은 주일미군의 군사력 운용의 융통성을 확대하고, 승수효과를 유발하는 베이스라고 할 수 있다.

주일미군의 역할 변화가 주한미군에 미친 긍정적 영향

탈냉전기 주일미군은 아시아·태평양 지역을 넘어 전 세계 어디든 전개할 수 있는 기동군으로 탈바꿈하여 아시아·태평양 지역에서 미국의 외교를 뒷받침하는 강력한 군사력을 현시顯示하고 있다. 주한미군과 주일미군은 미 인도·태평양사령부[249] 예하 전투사령부로서 적절한 역할 분담을 통해 미국의 아시아·태평양 지역 전략을 구현하고 있다. 인도·태평양사령부 책임지역 내 하와이, 괌, 오키나와 등은 미군의 전략적 허브로서의 역할을 하고 있으며, 한국의 평택·대구기지는 미군 전력의 입경과 출경을 위한 동북아 지역의 중간거점 또는 작전적 허브로서의 역할을 할 수 있다. 이렇듯 탈냉전기 주한미군과 주일미군의 관계가 심화된 이유는 미국의 범세계적 안보전략과 동북아 전략의 변화와 더불어, 한국의 안보자율성 확대 요구로 인한 주한미군기지 통폐합, 작전통제권의 한국군으로의 전환 노력 등이 중대한 영향을 미쳤다고 볼 수 있다.

그러나 주한미군과 주일미군이 상호 결합되어 나타나는 승수효과는 주한미군의 역할 변화가 주일미군의 역할 변화로 이어지는 일방향성으로만 파생되지 않는다. 역으로 냉전기에서 탈냉전기로 안보 환경이 바뀜에 따라 주일미군의 역할 확장 필요성이 증대되었고, 이는 주한미군의 역할 변화를 야기하기도 했다.

탈냉전기 미국은 아시아·태평양 지역 안보의 핵심축을 미일 안보협력체제로 설정했다. 미일 안보협력체제를 중심으로 동맹국·우방국과의 협력을 확대하고 동맹국·우방국 간 상호 군사적 운용성을 증진시켜 중국을 포함한 역내 포괄적 안보위협에 필요충분한 군사적 대비태세를 유지하는 것을 추구했다. 공고히 구축된 미일 안보협력체제를 기반으로 아시아·태평양 지역 안보를 추구하면서 동북아 지역은 한미 안보협력체제를 기저에 두고 다국적 안보협력으로의 확대를 지향하고 있다. 미국이 지속적으로 한미일 3국간 안보·군사협력의 확대를 주장해오고 있는 것도 이 때문이다. 한미일 3국간 안보협력은 냉전 종식 이후 본격화되었다. 1993년 북핵 위기가 발발하자 1994년부터 2002년까지 한미일 안보토의가 정례적으로 개최되었다. 2003년 한일관계가 악화되고 6자회담이 시행되면서 한미일 안보토의는 잠정 중단되었다. 그러나 한미일 군사협력을 강화하고자 하는 미국 측의 제의에 따라 2008년부터 다시 재개되었으며, 한반도 비핵화 및 평화 정착을 위한 협력에 중점을 두고 시행되고 있다.

미일 안보협력체제에 기반한 아시아·태평양 지역 안전보장은 일본 및 일본 주변 방위를 위한 자위대의 능력 강화와 한반도·동북아에서의 군사적 위협을 억제·대응할 수 있는 한미 연합방위태세의 강화를 요구한다. 미국의 전략적 선택에 부응하여 주한미군은 한반도 방위를 위한 주된 역할을 한국군에게 이양하고 동북아 안보를 위한 역할을 확대해야만 했으며, 일본 자위대는 자체 능력 확장을 추진하면서 주일미군과의 일체화를 선택하여 자위대의 작전 영역과 활동 범위를 확대해나갔다.

미국은 한국과 '주한미군의 전략적 유연성'에 관해 합의하여 동북아 신속기동군으로의 역할 전환을 위한 한국의 양해를 확보했고, 최근까지 진행된 주한미군기지이전사업을 통해 주한미군 전력을 대단위 기지에 통합하여 주둔하게 함으로써 언제든지 해외로 신속히 전개할 수 있는 태세를 완성했다.

이러한 일련의 주한미군의 능력과 태세의 변화는 아시아·태평양 지역 안보의 핵심으로 미일 안보협력체제를 선택하면서 수반된 결과였다.

즉, 주일미군의 능력·역할이 확대되면서 이를 지원하기 위한 주한미군의 역할도 자연스럽게 확장된 것이다.

주일미군의 전략적 기동성을 보장하고 주한미군 전력의 동북아 신속 대응능력을 유지하기 위한 노력은 주한미군과 주일미군에 배치된 미사일방어체계에서 두드러진다. 현재 주한미군은 사드 체계와 PAC-3를 운용하면서 준중거리 이하 대북 탄도미사일방어체계를 구비하고 있다. 주일미군은 탐지거리 2,000킬로미터 이상 지상 배치 X-밴드 레이더 2기와 이지스 순양함·구축함 등의 요격체계를 구비하고 있다. 해상 배치 SBX 레이더가 추가로 배치될 경우 모든 종류의 탄도미사일 위협에 대비하여 한국과 일본, 동아시아 지역, 하와이·괌 등을 포함한 서태평양 지역, 미 본토에 이르는 광범위한 미사일방어체계가 작동하게 된다. 주한미군과 주일미군에 배치된 미사일방어체계는 아시아·태평양 지역을 방위하고 주한미군과 주일미군의 전략적 유연성을 보장하기 위한 미 국방전략의 산물이라고 평가할 수 있다.

냉전기와 탈냉전기 상호 승수효과 비교

1995년과 1998년 '동아시아전략보고서EASR'는 "동아시아는 미국의 사활적 이익이 걸린 지역으로 미국은 지역 안보의 보장자로서 지속적으로 개입할 것이며, 이를 위해 10만 명의 미군을 아시아 지역에 지속적으로 배치시킬 것임"을 명기했다. 그로부터 10여 년이 지나 오바마 행정부가 들어서면서 아시아 지역의 전략적 중요성은 더욱 크게 부각되었으며, 미국은 동북아뿐만 아니라 동남아 국가들과의 신뢰 구축, 또는 다자간 안보협력을 통해 포괄적 안보를 추진하는 '아시아 재균형' 정책을 공식화했다.

동북아 및 아시아·태평양 지역의 안정과 평화를 위해서는 안정적인 '한미 + 미일 안보협력'을 요구하고 있으며, 주한미군과 주일미군은 이를 뒷받침하는 중심 역할을 수행한다. 이런 측면에서 탈냉전기 주한미군과 주일미군의 상관관계는 냉전기 그 어느 시점보다 훨씬 심화되고 상호 유기적으로 연결되어 있다고 볼 수 있다.

미국은 한국과 일본과의 동맹을 축으로 이 지역에 대해 막대한 영향력을 발휘하고 있으며, 주한미군과 주일미군의 역할 확장을 기치로 호주를 포함한 남태평양 국가, 베트남·말레이시아·싱가포르 등 동남아 국가들과 교류협력을 확대하고 있다. 미국은 자국의 전략적 이익을 극대화시키기 위한 수단으로 한국과 일본 주둔 미군을 적극 활용[250]하고 있어, 주한미군과 주일미군의 전략적 역할은 냉전기에 북한과 소련의 위협을 억제하는 데 치중했던 군사적 역할에 더해 탈냉전기에는 정치적·외교적 역할까지 확대되고 있다. 주한미군과 주일미군 간 상관관계는 냉전기에 비해 훨씬 심화되었으며, 동북아 및 아시아·태평양 지역의 군사적 안보를 담당하는 핵심 전력으로 최대한의 플러스적 승수효과를 발휘하고 있는 것으로 평가할 수 있다.

(3) 주한미군과 주일미군의 상호 민감성과 취약성

주한미군과 주일미군의 상관관계가 심화되고 상호 영향력이 증대될수록 주한미군과 주일미군의 일체화 개념이 언급되곤 한다. 만일 한국과 일본에 주둔하고 있는 미군이 하나의 지휘계통 하에서 단일 전역계획에 따라 군사력을 운용하고 배치한다면, 이는 곧 주한미군과 주일미군이 일체화되었음을 의미한다. 그러나 주한미군과 주일미군의 완전한 일체화는 필요시 주일미군사령관이 주한미군 전력의 일부 또는 주한미군사령관이 주일미군 전력의 일부를 작전통제할 수도 있음을 의미할 수 있어, 아직은 현실적 제약사항이 많은 것이 사실이다. 그러나 아시아·태평양 지역의 전략적 중요성이 부각될수록 주한미군과 주일미군의 상호운용성의 완전한 보장, 주한미군과 주일미군 상호간 긴밀히 협조된 통합작전계획의 발전 필요성은 증대되고 있다.

북한의 핵·미사일 능력이 고도화되면서 북한의 군사적 위협이 더 이상 한반도에 국한된 문제가 아니게 되었으며, 중국의 부상은 아시아·태평양 지역 전역에 걸쳐 대응해야 할 중대한 군사적 현안이 되었다. 작전을 수행할 전구의 범위가 넓어지고 북한 및 중국·러시아 등 소위 수정주의 세력의 위협에 동시에 대비해야 할 필요성이 증대되면서 주한미군과 주일미군이 상호 협조된 전구작전을 수행할 필요성 역시 배가되었다. 오늘날 주한미군과 주일미군, 그리고 동맹국·우방국 군의 상호운용성을 강조하는 이유는 바로 이 때문이다. 상대해야 할 위협의 수준과 범위가 커지고 주한미군과 주일미군의 상관관계가 보다 심화되면서 주한미군과 주일미군의 일체화를 향한 행보 역시 가속화될 것으로 예측할 수 있다.

앞에서 탈냉전기 들어 주한미군과 주일미군의 상관관계가 심화되면서 그 상관관계가 긍정적인 방향의 승수효과를 발휘하고 있음을 언급했다. 그러나 주한미군과 주일미군의 상관관계가 심화될수록 상호간 민감성과 취약성 또한 증가하고 있다. 한미동맹과 미일동맹이 보여주고 있는 동맹의 결속력은 한국과 일본의 주한미군과 주일미군의 전략적 변화를 수용하려는 의지에 영향을 미치고 있으며, 한일관계, 아시아·태평양 지역 내 위협 우선순위와 미군 전력 배치의 불균형성 등은 주한미군과 주일미군 상호간 민감성과 취약성을 유발시키는 요인으로 작용하고 있다.

동맹의 결속력

동맹의 결속력은 동맹국 상호간 협력을 촉진시키고 동맹의 지속적 변화를 수용하는 데 중요한 영향을 미친다. 동맹의 목표를 달성하기 위해서는 동맹의 결속력을 강화하는 것이 중요하나, 동맹국 간에도 갈등과 협력이 반복되는 것은 어쩔 수 없는 현실이기도 하다.

동맹국이 정치·경제·사회·문화 등 제 분야에 걸쳐 동질적인 방향으로 나아가고 있고 동맹국 상호간 교류협력이 활성화되고 있다면, 동맹의 결속력은 유지되거나 강화될 가능성이 높다. 반대로 동맹이 지속되고 있음에도 불구하고 동맹의 비용 부담 문제로 갈등이 유발되거나 군사협력이 미흡한 경우 동맹의 결속력은 약화될 수 있다.[251]

한미동맹과 미일동맹은 양국의 국력의 차이가 큰 비대칭 동맹으로 출발했으나, 동맹을 진화시키는 과정에서 상당한 차이점을 보여주었다. 현재 한미동맹은 인권·민주주의 등 공통의 가치를 공유하고 글로벌 파트너십을 지향하는 포괄적 전략동맹을 지향하고 있으나, 미국의 동맹 부담 확대 요구, 한국의 국력신장에 따른 안보자율성 확대 요구 등으로 인한 잠재적 갈등 가능성 또한 노정되어 있다.

미일동맹 역시 주일미군기지 이전 문제와 일본 내 안보자율성 확대 요구 등이 분출되면서 동맹의 갈등과 협력이 반복되고 있다. 그러나 전반적으로 미일동맹은 동맹의 결속력 측면에서 미영동맹 수준으로의 동맹 격상을 지향하고 있다. 미일동맹의 격상과 관련하여 아미타지Richard L. Armitage

와 나이[Joseph S. Nye]는 향후 미일동맹의 가장 큰 위협은 중국으로, 미국과 일본은 식스 아이즈 네트워크[Six Eyes Network]를 향해 더욱 심대한 노력을 기울여야 한다고 제언하고 있다.[252]

동맹의 결속력은 양국 간 군사협력의 질적·양적 수준에 심대한 영향을 미친다. 미일동맹이 공고화되면서 주일미군의 작전 범위는 범세계적으로 확장 중이며, 사이버·우주 등 새로운 영역에서 작전수행 개념 발전, 첨단 군사과학기술 공동연구, 차세대 무기체계의 공동개발 등 군사협력의 범위도 확대되어가고 있다. 한미동맹과 미일동맹 간 결속력 차이는 동맹의 진화 속도와 범위에도 상당한 영향을 주고 있으며, 이러한 차이는 주일미군과 궤를 같이하려는 주한미군에게 또 다른 도전이 되고 있다.

한일관계

한국은 냉전기에 이어 탈냉전기에도 북한이라는 명백한 군사적 위협에 직면해 있으며, 일본은 냉전기에는 소련, 탈냉전기에 들어서는 중국이라는 잠재적 위협에 직면해 있다. 미국은 한국과 일본을 공산세력의 위협으로부터 방호해야 할 단일 지역으로 간주하고 방위계획을 구상했으며, 한국과는 상호방위조약을, 일본과는 안전보장조약을 체결하여 강력한 군사협력의 틀을 구축했다. 그러나 한국과 일본은 상호간 한미동맹과 미일동맹 수준에 상응하는 군사협력 관계를 맺지 못했으며, 공통의 동맹국을 지니고 있음에도 불구하고 두 나라의 관계는 갈등과 협력을 반복했다.[253]

탈냉전기 한일관계는 한일 간 무역·투자 분야의 비약적 증가, 한일 간 독도·과거사 문제로 인한 갈등, 일본의 역사 왜곡, 양국 간 형성된 반일·반한감정 등 다양한 요인에 의해 영향을 받아왔다. 이러한 요인들은 양국 간 직접적 군사협력의 확대에 상당한 장애요인이 되었으며, 한미일 3국 간 안보협력을 지속하는 데에도 커다란 고려요인이 되어왔다.

한미 군사협력과 미일 군사협력을 토대로 한미일 3각 군사협력을 발전시키고자 하는 미국의 의도는 한일 간 갈등이라는 도전요소에 직면하고 있다. 갈등과 협력이 반복되는 한일관계는 때로는 주한미군과 주일미군이 아시아·태평양 지역의 적절한 안보 분담을 이행하는 데 걸림돌로 작용하고 있다. 현존하는 북한의 위협과 주변국의 잠재적 위협이 한국과 일본 모두에게 공통의 군사적 관심사안임에도 불구하고, 한일 양국 간 연합훈련이나 공동의 대응체계는 미흡한 상태이며, 주한미군과 주일미군의 통합지휘소연습이나 통합미사일방어훈련 등도 시행되지 못하고 있다.

냉전기 한국은 미국의 방기放棄로 인한 한국 안보의 불안정성을 염려했다. 그러나 탈냉전기 들어 한국은 주한미군의 전략적 유연성으로 인해 원하지 않는 분쟁에 한국의 연루 가능성을 우려하게 되었다. 한국은 여전히 한반도 지역방위군으로서의 주한미군의 주둔을 원하는 반면, 주한미군은 동북아 기동군으로서의 역할로 전환을 추진하고 있어, 주한미군의 정체성에 대한 갈등도 내재되어 있는 상태이다. 반면, 일본은 자위대와 주일미군의 일체화를 선택함으로써 오히려 주일미군의 전략적 역할 확대를 촉진시켰다. 이렇듯 한일 양국의 주한미군과 주일미군의 정체성에 대한 상이한 인식 또한 주한미군과 주일미군 상호간 민감성과 취약성을 증가시키는 요인이 되고 있다.

아시아·태평양 지역 위협 우선순위와 미군 전력 배치의 불균형성

냉전 종식 이후 미국이 이라크전과 아프간전을 겪는 동안 중국과 러시아,

북한, 이란 등의 도전세력이 미국의 최대 안보위협으로 등장하면서 미국의 전략적 우선순위는 아시아·태평양 지역으로 전환되었다. 그러나 아시아·태평양 지역의 미군은 여전히 한국과 일본에 집중되어 있다.

미군 전력 배치의 불균형성은 여전히 해소되지 않은 중동지역의 불안정성, 남태평양 지역 패권 확보를 위한 중국의 군사력 현대화 및 반접근/지역거부 전략에 기반한 공세적 군사력 운용 등 아시아·태평양 지역 내 다양한 군사위협에 효율적으로 대응하는 데 제약요인으로 작용하고 있다. 미국은 지금까지 동북아 안보 상황의 안정성 유지를 전제로 주일미군의 7함대와 3해병기동군 전력을 아시아·태평양 지역에서 군사적 위기가 발생 시 즉각 출동시켜왔다. 1958년 중국의 금문도金門島 포격 시 대규모 주일미군 전력의 대만 전개, 1995년 제3차 대만해협 위기 시 7함대 항모전단의 대만 전개, 코소보전쟁이 발발하자 7함대의 항모전단을 중동지역에 파견한 것이 대표적 예이다.

그러나 오늘날 미군은 아시아·태평양 지역 내 미군 배치를 냉전시대의 유산으로 치부한다. 그만큼 미국은 작금의 미군 배치는 광활한 아시아·태평양 지역 안보 상황에 효율적으로 대처하기에는 미흡하다고 평가하고, 이러한 냉전시대 유산의 합리적 재배치가 필요하다고 역설하고 있다. 주한미군과 주일미군이 갖고 있는 취약성은 아시아·태평양 지역 위협에 대비한 전력 배치의 불균형성에서 비롯된다. 주일미군 전력의 역외 투사는 동북아 지역의 안정이 담보되어야 가능한데, 이는 주한미군에게 책임지역 확장, 상시 작전적 기동이 가능한 대비태세의 유지 등 추가적인 부담을 부여하고 있다. 아울러 주한미군과 주일미군이 각기 상이한 전력 구조를 갖추고 있기에 어느 한쪽이 부족하게 되면 이를 대체할 보완 기제가 부족한 것도 취약성을 배가시키는 요인이 된다. 즉, 주한미군과 주일미군의 통합작전수행체계가 완벽히 갖춰지고, 동북아 지역의 안정적 상황관리가 되어야 아시아 · 태평양 지역 내 미군 전력 운용의 융통성을 보장할 수 있다.

유엔사와 유엔사 후방지휘소

한국에 있는 유엔사령부와 일본에 있는 유엔사 후방지휘소와의 관계는 주한미군과 주일미군 상호간 민감성을 대표적으로 보여준다. 유엔사는 전시 유엔사 전력제공국의 부대 · 장비의 일본 전개, 일본 내 작전 지원, 한국에 전개하는 제諸 과정을 조정 · 통제하며, 이를 지원하기 위해 유엔사 후방지휘소를 설치 · 운영하고 있다. 유엔사 후방지휘소는 1950년 7월 24일 일본 도쿄에서 창설된 유엔사가 1957년 7월 1일부 서울로 이전하면서 유엔사 작전 지원을 위해 도쿄 근교 가나가와현 자마 기지에 설치되었으며, 2007년 11월 2일부로 요코다 기지로 이전하여 임무 수행 중이다.

유엔사는 한반도 유사시 유엔사 전력제공국의 후방기지 사용 및 한반도 전개를 지원하기 위해 7개소의 유엔사 후방기지를 운영하고 있다. 일본 본토에 4개소(요코다 공군기지, 자마 기지, 요코스카 해군기지, 사세보 기지)와 오키나와에 3개소(가데나 공군기지, 후텐마 해병항공기지, 화이트 비치)가 있다.

전시 한국에 전개되는 유엔사 전력의 통합, 유엔사령부의 작전 지원, 주일미군 기지 7개소를 유엔사 후방기지로 사용하고 있는 것은 워싱턴 선언(1953년 7월 27일, 16개국 참전국가들이 한국전쟁 재발 시 참전국 군대의 자동 재소집 및 즉각 대응을 워싱턴에서 선언), 1954년 2월 유엔사-일

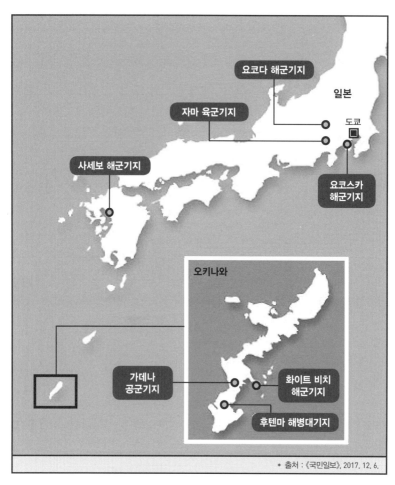

〈그림 4-1〉 유엔사 후방기지

본 정부 간 체결된 주둔군지위협정SOFA[254], '신新미일안보조약' 등에 근거
한다. 유엔사－일본 간 SOFA에 따라 일본은 유엔 결의에 따라 한국에 군
대를 보내는 국가의 군대를 수용하고 지원하며, '신미일안보조약'에 따라
미국은 일본 안전과 극동지역의 평화를 위해 유엔사 기지를 포함하여 주
일미군 기지의 사용을 보장받고 있다.

　유엔사와 유엔사 후방지휘소 간 상호 긴밀성과 민감성은 한국군과 주한미군사, 연합사와의 정보 공유 및 협조를 촉진시키며, 나아가 한일, 한미일 간 군사협력을 촉진시키는 기제로 작용한다. 즉, 한반도 전쟁 재발 시 유엔사 전력제공국은 유엔사에 통합되며, 이후 한반도에 전개되면 주한미군사 또는 연합사로 소속이 전환되어 전투에 참여할 수 있다. 그 과정에서 유엔사 전력제공국 소속의 비전투원에 대한 후송작전NEO, Non-Combatant Evacuation Operation과 일본·한국으로 전개되는 병력·장비의 수용·대기·전방이동 및 통합RSOI, Reception, Staging, Onward Movement, Integration에 대한 협조가 필수적이며, 한미일 3국간 군수지원 및 상호 정보 공유에 대한 협력을 필요로 한다.

유엔사는 동북아에서 다국적 국방협력을 촉진시킬 수 있는 조직이며, 유엔사 후방지휘소 및 후방기지는 이를 실질적으로 이행하고 지원하는 역할을 한다. 그러나 한편으로는 유엔사가 미국 주도 하에 동북아에서 다국적 국방협력을 촉진시키는 기능에 집중하게 될 경우, 동북아 안보 상황의 불안정성이 더욱 심화될 가능성 또한 배제할 수 없다. 이는 유엔사가 미 합참의 통제를 받는 미국 주도의 다국적군 사령부의 성격도 일정 부분 가지고 있기 때문이다.

유엔사와 유엔사 후방지휘소는 어느 한 조직의 존립 근거가 상실될 경우 다른 조직의 존립에 자동적으로 영향을 주는 민감한 관계를 형성하고 있다. 현재 다국적 참모단이 유엔사와 유엔사 후방지휘소에 보직되어 임무를 수행 중이며, 주한미군과 주일미군이 유엔사와 유엔사 후방기지의 역할과 기능의 확장을 견인하고 있다.

결 론

탈냉전기에 주한미군과 주일미군은 동북아 지역의 안정을 유지하고 아시아·태평양 지역의 전략적 유동성에 신속히 대응하기 위한 핵심적인 역할을 수행하고 있다. 냉전기에 소련의 위협을 봉쇄하기 위해 동북아에 전진배치되었던 주한미군과 주일미군은 탈냉전기에 들어 각각 동북아의 작전적 기동군으로서, 아시아·태평양 지역의 전략적 기동군으로서 변모했다. 이러한 변화는 미국의 안보·국방전략의 변화와 더불어 동맹국인 한국과 일본의 대미 동맹전략 및 안보자율성 확대 노력에 기인한 바가 크다.

주한미군과 주일미군은 전력 구조가 서로 다르지만, 상호 결합되면 육·해·공군 및 해병대가 모두 편성된 완전체의 전력 구조를 갖추게 된다. 주한미군과 주일미군을 합친 병력 규모는 약 8만 명 수준에서 유지되고 있으나, 전차·장갑차·아파치 헬기 등으로 무장된 기동화된 육군, 핵항모를 주축으로 한 항모전투단, F-15 등 최신예 전투기를 보유한 첨단

공군 전력, 자체 비행사단을 보유하고 있는 해병기동군 등으로 편성되어 있다.

미국은 냉전기 소련을 비롯한 공산주의 세력의 위협을 차단하기 위해 한국과 이웃나라인 일본에 대규모 미군을 배치했다. 미국은 주한미군과 주일미군의 편성을 달리하여 상호 보완적인 역할을 수행하게 함으로써 최대한의 승수효과를 발휘하도록 했고, 주한미군과 주일미군을 축으로 아시아·태평양 지역에서 다국적 안보협력을 견인하고 있다.

지금까지의 기술을 토대로 한반도와 동북아, 그리고 아시아·태평양 지역 안보에 있어 주한미군과 주일미군의 가치와 역할 변화, 상호 간 상관관계에 대해 요약하면 다음과 같다. 첫째, 주한미군과 주일미군은 전략적 가치뿐만 아니라 정치적·경제적 가치를 지닌다. 주한미군은 북한의 대량살상무기 개발 및 도발행위에 대한 강력한 억제력을 발휘하면서 한국군의 전력 증강을 견인하고, 일본을 보호하면서 동북아에서 북한 및 중국의 위협을 견제하는 전진배치 전력이다. 주일미군은 태평양 지역 안보전략 구현을 위한 전략적 요충지에 위치하고 있기 때문에 미국이 아시아·태평양 지역으로 미군 전력을 투사하는 데 시간과 자원을 절약할 수 있게 해준다. 또한, 일본과 기술적 협력을 통해 일본이 미국의 첨단무기 개발의 공동 파트너가 될 수 있도록 기여했으며, 21세기 미국의 인도·태평양 전략의 궁극 목표인 중국 견제를 가능하게 하는 핵심 군사 요소이다.

둘째, 탈냉전기에 들어 주한미군과 주일미군의 역할 변화와 더불어 상호 간의 상관관계가 더욱 심화되었다. 냉전기에 주한미군은 한반도 방위를 위한 인계철선 역할을 수행하면서 한국군의 능력을 증대시키고, 동북아에서 소련의 위협을 봉쇄하는 전진배치전력으로서 역할을 수행했다. 그러나 탈냉전기에 들어 주한미군은 작전적 기동성이 확대되면서 한반도에 고정배치된 전력의 성격에서 탈피하여 지역적·범세계적 차원의 역할을 모색하는 작전적 수준의 전력으로 변환하기 시작했다. 주한미군의 역할 변화는 주한미군의 전략적 유연성 확대, 주한미군 순환배치 등 미국의 동북아 국방전략과 함께 평택·대구 권역으로의 주한미군 재배치, 작전통제권 환수 등 한국 정부·군의 의지, 한국 안보를 담당하는 한국군의 역할 증대 등이 복합적으로 작용한 결과이기도 하다.

주일미군은 냉전기 주한미군과 함께 극동지역의 첨단 방위전력으로서의 역할을 수행했다. 또한, 미일안보조약에 따라 일본의 안전을 보장하면서 극동지역에서 발생할 수 있는 국지전을 억제하고, 동북아에서 소련과 중국의 군사력과 균형을 유지하면서 남방 해역의 전략적 교통로를 보호하는 등 아시아·태평양 지역에 신속 투입 가능한 신속대응군으로서의 역할을 수행했다. 그러나 탈냉전기에 들어 전략적 기동군으로서의 주일미군의 역할과 중요성은 한층 더 확대되었다. 주일미군은 동북아 지역의 첨단 방위전력으로서 일본을 포함한 동북아 안전을 보장하면서 아시아·태평양 지역의 전략적 균형자로서 대중 견제 및 역내 신속대응, 그리고 미국의 범세계적 전력 투사를 위한 전략적 허브 기지를 제공하는 등의 역할을 수행하고 있다.

셋째, 주한미군과 주일미군 간 상관관계는 미국의 공격적 현실주의에 기반한 아시아·태평양 국방전략이 추진되면서 더욱 심화되었으며, 이러한 상호 간의 긴밀성은 주한미군의 역할이 확대되면서 주일미군의 역할 확대를 촉진시키기도 했고, 역으로 주일미군의 역할이 확대되면서 주한미군의 기능과 역할이 확대되는 형태로도 발전했다.

주한미군과 주일미군의 전력 구조는 상호 보완적이다. 육군과 공군 위주의 주한미군은 해·공군 및 해병 위주의 주일미군과 보완적 관계를 형성한다. 한국과 일본을 하나의 전구로 상정하면, 강력한 기갑·기계화 전력으로 무장된 육군은 한국에 주둔하여 북방 위협에 대비하고, F-16 등 전술공군이 육군의 전력을 지원하게끔 되어 있다. 해군은 천혜의 해상기지를 제공하는 일본 요코스카 및 사세보에 주력함대를 배치함으로써 북방·남방 등 어느 곳이라도 전개가 가능하고, 오키나와에 배치된 주일미군의 해병 전력은 대만·남중국해 등 아시아·태평양 지역 내 핵심 지역에 신속 전개할 수 있는 전력이다. 주일미군의 공군은 F-15, 조기경보기, 공중급유기 등의 전력을 갖추고 있어 주한미군을 후방에서 지원하면서 역내 어느 곳이라도 전개하여 항공작전을 수행할 수 있다. 즉, 주한미군과 주일미군은 한국·일본 등 동북아뿐만 아니라 아시아·태평양 지역 전역에 대비할 수 있는 상호 보완적인 전력 구조를 갖고 있으며, 만일 주한미군과 주일미군의 상호 운용성이 보장되면 그 능력은 훨씬 배가됨을 알 수 있다.

이러한 군사적 효용성 때문에 미국은 주한미군과 주일미군의 전략적 유연성 확대 노력을 지속해왔다. 연합연습 및 훈련 지역을 태평양 지역 전역으로 확장했고, 훈련의 양과 질적 측면에서도 과거 전통적 군사훈련에서 육·해·공 합동훈련, 인도주의적 지원, 재난·재해, 테러, PKO 등 다양한 전통적·비전통적 훈련을 실시하고 있다. 아울러 한국·일본·호주·캐나다·동남아 국가 등이 참여하는 다국적·다자 안보협력을 적극 추진하고 있다.

넷째, 미국의 국방전략뿐만 아니라 한국과 일본의 안보자율성의 확대 노력은 주한미군과 주일미군의 역할 변화를 불러온 변수로서 크게 작용했다. 특히, 그 과정에서 한국과 일본의 안보자율성 확대 노력이 상이한 방향으로 나아갔다. 한국은 한국군의 전력 증강을 도모하면서 군사적 자율성을 확대하려는 차원으로 접근했고, 이러한 한국의 정책적 선택으로 주한미군 역시 스스로의 역할 변화를 모색한 측면이 있다고 이해할 수 있다.

반면, 일본은 미일 안보협력을 적극 추진하면서 자위대와 주일미군의 일체화를 선택했고, 이를 통해 자위대의 역할과 능력을 확장하는 방향을 추구했다. 주일미군은 이러한 일본의 노력에 힘입어 자연스럽게 그 역할과 범위를 아시아·태평양 지역 전역으로 넓혀갈 수 있었다.

결과적으로 탈냉전기 주한미군과 주일미군은 각각 동북아 작전적 기동전력과 아시아·태평양 지역의 신속대응전력 및 전략적 기동전력으로 역할이 전환되면서 상호 간 승수효과가 극대화되고 있다. 주한미군이 한반도를 넘어 동북아 지역의 안정을 위한 전력으로 역할이 확대되면서, 주일미군은 동북아 영역을 넘어 보다 확장된 지역으로 전력을 투사할 수 있게 되었다. 아울러 미일 안보협력체제를 기반으로 한 미국의 아시아·태평양 전략은 주일미군의 능력과 활동 범위의 확대를 요구하게 되었으며, 이는 자연스럽게 주한미군의 역할 확대로 이어졌다.

필자는 지금까지의 논거를 토대로 향후 우리가 유념해야 할 몇 가지 정책적 함의를 제시하고자 한다. 우선 아시아·태평양 지역 안보 상황의 불안정성이 증가하고 미국의 인도·태평양 전략이 본격적으로 추진되면서 그에 따라 주한미군의 전력 구조·규모·운용 개념이 변화할 가능성이 있다는 것이다. 한국과 미국이 이미 주한미군의 전략적 유연성과 순환배치에 합의함으로써 제도적 장치는 마련된 상황이니, 향후 주한미군은 주일미군과 상호 보완적 역할 분담을 통해 동북아 안보의 핵심적 역할을 떠맡을 가능성이 증가할 것이다. 이를 위해 미국은 현재 부족한 주한미군 지상군의 기동력을 보완하고, 주한미군의 편성·전력 구조의 변화를 모색할 가능성이 있다. 또한 한국 방위를 위한 주도적 역할이 한국군으로 전환되면, 주한미군은 한반도 방위를 위한 군사적 역할을 줄여나가면서 동북아 안보를 위한 정치적·전략적 역할을 보다 강화할 것으로 예상할 수 있다.

둘째, 주일미군의 전략적 중요성은 앞으로 더욱 커질 것이다. 현재 주일미군은 일본의 안보 차원을 넘어 동북아 전체의 안정과 아시아·태평양 지역 세력균형 유지에 커다란 영향력을 발휘하고 있다. 주일미군은 중국의 군사적 위협에 단기간 내 신속하게 대응할 수 있는 유일한 군사력이다. 이러한 이유로 중국은 주일미군을 중국의 강군몽强軍夢 실현의 걸림돌로 인식하고 있고, 특히 주일미군의 대만 지원 능력을 가장 큰 장애요소로 생각하고 있다. 중국의 군사력이 증강될수록 아시아·태평양 지역에서 군사적 균형을 유지하기 위한 미국의 군사력 증강 및 재배치 가능성도 더욱 커질 것이며, 이는 주한미군과 주일미군의 재배치에도 영향을 미칠 가능성이 있다.

셋째, 미국은 동북아 지역에서의 패권 유지와 아시아·태평양 지역에서의 세력균형을 위해 미일동맹을 핵심으로 한 국방전략을 지속적으로 유지할 것으로 예상된다. 중일 간 영토분쟁이 벌어지고 있는 센카쿠 열도가 미일안보조약의 적용 지역임을 확인하면서 일본을 지지하고, 대만해협과 남중국해에서 현시한 항행의 자유 원칙을 인도·태평양 전역에 걸쳐 적용할 것이다. 이를 위해 주일미군은 현재의 탄력적 대비태세를 유지하면서 아시아·태평양 지역의 유동성에 대비하기 위한 전력 현대화를 추진하고, 유연하고 예측하기 어려운 전력 운용을 계속 시행할 것이다. 이러한 주일미군 전력 운용은 동북아 안보의 불안정성을 자극할 수 있으며, 향후 역내 미국과 중국·러시아 등 제3국과의 직접적인 분쟁 가능성 또는 역내 분쟁에 주한미군이 연루될 가능성을 높일 것이다.

넷째, 동북아 지역은 북한 핵·미사일 문제, 중국의 경제성장과 군사력 증강, 러시아의 세력확장 등 향후 상당 기간 안보적 불안정성에 직면하게 될 것이지만, 주한미군과 주일미군의 독립적 능력만으로는 이러한 위협에 대비할 수 없을 것으로 본다. 이에 따라 미국은 한국·일본 등 동북아 지역을 하나의 작전 전구로 판단하고 주한미군과 주일미군 전력을 통합 운용하는 전략과 작전수행 개념을 발전시킬 가능성이 높다. 이는 아시아 안보 지형의 상당한 변화를 초래할 수 있으며, 한국군과 일본 자위대에게도 큰 도전이 될 것이다.

주한미군과 주일미군의 역할이 확대되고 그 능력이 증강될수록 주한미군과 주일미군이 상호 협력하여 얻는 승수효과는 배가된다. 이러한 이유로 미국은 한미동맹과 미일동맹의 결속력을 굳건히 하면서 한국과 일본의 건설적 군사협력을 독려하고 있다. 따라서 앞에서 제시한 정책적 함의를 기초로 앞으로 주한미군과 주일미군이 어떻게 재편될 것이며, 이것이 미국의 전략과 한반도 안보에 미치는 영향을 예의주시할 필요가 있다.

주한미군과 주일미군은 한미동맹과 미일동맹을 지탱하는 핵심 축으로, 미국의 안보전략과 한반도·동북아 안보에서 매우 중요한 위치를 차지한다. 특히 탈냉전기 들어 주한미군은 그 역할이 확대되면서 주일미군과의 상관성이 더욱 심화되었고, 그에 따른 안보적 민감성과 취약성 또한 증가하고 있다. 이러한 중요성에도 불구하고 지금까지 국내외에서 주한미군과 주일미군을 상호 연계해 고찰한 시도는 별로 없었다. 따라서 이 책은 한국의 국익의 관점에서 미국의 국방전략과 군사전략, 한국과 일본의 대미동맹전략이 주한미군과 주일미군의 역할 변화를 어떻게 촉진시켰는지, 또 주한미군과 주일미군이 어떻게 연계되어 있는지 조명했다는 데 큰 의의가 있다.

주(註)

★ **CHAPTER I** ★ **미국의 국가안보전략 체계와 국제정치 이론**

1 이성만 외,『국가안보의 이론과 실제』(서울: 오름, 2018), pp. 100-102.

2 박창희,『군사전략론: 국가대전략과 작전술의 원천』(서울: 플래닛미디어, 2018), p. 112.

3 국방대학교 합동참모대학,『미 국방부 군사용어사전(DOD Dictionary of Military and Associated Terms)』(서울: 합참, 2008), p. 290.

4 2020년 현재 미국의 통합전투사령부(Unified Combatant Command)는 7개의 전구사령부(인도·태평양사, 유럽사, 중부사, 아프리카사, 남부사, 북부사, 우주사)와 4개의 기능사령부(사이버사, 전략사, 특수전사, 수송사)가 있다.

5 John Baylis, Steve Smith & Patricia Owens, *The Globalization of World Politics*, 하영선 외 옮김,『세계정치론』(서울: 을유문화사, 2018), p. 141.

6 John J. Mearsheimer, *The Tragedy of Great Power Politics*, 이춘근 옮김,『강대국 국제정치의 비극: 미중 패권경쟁의 시대』(서울: 김앤김북스, 2017), pp. 73-75.

7 앞의 책, p. 39.

8 앞의 책, pp. 87-88.

9 김광주, "중국의 동아시아 내해화 전략의 형성요인에 관한 연구: 미어샤이머의 공세적 현실주의 시각을 중심으로", 한남대학교 대학원 박사학위논문(2017), pp. 25-26.

10 황영배. "군사동맹의 지속성: 세력균형론과 세력전이론",『한국정치학회보』제29집 3호(1996) pp. 333-358.

11 Kurt Campbell, *The Pivot: The Future of American Statecraft in Asia*, 이재현 옮김, 『피벗: 미국 아시아 전략의 미래』(서울: 아산정책연구원, 2020), p. 194.

12 Zbigniew Brzezinski & John J. Mearsheimer, "Debate: Clash of the Titans", *Foreign Policy*, Vol. 146 (January/February 2005), p. 50.

13 김광주, "중국의 동아시아 내해화 전략의 형성요인에 관한 연구: 미어샤이머의 공세적 현실주의 시각을 중심으로", 한남대학교 대학원 박사학위논문(2017), p. 27.

14 이영섭, "미국의 대중국 군사전략 진화의 특징과 결정요인: 공해전투로부터 JAM-GC 까지", 경남대학교 대학원 박사학위 논문(2020), p. 23.

15 Ole R. Holsti, P. Terrence Hopman and John D. Sullivan, *Unity and Integration in International Alliance: Comparative Studies* (New York: John Wiley and Sons, 1973), p. 4.

16 Stephen M. Walt, *The Origins of Alliances* (Ithaca: Cornell University Press, 1987), p. 1.

17 Joseph S. Nye. Jr, *Understanding International Conflicts: An Introduction to Theory and History*, 양준희 · 이종삼 옮김, 『국제분쟁의 이해: 이론과 역사』(경기: 한울. 2009). p. 124.

18 이성만 외, 『국가안보의 이론과 실제』, p. 154.

19 전인범, "미 닉슨 · 부시 ('01. 1~'09. 1) 행정부 시기 주한미군 감축결정 비교연구", 경남대학교 정치외교학과 박사학위 논문(2009), pp. 20-21.

20 Kenneth N. Waltz, *Theory of International Politics* (Menlo Park, CA: Addison-Wesley, 1983), pp. 123-125; 이근욱, 『왈츠 이후 국제정치이론의 변화와 발전』(서울: 한울, 2009), p. 121.

21 Stephen M. Walt, *The Origins of Alliances* (Ithaca: Cornell University Press, 1987), pp. 21-25.

22 이성만 외, 『국가안보의 이론과 실제』, pp. 156-157.

23 Randall L. Schweller, "Bandwagoning for Profit: Bringing the Revisionist State Back In", *International Security*, Vol 19, No. 1 (Summer, 1994), p. 106.

24 Michael F. Altfeld, "The Decision to Ally: A Theory and Test", *The Western Political Quarterly*, Vol. 37, No. 4 (Dec. 1984), pp. 523-544.

25 James D. Morrow, "Alliances and Asymmetry: An Alternative to the Capability Aggregation Model of Alliances", *American Journal of Political Science*, Vol. 35, No. 4 (November 1991), pp. 922-923.

26 이석호, "약소국 외교정책론", 이상우·하영선, 『현대국제정치학』(서울: 나남, 1992), pp. 524-525.

27 Robert Jervis, *The Logic of Image in International Relations* (Princeton: Princeton University Press, 1970), pp. 87-88.

28 이기완, "동맹정치의 변화와 동맹관계: 한미·미일동맹을 중심으로", 국방대학교 안보문제연구소, 『국방연구』 제53권 1호(2010), pp. 29-31.

29 이우태, "한미동맹의 비대칭성과 동맹의 발전방향", 한국정치정보학회, 『정치정보연구』, 제19권 1호(2016), p. 63.

30 박휘락, "한미동맹과 미일동맹의 비교: 자율성-안보교환 모델의 적용", 『국가전략』 제22권 2호(2016), pp. 40-41.

★ CHAPTER 2 ★ 냉전기 미국의 국방전략과 주한미군과 주일미군의 역할

31 김명섭, "냉전초기 봉쇄전략의 탄생: 조치 F. 케난이 유일한 설계자였나?", 『국제정치논총』, 제49집 1호(2009), p. 78

32 원어로는 "I believe that it must be the policy of the United States to support free peoples who are resisting attempted subjugation by armed minorities or by outside pressure"이다.(U. S. Embassy & Consulate in South Korea, Harry S. Truman: The Truman Doctrine, 1947)

33 제2차 세계대전 후, 1947년부터 1951년까지 미국이 서유럽 16개 나라에 행한 대외원조계획이다. 정식 명칭은 유럽부흥계획(European Recovery Program, ERP)이지만, 당시 미국의 국무장관이었던 마셜(G. C. Marshall)이 처음으로 공식 제안했기에 '마셜 플랜'이라고 한다.

34 마셜 플랜을 집행하기 위해 세워진 기구로서 영국, 프랑스, 벨기에 등 18개 나라가 참가하여 1948년 설립되었으며, 유럽 경제가 정상화되면서 1961년에 해체되었다.

35 National Security Council Report, NSC 68, United States Objectives and Programs for National Security, Aril 14, 1950, p. 6.

36 NSC 68, p. 60.

37 Acheson의 "Speech on the Far East" 연설; https://www.cia.gov/readingroom/ docs/1950-01-12.pdf(검색일: 2020년 6월 12일).

38 김일수 · 윤혜영, "냉전과 미국의 개입주의의 전개: 미국의 대한반도 정책을 중심으로", 「한국 동북아논총」(한국동북아학회), 61호(2011), pp. 195-218.

39 Branislav L. Slantchev, *National Security Strategy: The New Look, 1953-1960* (San Diego: University of California, San Diego, 2019), p. 4.

40 김창래, "일본의 방위력 증강에 관한 연구: 미일 안보협력체제의 변화를 중심으로", 경남대학교 박사학위 논문(2001), p. 21.

41 황정호, "미국의 안보전략과 주한미군 역할에 관한 연구", 한양대학교 박사학위논문(2008), p. 17.

42 동(同) 내용은 "미 국가안전보장회의가 트루먼 대통령에게 제출한 NSC 8/2: 한국에 관한 미국의 입장" 전문 중 2.a. "NSC 8에 규정된 미국의 대한정책 목표"에 제시되어 있다.

43 김일영 · 조성렬, 『주한미군 역사 쟁점 전망』(서울: 한울, 2003), pp. 47-50.

44 Kim, Il Su, "American President, Containment, and Security on the Korean peninsula From the Truman to Ford Administration", 「한국 동북아논총」 제10호, 한국동북아학회, 1999, pp. 313-331.

45 김일영 · 조성렬, 『주한미군 역사 쟁점 전망』, p. 80.

46 Hans M. Kristensen & Robert S. Norris, "A history of US nuclear weapons in South Korea", *Bulletin of the Atomic Scientists*, vol 73. No. 6. 2017. pp. 349-357.

47 남창희, "탈냉전시 주일미군의 역할에 관한 연구, 미국의 현실주의적 대아시아 안보정책의 타성력", 「한국정치학회보」 제30집 3호, 한국정치학회, 1996, pp. 361-380.

48 전체 5조로 구성된 이 조약의 제1조에서 "일본은 미국 육 · 해 · 공군을 일본 국내 및 그 부근에 배비하는 것을 허여함"을 명시했다.

49 박영준, "일본의 대미정책: 동맹표류와 동맹재정의 과정을 중심으로", 한용섭 편, 『자주냐 동맹이냐: 21세기 한국 안보외교의 진로』(서울: 오름, 2005), pp. 398-402.

50 한국, 일본, 필리핀 등 남서태평양 지역에 주둔하던 미군을 통제하는 사령부로서 초대 사령관은 더글러스 맥아더이며, 본부는 일본 도쿄에 있었다.

51 Joint Communique of Japanese Prime Minister Kishi and U. S. President Eisenhower issued on June 21, 1957.

52 신미일안보조약 제6조에 "For the purpose of contributing to the security of

Japan and the maintenance of international peace and security in the Far east, the United States of America is granted the use by its land, air and naval forces of facilities and areas in Japan"로 명시.

53 장준갑, "케네디 행정부의 대한정책(1961-1963) 간섭인가 협력인가?", 「미국사 연구」 (한국미국사학회), 25(2007), pp. 133-157.

54 마상윤, "근대화 이데올로기와 미국의 대한정책: 케네디 행정부와 5·16 쿠데타", 「국제정치논총」(한국국제정치학회) 42(3)(2002), pp. 225-247.

55 Lieutenant Colonel Peter F. Witteried, *A Strategy of Flexible Response*, U. S. Army War College. pp. 7-8

56 Address by Secretary of Defense McNamara at the Ministerial Meeting of the North Atlantic Council. 1962년 5월 5일.

57 Kim, Il Su, "American President, Containment, and Security on the Korean peninsula From the Truman to Ford Administration", 「한국 동북아논총」 제10호 (1999), pp. 313-331.

58 이근욱, 『쿠바 미사일 위기: 냉전기간 가장 위험한 순간』(서울: 서강대학교, 2013), pp. 65-70.

59 1964년 베트남 동쪽 통킹만에서 일어난 북베트남 경비정과 미군 구축함의 해상 전투.

60 Lyndon B. Johnson Address at Johns Hopkins University: "Peace without Conquest"; https://www.presidency.ucsb.edu/documents/address-johns-hop-kins-university-peace-without-conquest.(검색일: 2020년 6월 20일)

61 이리에 아키라, 이성환 옮김, 『일본의 외교』(서울: 푸른 미디어, 2002), p. 231.

62 장준갑, "케네디 행정부의 대한정책(1961-1963) 간섭인가 협력인가?", 「미국사 연구」 (한국미국사학회), 25(2007), p. 139.

63 Office of the Historian. Foreign Relations of the United States, 1964-1968, Volume XXIX, Part 1, Korea, 50. Memorandum of Conversation

64 Joint Statement following discussions with President Park of Korea. The American Presidency Project. Lyndon B. Johnson (https://www.presidency.ucsb.edu/)

65 오키나와는 57개의 섬으로 이루어진 제도로서 오늘날 오키나와현을 뜻한다. 류큐 왕국으로 유지해오다가 1609년 일본에 의해 정복되었으며, 1879년 메이지 정부가 오키나와라는 이름으로 일본에 편입했다. 제2차 세계대전 당시 일본 내 유일하게 지상전을 수행

했던 곳으로, 1945년 4월 미군이 상륙한 이래 27년간 미군정에 의해 통치를 받았다. 1969년 11월 미국의 닉슨 대통령과 일본의 사토 총리 간 회의에서 1972년에 반환을 약속했고, 1971년 6월 17일 미국과 일본 사이에 오키나와 반환 협정이 조인된 이후 1972년 5월 15일에 협정이 발효됨으로써 오키나와는 일본으로 복귀되었다.

66 보닌 제도(일본 오가사와라 제도)는 태평양의 화산 섬으로 이루어진 제도로서, 행정구역상으로 도쿄에 속해 있다. 1875년 공식적으로 일본의 영토가 되었고, 제2차 세계대전이 끝난 후 미국에 의해 점령당했다가 1968년에 일본에 반환되었다.

67 Office of the Historian. Foreign Relations of the United States, 1964-1968, Volume XXIX, Part 2, Japan. 41. Memorandum of Conversation.

68 The World and Japan Database. Database of Japanese Politics and International Relations. National Graduate Institute for Policy Studies, The University of Tokyo. "Joint Statement of Japanese Prime Minister and U.S. President Johnson" 제11조.

69 Joint Statement of Japanese Prime Minister and U.S. President Johnson, 1967. 11. 15.

70 '데탕트'라는 단어는 프랑스어에서 유래했으며 '긴장완화'라는 뜻을 지닌다. 닉슨 행정부가 자신의 외교정책을 표현하기 위해 처음 사용했다. 김진웅, "미국의 대소 데탕트 정책의 성격", 「역사교육논집」 제23 · 24편, pp. 263-284.

71 중소 양국은 냉전시대 초기 이념적 동질감으로 돈독한 관계를 유지했으나, 1953년 스탈린 사망 이후 소련이 스탈린 격하 운동을 전개하는 등 수정주의 노선을 채택하면서 이념분쟁을 포함한 대립관계가 지속되었다. 이념분쟁으로 촉발된 중소 간의 갈등은 1969년 진보도에서 군사충돌(중소 간 국경분쟁)로 갈등의 골이 깊어지게 되었고, 급기야 중국은 미국과의 관계 개선을 추진하게 되었다.

72 김진웅, "미국의 대소 데탕트 정책의 성격", 「역사교육논집」 제23 · 24편, p. 273.

73 Foreign Relations of the United States, 1969-1976: Vol I, Foundations of Foreign Policy, Office of the Historian, Foreign Service Institute, US Department of State; https://history.state.gov/historicaldocuments/frus1969-76v01/d29(검색일: 2020년 6월 23일).

74 Treaty between the United States of America and the Union of Soviet Socialist Republics on the Limitations of Strategic Offensive Arms, together with Agreed Statements and Common Understanding Regarding the Treaty. signed at Vienna June 18, 1979.

75 Address by President Carter on the State of the Union before a Joint Session of Congress. Washington, January 23, 1980.

76 The U.S. Department of State. News Release. "President Ford's Pacific Doctrine", Washington D.C.: December 7. 1975.

77 Memorandum from President Nixon to the President's Assistant for National Security Affairs (Kissinger), November 24, 1969. (출처 : Foreign Relations of the United States, 1969-1976: Vol XIX, Part 1, Korea, Office of the Historian, Foreign Service Institute, US Department of State)

78 National Security Decision Memorandum 48, March 20. 1970.

79 National Security Decision Memorandum 129, September 2. 1971.

80 Report by John H. Holdridge of the National Security Council Staff. April 16. 1971.

81 홀드리지(Holdridge)의 보고서는 주한미지상군을 감축하는 대신 54대의 F-4 팬텀기를 한국에 추가적으로 배치하여 기존에 보유하고 있던 미군의 77대의 F-5E 전투기와 한국군의 18대의 F-4 전투기를 합쳐 총 149대의 고성능 전투기가 한국에 배치됨으로써 공군력이 증강될 것으로 적시했다.

82 Kim, Il Su, "American President, Containment, and Security on the Korean peninsula From the Truman to Ford Administration", 「한국 동북아논총」 제10호, 한국동북아학회, 1999, p. 326.

83 Memorandum of Conversation, Seoul, November 22, 1974.

84 National Security Decision Memorandum 282, Washington, January 9, 1975.

85 Telegram 206084 From the Department of state to the Embassy in the Republic of Korea, August 19, 1976, 011OZ.

86 Joe Wood, "Persuading a President: Jimmy Carter and American Troops in Korea", President and Fellows of Harvard College, 1996, pp. 97-111.

87 1979년 6월 30일 한미 정상회담 이후 박정희 대통령은 인권정책의 개선의지로서 향후 6개월간 180명의 정치범을 석방하겠다는 의사를 주한미국대사에게 전달했으며, 카터 대통령은 7월 20일 주한미군 철수를 추진하지 않을 것임을 공식 발표했다.

88 National Security Decision Memorandum 13, May 28. 1969: Policy toward Japan.

89 연합뉴스, 2020년 1월 6일자.

90 防衛廳,『防衛白書 1994』자료 23.

91 김창래, "일본의 방위력 증강에 관한 연구: 미일 안보협력체제의 변화를 중심으로", 경남대학교 대학원 박사학위논문, 2001, p. 41.

92 레이건 대통령은 1983년 3월 8일 '악의 제국(Evil Empire)' 연설에서 소련을 "악의 제국"으로 묘사하고, "현대사회의 악의 중심(the focus of evil in the modern world)"으로 선언했다.

93 1983년 3월 23일 레이건 대통령은 '방위 및 국가안보에 대한 연설(Address to the Nation on Defense and National Security)'을 통해 미국의 고도화된 산업·기술력을 바탕으로 전략핵미사일의 위협을 제거할 수 있는 포괄적이고 광범위한 노력을 해줄 것을 미국의 과학자들에게 주문했으며, 이 연설은 'SDI 스피치(SDI speech)'라고 불린다.

94 레이건은 1987년 6월 12일 독일 브란덴부르크 문에서 다음과 같이 선언했다. "미국은 변화와 개방을 환영합니다. 우리는 자유와 안보가 함께 동행한다고 믿으며, 인간의 자유를 추구하는 것이 세계평화의 원인을 강화시킨다고 믿습니다. 고르바초프 서기장, 만약 당신이 평화를 추구하고, 만약 당신이 소련과 동유럽의 번영을 원한다면, 만약 당신이 자유화를 원한다면 이 문으로 오십시오. 이 문을 여십시오." (Tear down this Wall Speech, June 12, 1987)

95 그러나 2019년 2월 2일 트럼프 행정부는 조약 탈퇴 의사를 밝혔고, 같은 날 러시아도 조약을 탈퇴한다고 발표함으로써 중거리핵전력조약은 공식 폐기되었다.

96 Memorandum for the President from Richard Allen, January 29, 1981.

97 Department of State, Memorandum for the President from Alexander Haig, January 23, 1981.

98 Memorandum of Conversation, Subject: Summary of the President's Meeting with President Chun Doo Hwan of the Republic of Korea, February 2, 1981. 11:20-12:05 PM.

99 The Secretary of Defense, "Memorandum for the President: Japanese Defense Efforts", April 20, 1981.

100 The White House, "National Security Decision Directive Number 62: National Security Decision Directive on United States-Japan Relations", October 25, 1985.

101 조성훈,『한미 군사관계의 형성과 발전』, pp. 4-5.

102 1945년 8월 광복 당시 주한 일본 육군 병력은 34만 7,368명으로 남한 지역에 23

만 258명이, 북한 지역에 11만 7,110명이 주둔하고 있었다. 출처: 국방부 군사편찬연구소, 『한미군사관계사 1871-2002』(서울: 국방부 군사편찬연구소, 2002), p. 169.

103 96사단은 나중에 6사단으로 변경된다.

104 국방부 군사편찬연구소, 『한미군사관계사 1871-2002』, p. 674.

105 연습이란 상·하급 제대 간 연계 또는 단독으로 지휘관 및 참모들이 실전적 상황을 조성하여 위기관리나 전시 대비 작전계획 시행을 숙달하는 훈련이며, 훈련이란 개인 및 부대가 부여된 임무를 효과적으로 수행할 수 있도록 기술적 지식과 행동을 체득하는 조직적 숙달 과정이다. 국방부, 『2012 국방백서』, p. 153.

106 김일영·조성렬, 『주한미군 역사·쟁점·전망』, p. 89.

107 한국전략문제연구소, 『동북아 전략균형』(서울: 한국전략문제연구소, 2001) p. 43.

108 '한미상호방위조약'의 보완책으로 서울에서 변영태 외무장관과 브릭스 주한미대사 간 '한국에 대한 군사 및 경제원조에 관한 대한민국과 미합중국간의 합의의사록(Agreed Minute Relating to Continued Cooperation in Economic and Military matters)'이 서명되었다. '합의의사록' 제2조에는 "대한민국은 상호협의에 의하여 그렇게 하는 것이 가장 유리하기 때문에 변경하는 경우가 아니면, 유엔군사령부가 대한민국의 방위를 책임지는 한 그 군대를 유엔군사령부의 작전통제권(the operational control) 하에 둔다"고 규정했다.

109 이상철, 『한반도 정전체제』(서울: 한국 국방연구원, 2012), pp. 104-105.

110 조성훈, 『한미군사관계의 형성과 발전』(서울: 국방부 군사편찬연구소, 2008), p. 186.

111 헤이그 미 국무장관은 1981년 2월 1~3일 예정된 전두환 대통령의 미국 공식방문에 대비하여 레이건 대통령에게 본문의 내용을 담은 메모를 보고했다. 당시 헤이그 장관이 대통령에게 보낸 메모에서 권고한 원문은 "Our military presence remains an effective deterrent and a source of reassurance to Japan and our other friends and allies in Asia."이다.; https://nsarchive2.gwu.edu/NSAEBB/NSAEBB306/ doc02.pdf(검색일: 2020년 8월 25일).

112 영문 명칭은 'Supreme Commander for the Allied Powers'이며 'SCAP'라고 줄여 부른다. 일본에서는 GHQ(General Headquarters: 총사령부)로 지칭하는 경향이 있다.

113 극동사령부(FECOM, Far East Command)는 대한민국, 일본, 류큐 제도, 필리핀, 마리아나 제도, 보닌 제도 등 남서태평양 지역에 주둔하던 모든 미군을 통제하기 위해 1947년 1월 1일부로 설치되었으며, 극동군 사령관은 연합군 최고사령관, 유엔군 사령관, 극동 육군사령관을 겸직했다.

114 후나바시 요이치, 신은진 옮김, 『표류하는 미일동맹』(서울: 중앙 M&B, 1997), p. 37.

115 김창래, "일본의 방위력 증강에 관한 연구: 미일 안보협력체제의 변화를 중심으로", 경남대학교 대학원 박사학위논문, 2001년 6월, pp. 21-22.

116 장경룡, "동북아 균형자론", 「정치정보연구」 제8권 2호(2005), p. 68.

117 1958년 중국이 대만 금문도에 포격을 가하여 위기가 고조되면서, 미국은 대만에 최대 3만 명의 병력을 파견하여 대만을 지원하고 중국을 압박했다.

118 김일영 · 조성렬, 『주한미군 역사 · 쟁점 · 전망』, pp. 108-109.

119 Pentomic은 Pentagon과 Atomic을 합성한 용어이다. 김일영 · 조성렬, 『주한미군 역사 · 쟁점 · 전망』, p. 80.

120 도일규, "한 · 미 · 일 안보협력에 관한 연구", 국방대학원 안보문제연구소, 「국방연구」 제31권 1호 (1988. 6월), pp. 21-22.

★ **CHAPTER 3** ★ 탈냉전기 미국의 국방전략과 주한미군과 주일미군의 역할

121 https://www.presidency.ucsb.edu/documents/ inaugural- address (검색일: 2020년 9월 15일).

122 '전략무기감축조약(START)'은 미 부시 대통령과 소련의 고르바초프 서기장이 1991년 7월 31일에 서명했으며, 1993년 12월 5일부터 효력을 발휘했다.

123 Kurt Campbell, *The Pivot: The Future of American Statecraft in Asia*, 이재현 옮김, 『피벗: 미국 아시아 전략의 미래』(서울: 아산정책연구원, 2020), pp. 207-208.

124 황인락, "주한미군 병력규모 변화에 관한 연구", 경남대학교 대학원 박사학위 논문 (2010), p. 99.

125 '넌-워너 수정안'은 미 상원 군사위원회 민주당 샘 넌 위원장과 공화당 론 워너 의원이 제출한 법안으로, 냉전 종식에 따라 해외주둔 미군 주둔비용 축소를 위한 병력 감축과 구조 개편 내용을 담고 있다.

126 '동아시아전략구상'은 1990년과 1992년 두 차례에 걸쳐 발표되었다. 1990년에 발표된 '동아시아전략구상'은 EASI-I으로, 1992년에 발표된 '동아시아전략구상'은 EASI-II로 칭한다.

127 1992~1993 국방백서에는 "미국이 지역 내 주둔 병력의 단계적 철수를 추진하면서 지역 내 세력균형을 유지하는 조정자로서의 역할 전환 모색과 지역분쟁에 대비한 신속투입전략을 지향하고 있다"고 명시되어 있다. 국방부, 『1992~1993 국방백서』, p. 33.

128 Stephen W. Bosworth, "The United States and Asia", *Foreign Affairs* (1991/1992), p. 123.

129 https://www.archives.gov/files/declassification/iscap/pdf/2008-003-docs1-12.pdf(검색일: 2020년 8월 25일).

130 김호식, "FS-X 미일 공동개발사업 평가", 한국방위산업진흥회, 「국방과학기술」 제230호(1998), p. 37.

131 防衛廳, 『防衛白書, 1994』, pp. 99-100.

132 조진구, "미국의 동맹관계의 재편: 한미동맹과 미일동맹의 비교를 중심으로", 「안보학술논집」 제17집 1호(2006), p. 289.

133 레이크(Anthony Lake)의 "From Containment to Enlargement" 제하 존스홉킨스 대학 연설; https://www.mtholyoke.edu/acad/intrel/lakedoc.html(검색일: 2020년 9월 17일).

134 QDR은 4년 주기로 국방에 관한 전반적인 사항을 검토하여 의회에 보고하는 '4개년 국방검토 보고서'이다. 1996년 4년 주기로 QDR의 작성을 요구하는 법안(Military Force Structure Review Act of 1996)이 제정됨에 따라 1997년 5월 미 국방부가 첫 번째 QDR을 발표했다.

135 Kenneth Liberthal, "A New China Strategy", *Foreign Affairs* (November / December 1995), pp. 45-48.

136 김일영·조성렬, 『주한미군 역사·쟁점·전망』, p. 135.

137 앞의 책, pp. 138-139.

138 Defense Agency, *Defense of Japan 1996* (일본 방위백서 영문판), pp. 266-269.

139 조진구, "아베 정권의 외교안보정책", 「동북아 역사논총」 제58호(2017), p. 410.

140 김성철, 『미일동맹의 정치경제』, pp. 36-38.

141 Richard Bernstein and Ross H. Munro, "The Coming Conflict with America", *Foreign Affairs* (March / April 1997), p. 32.

142 The White House, The National Security Strategy of the United States of America, September 2002 (Washington D.C.: The White House, 2002).

143 https://www.presidency.ucsb.edu/documents/address-before-joint-session-the-congress-the-united-states-response-the-terrorist-attacks(검색일:

2020년 8월 24일).

144 https://www.presidency.ucsb.edu/documents/address-before-joint-session-the-congress-the-state-the-union-22(검색일: 2020년 8월 5일).

145 https://www.presidency. ucsb.edu/documents/commencement-address-the-united-states-military-academy-west-point-new-york-1(검색일: 2020년 9월 20일).

146 https://www.presidency.ucsb.edu/documents/address-the-united-nations-general- assembly-new-york-city-1(검색일: 2020년 9월 20일).

147 부시 행정부의 2008 NDS에서 제시한 신 핵정책 3대 지주(New Triad)는 핵 및 비핵 타격능력, 방어체계, 대응기반체계를 뜻한다.

148 The Department of Defense, National Defense Strategy (June 2008), p. 10.

149 배정호, 『일본의 국가전략과 안보전략』, pp. 212-215.

150 조진구, "미국의 동맹관계의 재편: 한미동맹과 미일동맹의 비교를 중심으로", 「안보학술논집」 제17집 1호(2006), p. 324.

151 송화섭, "주일미군 재편과 지역안보", 「한 · 일군사문화연구」 제4편(2006), pp. 106-107.

152 https://www.presidency.ucsb.edu/documents/commencement-address-the-united-sta tes-military-academy-west-point-new-york-3(검색일 : 2020년 9월 23일).

153 한국전략문제연구소, 『2013 동아시아전략평가』, p. 57.

154 Hillary Clinton, "America's Pacific Century", *Foreign Policy*, No. 189, (November, 2011), pp. 56-63.

155 윤지원 · 심세현, "동북아 안보환경의 변화와 미국의 안보전략", 「한국정치외교사논총」 제38집 1호(2016), p. 361.

156 국방부, 제41차 SCM(2009년 10월 22일, 서울 개최) 공동성명 제5항 참조.

157 국방부, 제46차 SCM(2014년 10월 23일, 워싱턴 개최) 공동성명 제4항 참조.

158 핵 · 화생 탄두를 포함한 북한 미사일 위협을 탐지 · 교란 · 파괴 · 방어하기 위한 동맹의 포괄적 미사일 대응 작전 개념으로 4D 작전 개념이라고 불리운다. 4D는 미사일의 탐지(Detect), 교란(Disrupt), 파괴(Destroy), 방어(Defense)를 의미한다.

159 https://www.presidency.ucsb.edu/documents/remarks-the-parliament-canberra (검색일: 2020년 9월 20일).

160 미일안전보장조약 제5조는 "각 체결국은 일본의 시정지휘 하에 있는 영역에서 어느 한 국가에 대한 무력공격이 자국의 평화 및 안전을 위협한다는 것을 인정하여 자국의 헌법 상의 규정 및 절차에 따라 공통 위험에 대처하는 행동을 수행할 것을 선언한다. 전기의 무 력공격 및 그 결과로 처리한 모든 결과는 유엔헌장 제51조의 규정에 의해 즉시 유엔안보 리에 보고해야 한다. 그 조치는 유엔안보리가 국제평화 및 안전을 회복 그리고 유지하기 위해 필요한 조치를 취할 경우에는 이를 중지시켜야 한다"로 명시되어 있다.

161 Congressional Research Service, Japan-U. S. Relations: Issues for Congress (April 2021), pp. 8-10.

162 防衛省, 『日本の防衛, 2015』, pp. 173-174.

163 防衛省, 『日本の防衛, 2015』, pp. 181-186.

164 The White House, National Security Strategy of the United States of America, December 2017. p. 46.

165 Department of Defense, Indo-Pacific Strategy Report; Preparedness, Partnerships, and Promoting a Networked Region, June 1, 2019.

166 '미국·호주 군사태세 구상'은 2012년 중반부터 미국 해병대 250명을 6개월 단위로 호주 북부 다윈 기지에 교대 주둔시키는 프로그램이다. 미국과 호주는 향후 수년간 이 인 원을 2,500명의 해병공지전투단(MAGTF, Marine Air Ground Task Force)으로 확대할 계 획이다.

167 1979년 미중 수교와 함께 미국은 대만 정부 관계자의 공식 방문 및 미 정부 관계자 와의 만남을 제한해왔으나, '대만여행법'은 모든 직급의 미 당국자 및 대만 고위관리의 상 호 방문 및 회담을 가능케 하는 법안으로, 미 상·하원 통과 후 2018년 3월 17일 트럼프 대통령이 서명했다.

168 '하나의 중국' 원칙은 중국 대륙과 홍콩, 마카오, 대만은 나뉠 수 없는 하나이며, 합법 적인 중국 정부는 오직 하나라는 원칙이다.

169 김우상, "한미동맹의 이론적 재고", 이수훈 편, 『조정기의 한미동맹: 2003 2008』(서 울: 경남대학교 극동문제연구소, 2009), pp. 65-94.

170 박철균, "한·미·중 전략적 삼각관계 연구: 북핵문제를 중심으로", 경남대학교 대학 원 박사학위논문(2016), pp. 65-66.

171 국방부 군사편찬연구소, 『한미동맹 60년사』, p. 428.

172 소상섭, "한미동맹 재조정과 동맹 딜레마: 주한미군 재배치, 전략적 유연성, 전시작전통제권 전환을 중심으로", 경남대학교 대학원 박사학위 논문(2015), pp. 76-77.

173 합참, 『합동·연합작전 군사용어사전』(2014), pp. 382-383.

174 국방부, 『한미동맹과 주한미군』(2003), p. 53.

175 서욱, "동맹모델과 한국의 작전통제권 환수정책: 노태우·노무현 정부의 비교", 경남대학교 대학원 박사학위논문(2015), p. 59.

176 "이번엔 작통권 논의시점 공방", 서울신문, 2006년 8월 12일.

177 국방부 군사편찬연구소, 『한미 군사관계사: 1871-2002』(서울: 오성기획, 2002), p. 633.

178 국방부, 『2006 국방백서』, p. 89.

179 이성만 외, 『국가안보의 이론과 실제』(서울: 오름, 2019), p. 380.

180 국방부 주한미군기지이전사업단, 『주한미군기지 이전 백서: YRP 사업 10년의 발자취』(서울: 국방부, 2018), pp. 120-121.

181 국방부, 『2004 국방백서』, pp. 93-94.

182 국방부 주한미군기지이전사업단, 『주한미군기지 이전 백서: YRP 사업 10년의 발자취』, pp. 183-184.

183 미 국방부 DMDC는 2005년까지는 매년 9월 30일 기준 현황을, 2008년 이후부터는 매 3개월 단위로 미군 병력 현황을 제시하고 있다. 〈표 3-14〉는 DMDC에 게재된 매년 9월 30일 기준 주한미군에 근무하는 현역 병력 현황이다.

184 DoD, 2001 QDR (September 2001), p. 4.

185 조성훈, 『한미 군사관계의 형성과 발전』(서울: 국방부 군사편찬연구소, 2008), p. 313.

186 국방부 군사편찬연구소, 『한미동맹 60년사』(서울: 국군인쇄창, 2013), p. 314.

187 배성인, 『전략적 유연성: 한미동맹의 대전환』(서울: 메이데이, 2007), p. 42.

188 2002년 12월 5일, 워싱턴에서 개최한 제34차 SCM 공동성명 제9·10항 참조.

189 2003년 11월 7일, 서울에서 개최한 제35차 SCM 공동성명 제4항 참조.

190 배성인, 『전략적 유연성: 한미동맹의 대전환』(서울: 메이데이, 2007), pp. 29, 75-76.

191 이상현, "한미동맹과 전략적 유연성: 쟁점과 전망", 「국제정치논총」 제46집 4

호 (2006), p. 169.

192 2011년 3월 16일 주한미군은 U-2 정찰기를 파견하여 후쿠시마 원전사고 주변 지역에 대한 정찰임무를 수행했다. 이는 원전사고에 따른 방사능 유출 위험성으로 인해 병력 투입이 어려워지면서 정찰기를 통해 상황 파악을 하기 위한 것이었으며, U-2 정찰기가 수집한 정보는 오산기지의 7공군을 거쳐 미국과 일본에 제공되었다. https://news.sbs.co.kr/news/endPage.do?news_id=N1000877893&plink=OLDURL(검색일: 2020년 9월 19일)

193 발리카탄 훈련은 1995년부터 시작된 미국과 필리핀 간 연합 군사훈련으로, 인도주의적 지원, 재난구호, 대테러 연습, 필리핀 방어, 도서지역 탈환 작전 등 다양한 유형의 인도주의적 활동과 군사훈련을 실시한다. 미 태평양사령부 예하 육·해·공군 및 해병대 전력 수천 명이 참가하며, 2011년 발리카탄 훈련에는 미군 6,000여 명, 필리핀군 2,000여 명이 참가했다.

194 '야마사쿠라 훈련'은 주일미군과 일본 육상자위대가 매년 겨울에 실시하는 군단급 훈련으로, 컴퓨터 시뮬레이션으로 진행된다. 주일미군 외에도 미 본토 워싱턴주에 있는 미 육군 1군단이 참여하기도 한다.

195 나승학, "탈냉전 이후 한미동맹의 변화요인에 관한 연구", 경북대학교 정치학박사 학위논문(2014), pp. 99-102.

196 본문의 작전적 기동군은 국방대학교 합동참모대학, 『미 국방부 군사용어사전』, pp. 313-314에서 정의한 operation(작전), operational art(작전술), operational level of war(전쟁의 작전적 수준) 등의 용어를 참조하여 필자가 정의했다.

197 이상철, 『한반도 정전체제』(서울: 한국 국방연구원, 2012), pp. 110-113.

198 배성인, 『전략적 유연성: 한미동맹의 대전환』(서울: 메이데이, 2007), p. 78.

199 환태평양(RIMPAC) 훈련은 태평양상의 주요 해상교통로의 안전 확보를 목적으로 실시하는 다국적 연합훈련이다. 미 태평양사령부 주관으로 1971년부터 격년제로 실시하고 있으며, 일본은 1980년부터 참가했고, 우리나라는 1988년 참관단을 파견했으며, 1990년도 연습에 최초로 우리 해군 함정이 참가했다. 국방부, 『국방백서 1992-1993』, p. 91.

200 수색 및 구조연습(SAREX)은 한국 해군과 일본 해상자위대 간 1999년부터 격년제로 실시해온 훈련이다. 조난당한 항공기, 선박 수색 및 구조훈련과 해상에서의 기본 전술훈련을 목적으로 실시하고 있다. 국방부, 『2010 국방백서』, p. 322 및 연합뉴스(2017년 12월 15일, 한일 해군, 요코스카 서남방 해상서 수색·구조훈련)를 참조.

201 국방부, 『2010 국방백서』, p. 310.

202 배성인, 『전략적 유연성』, p. 63. 참조.

203 국방부, 『2016 국방백서』, p. 61, 222-224.

204 미국은 미 본토에 5개 포대, 주한미군에 1개 포대, 괌에 1개 포대, 총 7개의 사드 포대를 배치했다. UAE는 미국으로부터 사드 2개 포대를 구매하여 배치했다. DoD, 2019 Missile Defense Review, pp. 48, 73. 이와 관련된 내용은 2020년 5월 8일자 JTBC 뉴스에도 기사화되었다. https://news.jtbc.joins.com/article/ article.aspx?news_id=NB11949461 (검색일: 2020년 11월 8일).

205 조진구, 『전후 일본의 방위정책 연구』(서울: 가야원, 2021), p. IV.

206 한의석, "21세기 일본의 국가안보전략", 「국제정치논총」 제57집 3호(2017), p. 512.

207 U. S.- Japan Security Consultative Committee, Joint Statement (February 19, 2005).

208 이명수, "동북아에서의 일본의 방위전략", 「국제정치연구」 제6집 2호(2003), pp. 88-89.

209 사무엘스는 미일동맹에 대한 친밀도와 무력 사용 허용 여부를 기준으로 일본의 정치지도자들을 ① 신자주론자(Neoautonomists) ② 보통국가론자(Normal Nation-alists) ③ 평화주의자(Pacifists) ④ 중견국 국제주의자(Middle-Power Internationalists)로 분류했다. 그는 보통국가론자들은 일본 대국주의와 군사력을 통한 국가위신을 추구하며, 고이즈미와 아베 총리가 이에 포함된다고 적시했다. Richard L. Samuels, "Securing Japan: The Current Discourse", *The Journal of Japanese Studies*, Vol. 33, No. 1 (Winter 2007), p. 128.

210 防衛省, 『日本の防衛, 2004』, pp. 53-59.

211 "중국 급부상, 주변국들 신경쓰이네" 제목의 2004년 7월 23일 오마이뉴스 참조.

212 박영준, "일본 아베정부의 보통군사국가화 평가", 「아세안연구」 제58집 4호(2015), p. 16.

213 조진구, 『전후 일본의 방위정책 연구』(서울: 가야원, 2021), p. 77.

214 조진구, "아베정권의 외교안보정책", 「동북아 역사논총」 제58호(2017), p. 439.

215 신경식, "일본의 군사력 증강정책 결정에 관한 연구", 경원대학교 대학원 박사학위논문(2002), p. 37.

216 김미연, "주일미군 후텐마 기지의 재배치에 따른 딜레마 분석", 「한국거버넌스학회보」 Vol. 20, No. 1(2013), p. 158.

217 신경식, "일본의 군사력 증강정책 결정에 관한 연구", 경원대학교 대학원 박사학위논

문(2002), pp. 176-177.

218 이기완, "동맹정치의 변화와 동맹관계: 한미·미일동맹을 중심으로", 「국방연구」 제 53권 1호(2010), pp. 38-40.

219 김순태·문정인·김기정, "한국과 일본의 대미동맹정책 비교연구: 미국의 군사전환 전략을 중심으로", 「국제정치론집」 Vol. 43, No. 4(2009), pp. 61-62.

220 공군본부, 『2020 세계국방정책 편람』(2020), p. 189.

221 조진구, "미국의 동맹관계의 재편: 한미동맹과 미일동맹의 비교를 중심으로", 「안보 학술논집」 제17집 1호(2006), pp. 287-288.

222 Richard J. Samuels, Securing Japan: Tokyo's Grand Strategy and the Future of East Asia (Ithaca, N.Y.: Cornell University Press, 2007), pp. 63-85.

223 최광복, "9·11 테러 전후 미일동맹과 일본의 군사적 역할", 경남대학교 대학원 박사 학위논문(2007), p. 60.

224 송화섭, "일본의 군사전략과 군사력 증강 추세", 「JPI 정책포럼」(2010), p. 17.

225 防衛省, 『日本の防衛, 2007』, p. 143.

226 '방위계획대강'에서 제시된 방위력 개념은 2004년 '기반적 방위력' 개념, 2010년에 는 '동적 방위력', 2013년에는 '통합기동방위력', 2018년에는 '다차원 통합 방위력' 개념으 로 변화되었다. 조진구, 『전후 일본의 방위정책 연구』(서울: 가야원, 2021), p. VII.

227 남기정, "자위대에서 군대로: 자주방위의 꿈과 미일동맹의 현실의 변증법", 현대일본 학회, 「일본연구논총」(2016), pp. 165-166.

228 〈표 3-24〉에서 제시한 미 DMDC의 데이터는 매년 9월 30일 기준 현역 군인의 수 이며, 병력 규모는 주일미군의 순환, 연습·훈련으로 인한 역외 지역으로 전개 등에 따라 같은 연도라도 매월 상이하다.

229 防衛省, 『日本の防衛, 2003』, p. 10.

230 History Division, United States Marine Corps, U. S. Marines in Iraq, 2004- 2005: Into the Fray (Washington, D.C.: United States Marine Corps, 2011), pp. 57-59.

231 조진구, "한미동맹과 미일동맹에 있어서의 사전협의의 의미와 실제", 「국방정책연 구」 제32권 제3호(2016), pp. 14, 17.

232 앞의 글, p. 34.

233 배성인, 『전략적 유연성』, p. 163.

234 배성인, 『전략적 유연성』, pp. 174-175.

235 防衛省, 『日本の防衛, 2015』 資料24.

236 防衛省, 『日本の防衛, 2007』, p. 131.

237 防衛省, 『日本の防衛, 2008』, p. 178.

238 Richard Bernstein and Ross H. Munro, "The Coming Conflict with America", *Foreign Affairs* (March / April 1997), p. 30.

239 한국전략문제연구소, 『2001 동북아전략균형』, p. 9.

240 탈리스만 세이버(Talisman Saber Exercise)는 2005년부터 미군과 호주군이 격년제로 실시하는 연합훈련이며, 참가 병력은 미군 2만 명 이상, 호주군 7,000여 명 내외 규모이다. 주일미군을 포함 미 태평양사 예하 육군, 해군 및 해병, 공군 전력이 참가하며, 도시지역작전, 특수작전, 해병대의 상륙강습작전, 공정작전 등 다양한 형태의 훈련을 수행한다. 일본 자위대는 2015년 '미일 방위협력지침' 개정 이후 처음으로 약 40명의 자위대원이 참가했다.

241 국방대학교 합동참모대학, 『미 국방부 군사용어사전』, p. 413의 '전략적 기동'을 참조.

242 防衛省, 『日本の防衛, 2008』, p. 179.

243 http://blog.daum.net/kmozzart/11091(검색일: 2020년 10월 25일).

★ **CHAPTER 4** ★ 탈냉전기 주한미군과 주일미군의 역할 변화 및 상관관계

244 커트 캠벨은 카터 행정부의 주한미군 철수 정책은 아시아에서 미군 철수를 의미하고, 미국이 더 이상 신뢰할 수 없는 파트너로 인식하게 되는 외교적 참사였다고 평가했다. Kurt M. Campbell and Mitchell B. Reiss, "Korean Changes, Asian Challenges and the US Role", *Survival*, Vol. 43, No. 1 (Spring 2001), p. 60.

245 Stephen J. Flanagan, "U. S. Military Transformation: Implications for Northeast Asia and Korea", 「전략연구」 제15집 2호(2008), p. 27.

246 주일미군의 해상·공중수송 자산은 항모전대, 와스프(WASP) 강습함, 장거리 비행이 가능한 F-15 전폭기 및 공중급유기, 다수의 C-130과 C-12 수송기 등을 포함한다.

247 '다목적 합동전력(Multi-Purpose Joint Force)'은 발생빈도가 높은 다양한 우발상황에 대응 가능한 유연하고 적응력이 높으며 배치가 용이한 군대를 뜻한다. 한국전략문제연구소, 『2010 동북아 전략균형』, pp. 84-85.

248 1990년 미국과 싱가포르는 미군의 싱가포르 군사기지 사용에 관한 각서를 체결했고, 2019년 9월 동 각서를 15년 연장하는 데 합의했다. 동 각서를 통해 미국은 싱가포르 내 군사기지에 대한 접근권과 군수지원을 보장받았으며, 싱가포르는 미국의 남중국해 항행의 자유 작전 등 대중 견제 군사활동을 지원하고 있다.

249 2018년 5월 태평양사령부에서 인도·태평양사령부로 명칭이 변경되었다.

250 김광열, "일본과 한국에서의 주둔미군 역할의 한계와 전망", 「대한정치학회보」 Vol. 11, No. 2 (2003), p. 267.

251 강수명, "동맹의 결속력 비교연구(1998-2012) – 상호주의 이론을 중심으로", 경남대학교 대학원 박사학위논문(2016), p. 27.

252 Richard L. Armitage & Joseph S. Nye, The U. S.- Japan Alliance in 2020 (December 2020), pp. 3-4.

253 이러한 한국과 일본과의 관계를 빅터 차는 유사동맹(quasi alliance)으로 규정했다. 유사동맹이란 "두 국가가 서로 동맹을 맺지는 않았지만, 제3국을 공동의 동맹국으로 지니고 있는 관계"를 의미한다. Victor D. Cha, *Alignment despite Antagonism: The United States – Korea – Japan Security Triangle*, 김일영·문순보 옮김, 『적대적 제휴: 한국·일본·미국의 삼각 안보체제』(서울: 문학과 지성사, 2004), p. 517.

254 당시 SOFA 협정에 서명한 유엔사 회원국은 8개국으로 미국, 영국, 프랑스, 캐나다, 호주, 뉴질랜드, 태국, 터키이다. 8개국은 일본 정부의 허가 없이 통보만으로 일본 내 유엔사 후방기지를 이용할 수 있다.

참고문헌

1. 국문 자료

〈단행본〉

공군본부,『2020 세계국방정책 편람』, 대전: 국군인쇄창, 2020.

국방대학교 합동참모대학,『미 국방부 군사용어사전』, 서울: 국방대학교 합동참모대학, 2008.

국방부,『국방백서 1988, 1990, 1992~1993, 2002, 2004, 2006, 2008, 2010, 2012, 2014, 2016』, 서울: 국방부.

_____,『한미동맹과 주한미군』, 서울: 국방부, 2003.

국방부 군사편찬연구소,『한미 군사관계사 1871~2002』, 서울: 오성기획, 2002.

_____,『한미동맹 60년사』, 서울: 국군인쇄창, 2013.

국방부 주한미군기지이전사업단,『주한미군기지 이전 백서: YRP 사업 10년의 발자취』, 서울: 국방부, 2018.

김성철,『미일동맹의 정치경제』, 성남: 세종연구소, 2018.

김일영 · 조성렬,『주한미군 역사 · 쟁점 · 전망』, 서울: 한울, 2003.

박창희,『군사전략론: 국가대전략과 작전술의 원천』, 서울: 플래닛미디어, 2018.

배성인,『전략적 유연성: 한미동맹의 대전환』, 서울: 메이데이, 2007.

배정호, 『일본의 국가전략과 안보전략』, 경기 파주: 나남, 2006.

빅터 차, 김일영 · 문순보 옮김, 『적대적 제휴: 한국 · 일본 · 미국의 삼각 안보체제』, 서울: 문학과 지성사, 2004.

이근욱, 『왈츠이후 국제정치이론의 변화와 발전』, 서울: 한울, 2009.

_____, 『쿠바 미사일 위기: 냉전기간 가장 위험한 순간』, 서울: 서강대학교, 2013.

이리에 아키라, 이성환 옮김, 『일본의 외교』, 서울: 푸른 미디어, 2002.

이상철, 『한반도 정전체제』, 서울: 한국 국방연구원, 2012.

이성만 · 엄정식 · 김용재 · 이정석, 『국가안보의 이론과 실제』, 서울: 오름, 2018.

조성훈, 『한미군사관계의 형성과 발전』, 서울: 국방부 군사편찬연구소, 2008.

조지프 나이, 양준희 · 이종삼 옮김, 『국제분쟁의 이해: 이론과 역사』, 경기: 한울, 2009.

조진구, 『전후 일본의 방위정책 연구』, 서울: 가야원, 2021.

존 베일리스 · 스티브 스미스 외, 하영선 외 옮김, 『세계정치론』, 서울: 을유문화사, 2018.

존 J. 미어셰이머, 이춘근 옮김, 『강대국 국제정치의 비극』, 서울: 김앤김북스, 2017.

커트 캠벨, 이재현 옮김, 『피벗: 미국 아시아 전략의 미래』, 서울: 아산정책연구원, 2020.

한국전략문제연구소, 『2001 동북아전략균형』, 서울: 한국전략문제연구소, 2001.

_____, 『2010 동북아전략균형』, 서울: 한국전략문제연구소, 2010.

_____, 『2013 동아시아전략평가』, 서울: 한국전략문제연구소, 2013.

합동참모본부, 『합동 · 연합작전 군사용어사전』, 서울: 합참, 2014.

후나바시 요이치, 신은진 옮김, 『표류하는 미일동맹』, 서울: 중앙 M&B, 1997.

〈논문〉

강수명, "한미동맹의 결속력 비교연구(1998-2012) - 상호주의 이론을 중심으로", 경남대학교 대학원 박사학위논문, 2016.

김광열, "일본과 한국에서의 주둔미군 역할의 한계와 전망", 「대한정치학회보」 Vol. 11, No. 2, 2003.

김광주, "중국의 동아시아 내해화 전략의 형성요인에 관한 연구: 미어샤이머의 공세적 현실주의 시각을 중심으로", 한남대학교 대학원 박사학위논문, 2017.

김명섭, "냉전초기 봉쇄전략의 탄생: 조치 F. 케넌이 유일한 설계자였나?", 「국제정치 논총」, 제49집 1호, 2009.

김미연, "주일미군 후텐마 기지의 재배치에 따른 딜레마 분석", 「한국거버넌스학회보」, Vol. 20, No. 1, 2013.

김상철, "미일동맹의 변화와 일본의 대응: 주일미군의 재편을 중심으로", 「한·일 군사문화연구」, 제6편, 2008.

김순태·문정인·김기정, "한국과 일본의 대미동맹정책 비교연구: 미국의 군사전환 전략을 중심으로", 「국제정치론집」, Vol. 43, No. 4, 2009.

김우상, "한미동맹의 이론적 재고", 이수훈 편, 「조정기의 한미동맹: 2003~2008」, 서울: 경남대학교 극동문제연구소, 2009.

김일수·윤혜영, "냉전과 미국의 개입주의의 전개: 미국의 대한반도 정책을 중심으로", 한국동북아학회, 「한국 동북아논총」, 제61호, 2011, pp. 195-218.

김진웅, "미국의 대소 데탕트 정책의 성격", 「역사교육논집」, 제23·24편, 1999.

김창래, "일본의 방위력 증강에 관한 연구: 미일 안보협력체제의 변화를 중심으로", 경남대학교 박사학위 논문, 2001.

김호식, "FS-X 미일 공동개발사업 평가", 한국방위산업진흥회, 「국방과학기술」, 제230호, 1998.

나승학, "탈냉전 이후 한미동맹의 변화요인에 관한 연구", 경북대학교 정치학박사 학위논문, 2014.

남기정, "자위대에서 군대로: '자주방위의 꿈'과 '미일동맹의 현실'의 변증법", 현대일본학회, 「일본연구논총」, Vol. 143, 2016.

남창희, "탈냉전기 주일미군의 역할에 관한 연구-미국의 대아시아 안보정책의 타성력", 「한국정치학회보」, 제30집 3호, 1996.

도일규, "한·미·일 안보협력에 관한 연구", 국방대학원 안보문제연구소, 「국방연구」, Vol. 31, No. 1, 1988.

마상윤, "근대화 이데올로기와 미국의 대한정책: 케네디 행정부와 5·16 쿠데타", 한국국제정치학회, 「국제정치논총」, Vol. 42, No. 3, 2002.

박영준, "일본 아베정부의 보통군사국가화 평가", 「아세안연구」, 제58집 4호, 2015.

박영준, "일본의 대미동맹정책: 동맹표류와 동맹재정의 과정을 중심으로", 한용섭 편, 「자주냐 동맹이냐 21세기 한국 안보외교의 진로」, 서울: 오름, 2005.

박철균, "한·미·중 전략적 삼각관계 연구: 북핵문제를 중심으로", 경남대학교 대학원 박사학위논문, 2016.

박휘락, "한미동맹과 미일동맹의 비교: 자율성-안보교환 모델의 적용", 「국가전략」, 제22권 2호, 2016.

서욱, "동맹모델과 한국의 작전통제권 환수정책: 노태우·노무현 정부의 비교", 경남대학교 대학원 박사학위논문, 2015.

소상섭, "한미동맹 재조정과 동맹 딜레마: 주한미군 재배치, 전략적 유연성, 전시작전통제권 전환을 중심으로", 경남대학교 대학원 박사학위논문, 2015.

송화섭, "일본의 군사전략과 군사력 증강 추세", 「JPI 정책포럼」, 2010.

_____, "주일미군 재편과 지역안보", 「한·일 군사문화연구」, 제4편, 2006.

신경식, "일본의 군사력 증강정책 결정에 관한 연구", 경원대학교 대학원 박사학위논문, 2002.

윤지원·심세현, "동북아 안보환경의 변화와 미국의 안보전략", 「한국정치외교사논총」, 제38집 1호, 2016.

이기완, "동맹정치의 변화와 동맹관계: 한미·미일동맹을 중심으로", 국방대학교 안보문제연구소, 「국방연구」, 제53권 1호, 2010.

이명수, "동북아에서의 일본의 방위전략", 「국제정치연구」, 제6집 2호, 2003.

이상현, "한미동맹과 전략적 유연성: 쟁점과 전망", 「국제정치논총」, 제46집 4호, 2006.

이석호, "약소국 외교정책론", 이상우·하영선, 『현대국제정치학』, 서울: 나남, 1992.

이영섭, "미국의 대중국 군사전략 진화의 특징과 결정요인: 공해전투로부터 JAM-GC까지", 경남대학교 대학원 박사학위 논문, 2020.

이우태, "한미동맹의 비대칭성과 동맹의 발전방향", 한국정치정보학회, 「정치정보연구」, 제19권 1호, 2016.

장경룡, "동북아 균형자론", 한국정치정보학회, 「정치정보연구」, 제8권 2호, 2005.

장준갑, "케네디 행정부의 대한정책(1961-1963) 간섭인가 협력인가?", 한국미국사학회, 「미국사 연구」, 25, 2007,.

전인범, "미 닉슨·부시('01.1~'09.1) 행정부 시기 주한미군 감축결정 비교연구", 경남대학교 정치외교학과 박사학위 논문, 2009.

조윤영, "미래의 한미동맹과 미국의 역할변화", 이수훈 편, 「조정기의 한미동맹: 2003~2008」, 서울: 경남대학교 극동문제연구소, 2009.

조은일, "일본 방위계획 대강의 2018년 개정배경과 주요내용", 「국방논단」, 제1742호, 2019.

조진구, "미국의 동맹관계의 재편: 한미동맹과 미일동맹의 비교를 중심으로", 「안보학술논집」, 제17집 1호, 2006.

_____, "아베정권의 외교안보정책", 「동북아 역사논총」, 제58호, 2017.

_____, "한미동맹과 미일동맹에 있어서의 사전협의의 의미와 실제", 「국방정책연구」, 제 32권 3호, 2016.

최광복, "9·11 테러 전후 미·일 동맹과 일본의 군사적 역할", 경남대학교 정치외교학과 박사학위 논문, 2007.

한의석, "21세기 일본의 국가안보전략", 「국제정치논총」, 제57집 3호, 2017.

황영배, "군사동맹의 지속성: 세력균형론과 세력전이론", 「한국정치학회보」, 제29집 3호, 1996.

황인락, "주한미군 병력규모 변화에 관한 연구: 미국의 안보정책과 한미관계를 중심으로", 경남대학교 정치외교학과 박사학위 논문, 2010.

황정호, "미국의 안보전략과 주한미군 역할에 관한 연구", 한양대학교 박사학위논문, 2008.

2. 영문/일본어 자료

〈단행본〉

Armitage, Richard L., and Joseph S. Nye, *The U.S.-Japan Alliance in 2020*, Washington D.C.: CSIS, 2020.

Congressional Research Service, *Japan-U.S. Relations: Issues for Congress*, April 6, 2021.

Defense Agency, *Defense of Japan 1996*, Tokyo: Defense Agency, 1996.

History Division, United States Marine Corps, *U. S. Marines in Iraq, 2004-2005: Into the Fray*, Washington D.C.: United States Marines Corps, 2011.

Holsti, Ole R., Terrence Hopman and John D. Sullivan, *Unity and Integration in International Alliance: Comparative Studies*, New York: John Wiley and Sons, 1973.

International Institute of Strategic Studies, *The Military Balance 1987-1988*, London: IISS, 1987.

_____, *The Military Balance 1994-1995*, London: IISS, 1994.

_____, *The Military Balance 1995-1996*, London: IISS, 1995.

_____, *The Military Balance 2006*, London: IISS, 2006.

_____, *The Military Balance 2016*, London: IISS, 2016.

_____, *The Military Balance 2020*, London: IISS, 2020.

Jervis, Robert, *The Logic of Image in International Relations*, Princeton: Princeton University Press, 1970.

National Security Council, *NSC 8/2, Report by the National Security Counci to the President*, March 22, 1949.

_____, *NSC 68, United States Objectives and Programs for National Security*, Aril 14, 1950.

_____, *NSC 162/2, A Report to the National Security Council*, October 30, 1953.

Samuels, Richard J., *Securing Japan: Tokyo's Grand Strategy and the Future of East Asia*, Ithaca, N.Y.: Cornell University Press, 2007.

Slantchev, Branislav L., *National Security Strategy: The New Look, 1953-1960*, San Diego: University of California, San Diego, 2019.

The U. S. Department of Defense, *A Strategic Framework for the Asia Pacific Rim: Looking toward the 21st Century (EASI-I)*, April 1990.

_____, *A Strategic Framework for the Asia Pacific Rim: Looking toward the 21st Century (EASI-II)*, July 1992.

_____, Ballistic Missile Defense Review Report. February 2010.

_____, *Indo-Pacific Strategy Report: Preparedness, Partnerships, and Promoting a Networked Region*, June 2019.

_____, *Missile Defense Review*, 2019.

_____, *National Defense Strategy*, June 2008.

_____, *Quadrennial Defense Review Report*, May 1997.

_____, *Quadrennial Defense Review Report*, September 2001.

_____, *Quadrennial Defense Review Report*, February 2006.

_____, *Quadrennial Defense Review Report*, February 2010.

_____, *Quadrennial Defense Review Report*, March 2014.

_____, *Report on the Bottom-Up Review (BUR)*, October 1993.

_____, *Sustaining U.S.Global Leadership: Principles for 21st Century Defense*, January 2012.

_____, *United States Security Strategy for the East Asia-Pacific Region (EASR: East Asia Strategy Report)*, February 1995.

_____, *United States Security Strategy for the East Asia-Pacific Region (EASR: East Asia Strategy Report)*, November 1998.

The U. S. Joint Staff, *DoD Dictionary of Military and Associated Terms*, 2020.

The White House, *A National Security Strategy of Engagement and Enlargement*, February 1996.

_____, *The National Security Strategy of the United States of America*, September 2002.

_____, *National Security Strategy*. May 2010.

_____, *National Security Strategy*, February 2015.

_____, *The National Security Strategy of the United States of America*, December 2017.

_____, *Interim National Security Strategic Guidance*, March 2021.

_____, *Indo-Pacific Strategy of the United States of America*, February 2022.

U.S. Department of State, *Foreign Relations of the United States, 1964-1968*, Volume XXIX, Part 2, Japan. 41. Memorandum of Conversation, Office of the Historian, Foreign Service Institute.

_____, *Foreign Relations of the United States, 1969-1976*, Vol I, Foundations of Foreign Policy, Office of the Historian, Foreign Service Institute.

Walt, Stephen M., *The Origins of Alliances*, Ithaca: Cornell University Press, 1987.

Waltz, Kenneth N., *Theory of International Politics*, Menlo Park, CA: Addison-Wesley, 1983.

防衛省,『防衛白書 1994, 日本の防衛 2002, 2003, 2004, 2005, 2006, 2007, 2008, 2013, 2015, 2017, 2018』東京: 防衛省.

〈논문〉

Altfeld, Michael F., "The Decision to Ally: A Theory and Test", *The Western Political Quarterly,* Vol. 37, No. 4, 1984.

Bernstein, Richard and Ross H. Munro, "The Coming Conflict with America", *Foreign Affairs*, March/April 1997.

Bosworth, Stephen W., "The United States and Asia", *Foreign Affairs*, 1991/1992.

Brzezinski, Zbigniew and John J. Mearsheimer, "Debate: Clash of the Titans", *Foreign Policy*, Vol. 146, January/February 2005.

Campbell, Kurt M. and Mitchell B. Reiss, "Korean Changes, Asian Challenges and the US Role", *Survival*, Vol. 43, No. 1, Spring 2001.

Clinton, Hillary, "America's Pacific Century", *Foreign Policy*, October, 2011.

Flanagan, Stephen J., "U.S. Military Transformation: Implications for Northeast Asia and Korea", 「전략연구」, 제15집 2호, 2008.

Kim, Il Su, "American President, Containment, and Security on the Korean peninsula From the Truman to Ford Administration", 「한국 동북아논총」(10), 한국동북아학회, 1999.

Kristensen, Hans M. and Ronert S. Norris, "A History of U.S. Nuclear Weapons in South Korea", *Bulletin of the Atomic Scientists*, Vol. 73, No. 6, 2017.

Liberthal, Kenneth, "A New China Strategy", *Foreign Affairs*, November/December 1995.

McNaugher, Thomas L., "U.S. Military Forces in East Asia: The case for Long-Term Engagement", in Gerald L. Curtis. ed., *The United States, Japan, and Asia*, New York: W. W. Norton & Company, 1994.

Morrow, James D., "Alliances and Asymmetry: An Alternative to the Capability Aggregation Model of Alliances", *American Journal of Political Science*, Vol. 35, No. 4, November 1991.

Samuels, Richard L., "Securing Japan: The Current Discourse", *The Journal of Japanese Studies*, Vol. 33, No. 1, Winter 2007.

Schweller, Randall L., "Bandwagoning for Profit: Bringing the Revisionist State Back In", *International Security*, Vol 19, No. 1, 1994.

Wood, Joe, "Persuading a President: Jimmy Carter and American Troops in Korea", *President and Fellows of Harvard College*, 1996.

3. 기타

"양낙규의 대북첩보핵심 주한미군 501 정보여단",《아시아경제》, 2020년 6월 23일.

"유엔사 후방기지",《국민일보》, 2017년 12월 6일.

"이번엔 작통권 논의시점 공방",《서울신문》, 2006년 8월 12일.

"주한미군 핵무기 배치경과",《조선일보》, 2019년 7월 31일.

"중국 급부상, 주변국들 신경쓰이네",《오마이뉴스》, 2004년 7월 23일.

"중국 동경 124도 서해 넘어와 작전하지 말라",《중앙일보》, 2021년 7월 20일.

"한·일 해군, 요코스카 서남방 해상서 수색·구조훈련",《연합뉴스》, 2017년 12월 15일.

2011년 3월 16일 주한미군 U-2 정찰기 일본 파견 SBS 뉴스 https://news.sbs.co.kr/ news/endPage.do?news_id=N1000877893&plink=OLDURL (검색일 : 2020년 9월 19일).

미군 병력규모 (미 국방부 산하 Defense Manpower Data Center) https://www.dmdc. osd.mil/appj/dwp/dwp_reports.jsp.

미군, 7개의 사드포대 전력화 관련 2020년 5월 8일자 JTBC 뉴스 https://news.jtbc. joins.com/ article/article.aspx?news_id=NB11949461 (검색일 : 2020년 11월 8일).

미 해군의 해상배치 X-밴드 레이더 관련 http://blog.daum.net/kmozzart/11091. (검색일: 2020년 10월 25일).

2006년 미·일 연합훈련일수 https://www.japan-press.co.jp/s/news/?id=5744 (검색일: 2021년 3월 30일).

2010~2014 미·일 연합훈련일수 https://www.jcp.or.jp/akahata/aik15/2015-12-28/2015122801_01_1.html(검색일: 2021년 3월 30일).

Dean Acheson의 1950년 1월 12일 "Speech on the Far East" 연설 https://www.cia. gov/readingroom/docs/1950-01-12.pdf(검색일: 2020년 6월 12일)

George Kennan의 Long Telegram 원문 https://nsarchive2.gwu.edu//coldwar/ documents/episode-1/kennan.htm (검색일: 2020년 6월 18일).

1954년 1월 덜레스 국무장관 연설(Means and at places of our own choosing) https:// www.faithandfreedom.com/qby-means-and-at-places-of-our-own-choosingq/ (검색일: 2020년 6월 18일).

1965년 4월 7일 존슨 대통령의 존스홉킨스 대학 연설 "Peace without Conquest" https://www.presidency.ucsb.edu/documents/address-johns-hopkins-university-peace-without-conquest (검색일: 2020년 6월 20일).

1969년 4월 3일 멜빈 레아드 국방장관의 '베트남화 전략' 관련 발표 https://www.po-litico.com/story/2013/04/this-day-in-politics-089554(검색일: 2020년 6월 25일).

1969년 7월 25일 닉슨 대통령의 괌 기자회견 https://history.state.gov/historicaldoc-uments/frus1969-76v01/d29. (검색일: 2020년 6월 23일).

1980년 1월 23일 카터 대통령의 State of the Union Address https://www.presi-dency.ucsb.edu/documents/the-state-the-union-address-delivered-before-joint-session-the-congress (검색일: 2020년 9월 8일).

1981년 1월 헤이그 미 국무장관이 레이건 대통령에게 보낸 메모 https://nsarchive2.gwu.edu/NSAEBB/NSAEBB306/doc02.pdf (검색일: 2020년 8월 25일).

1983년 3월 8일 레이건 대통령의 'evil empire' 연설 https://www.presidency.ucsb.edu/documents/remarks-the-annual-convention-the-national-associa-tion-evangelicals-orlando-florida(검색일: 2020년 7월 21일).

1983년 3월 23일 레이건 대통령의 '방위 및 국가안보'에 관한 연설 https://www.presi-dency.ucsb.edu/documents/address-the-nation-defense-and-national-security (검색일: 2020년 7월 21일).

1985년 2월 6일 레이건 대통령의 State of the Union Address https://www.presi-dency.ucsb.edu/documents/address-before-joint-session-the-con-gress-the-state-the-union-5 (검색일: 2020년 7월 24일).

1987년 6월 12일 레이건 대통령의 독일 브란덴부르크 선언 https://www.presidency.ucsb.edu/documents/remarks-east-west-relations-the-brandenburg-gate-west-berlin(검색일: 2020년 7월 24일).

1989년 1월 20일 부시 대통령 취임연설 https://www.presidency.ucsb.edu/docu-ments/inaugural-address(검색일: 2020년 9월 15일).

1991년 12월 27일 부시 대통령의 텍사스 Bee 카운티 연설 https://www.presidency.ucsb.edu/documents/remarks-the-bee-county-community-beeville-texas (검색일: 2020년 9월 15일).

1992년 4월 16일 발표한 미 국방부의 Defense Planning Guidance 1994-1999 https://www.archives.gov/files/declassification/iscap/pdf/2008-003-docs1-12.pdf (검색일: 2020년 8월 25일).

1993년 9월 21일 Anthony Lake의 존스홉킨스 대학 연설 https://www.mtholyoke.edu/acad/intrel/lakedoc.html.(검색일: 2020년 9월 17일).

2001년 9월 20일 부시 대통령의 미 의회 합동연설 https://www.presidency.ucsb.edu/documents/address-before-joint-session-the-congress-the-united-states-response-the-terrorist-attacks (검색일 : 2020년 8월 24일).

2002년 1월 29일 부시 대통령의 State of the Union Address https://www.presidency.ucsb.edu/documents/ address-before-joint-session-the-congress-the-state-the-union-22(검색일: 2020년 8월 5일).

2002년 6월 1일 부시 대통령의 미 육군사관학교 연설 https://www.presidency.ucsb.edu/documents/commencement-address-the-united-states-military-academy-west-point-new-york-1(검색일: 2020년 9월 20일).

2002년 9월 12일 부시 대통령의 유엔 연설 https://www.presidency.ucsb.edu/documents/address-the-united-nations-general-assembly-new-york-city-1 (검색일: 2020년 9월 20일).

2011년 11월 17일 오바마 대통령의 호주 의회연설 https://www.presidency.ucsb.edu/documents/remarks-the-parliament- canberra (검색일: 2020년 9월 20일).

2014년 5월 28일 오바마 대통령의 미 육군사관학교 졸업식 축사 https://www.presidency.ucsb.edu/documents/commencement-address-the-united-states-military-academy-west-point-new-york-3(검색일 : 2020년 9월 23일).

트럼프 행정부 인태전략보고서(U.S. Strategic Framework for the Indo-Pacific) https://trumpwhitehouse.archives.gov/wp-content/uploads/2021/01/IPS-Final-Declass.pdf (검색일: 2021년 5월 21일).

한국국방안보포럼(KODEF)은 21세기 국방정론을 발전시키고 국가안보에 대한 미래 전략적 대안을 제시하기 위해 뜻있는 군·정치·언론·법조·경제·문화 마니아 집단이 만든 사단법인입니다. 온·오프라인을 통해 국방정책을 논의하고, 국방정책에 관한 조사·연구·자문·지원 활동을 하고 있으며, 국방 관련 단체 및 기관과 공조하여 국방 교육 자료를 개발하고 안보의식을 고양하는 사업을 하고 있습니다. http://www.kodef.net

KODEF 안보총서 113

★ 미국의 아시아 국방전략 ★

주한미군과 주일미군

초판 1쇄 인쇄 2022년 3월 22일
초판 1쇄 발행 2022년 3월 29일

지은이 임기훈
펴낸이 김세영

펴낸곳 도서출판 플래닛미디어
주소 04029 서울시 마포구 잔다리로71 아내뜨빌딩 502호
전화 02-3143-3366
팩스 02-3143-3360
블로그 http://blog.naver.com/planetmedia7
이메일 webmaster@planetmedia.co.kr
출판등록 2005년 9월 12일 제313-2005-000197호

ISBN 979-11-87822-66-0 93390